R. Mull H. Holländer

Grundwasserhydraulik und -hydrologie

Springer
Berlin
Heidelberg
New York
Hongkong
London
Mailand
Paris
Tokio

Rolf Mull
Hartmut Holländer

Grundwasserhydraulik und -hydrologie

Eine Einführung

Mit 157 Abbildungen und 20 Tabellen

Springer

PROFESSOR DR. ROLF MULL
DIPL.-ING. HARTMUT HOLLÄNDER

Universität Hannover
Institut für Wasserwirtschaft,
Hydrologie und landw. Wasserbau
Appelstrasse 9a
30167 Hannover

Additional material to this book can be downloaded from http://extras.springer.com

ISBN 3-540-43942-0 Springer-Verlag Berlin Heidelberg New York

Die Deutsche Bibliothek – CIP Einheitsaufnahme
Mull, Rolf: Grundwasserhydraulik und -hydrologie : eine Einführung / Rolf Mull ; Hartmut Holländer. - Berlin ; Heidelberg ; New York ; Hongkong ; London; Mailand ; Paris ; Tokio : Springer, 2002
ISBN 3-540-43942-0

Springer-Verlag Berlin Heidelberg New York
ein Unternehmen der BertelsmannSpringer Science+Business Media GmbH

http://www.springer.de

Satz: Reproduktionsfertige Vorlage der Autoren
Umschlaggestaltung: E. Kirchner, Heidelberg

Gedruckt auf säurefreiem Papier SPIN 10884600 30/3130/as 5 4 3 2 1 0

Vorwort

Weltweit steigt der Wasserbedarf exponentiell an. Zur Deckung des Wasserbedarfs in Landwirtschaft, Industrie und Haushalte wird in zunehmendem Maße auf Grundwasser zurückgegriffen. Libyen holt z.B. Grundwasser aus der Sahara in die Städte am Mittelmeer. Indien muss immer mehr Grundwasser für die Bewässerung nutzen. In Deutschland kommen ca. 75% des Trinkwassers aus dem Untergrund.

Mit der vorteilhaften Nutzung des Grundwassers sind aber auch Nachteile verbunden. Entnahmen von Grundwasser führen zur Absenkung des Grundwasserstandes. Damit werden u.a. Feuchtgebiete zerstört; Brunnen können trockenfallen; Salzwasser dringt in Küstenregionen in Grundwasserleiter ein. Bauten werden in solchen Gebieten zerstört, in denen Landsetzungen als Folge sinkender Grundwasserstände stattfinden.

Für viele Nutzungsarten wird auch eine gute Wasserqualität gefordert. Dünge- und Pflanzenschutzmittel, Stoffe aus der Industrieproduktion, aus Abfalldeponien und versickerndes Abwasser tragen jedoch weltweit zur Verschlechterung der Grundwasserqualität bei. Insbesondere die Nutzung des unterirdischen Wassers als Trinkwasser wird durch die genannten Einflüsse immer mehr zu einem Gesundheitsrisiko für die Menschen.

Viele Fachdisziplinen sind daher aufgerufen, das Grundwasser nach Menge und Güte nachhaltig zu bewirtschaften. Eine solche Kooperation setzt u.a. Grundkenntnisse der Prozesse voraus, welche Grundwasserstände, -strömungen und -qualität beeinflussen. In diese Materie führt das vorliegende Buch ein. Mit der beigefügten CD werden multimediale Komponenten genutzt, den Zugang zu der Materie zu erleichtern.

Die Autoren danken dem Niedersächsischen Ministerium für Wissenschaft und Kunst für eine Anschubfinanzierung der multimedialen Aufbereitung des Stoffes, Herrn Dr. Fischer vom Bundesamt für Bauwesen für die Überlassung von Filmmaterial. Herrn Dipl.-Ing. Riemeier, Herrn M.Sc. Garcia und Frau Arndt schulden die Autoren Dank für die Mitarbeit bei der Herstellung des Manuskriptes.

Hannover im Juli 2002

Rolf Mull und Hartmut Holländer

Inhaltsverzeichnis

Abkürzungen

A : Fläche [m^2]
A_e : Fläche des Einzuggebiets [m^2]
A_f : Durchflusswirksame Fläche [m^2]
A_g : Gesamtfläche (Porenfläche + Gesteinsfläche) [m^2]
A_o : Ausgangsoberfläche einer Flüssigkeit [m^2]
A_q : Durchflossene Querschnittsfläche [m^2]
A_s : Oberfläche des Hohlraums im Gesteins [m^2]
A_w : Wandfläche [m^2]
a : Konstante [-]
α : Winkel [°]
α_d : Dispersivität [m]
α_p : Proportionalitätskonstante [-]

B : Einströmbreite [m]
b_n : Hauptachse einer Ellipse (Dispersion) quer zur Strömungsrichtung [m]
b_s : Spaltbreite [m]
β : Kompressibilität [m^2/N]

c : Konzentration [kg/m^3]
c_a : Konzentration der adsorbierten Teilchen [kg/kg Trockenmasse]
c_g : Tiefengemittelte Konzentration eines Tracers im Grundwasser [g/m^3]
c_l : Konzentration der in Lösung befindlichen Teilchen [kg/l]
c_m : Konzentration von Teilchen in einem Fluid, die in ein benachbartes Fluid diffundieren [g/m^3]
c_p : Proportionalitätskonstante [-]
c_u : Konzentration von Teilchen im Sickerwasser an der Untergrenze einer Schicht [g/m^3]
c_{ug} : Konzentration von Teilchen im Sickerwasser an der Grenze zum Grundwasser [g/m^3]

c_w : Wärme, spezifische [J/kg·°C]
D : Diffusionskoeffizient [m^2/s]
D_{il} : Dispersionskoeffizient longitudinal [m^2/s]
D_{it} : Dispersionskoeffizient transversal horizontal [m^2/s]
D_{ih} : Dispersionskoeffizient transversal vertikal [m^2/s]
D_m : Mechanischer Dispersionskoeffizient [m^2/s]
d : Durchmesser [m]
d_k : Korndurchmesser [m]
d_{10} : Durchmesser eines Korn bei Siebdurchgang 10% [m]

ε : Oberflächenenergie [Nm/m^2]

F : Kraft [N] = [$kg/m{\cdot}s^2$]
Φ : Potenzialfunktion [kg/s^2]

g : Erdbeschleunigung [m/s^2]

H : Spalthöhe [m]
h : Standrohrspiegelhöhe [m]
h_c : Kapillare Steighöhe [m]
h_{co} : Einheit der kapillaren Steighöhe (1cm) [cm]
h_f : Höhe des Süßwassersäule [m]
h_{fu} : Mächtigkeit einer Süßwasserlinse unterhalb des Meeresspiegels [m]
h_k : Klimatische Wasserbilanz [mm]
h_N : Niederschlagshöhe [mm]
h_p : Druckhöhe [m Wassersäule]
h_s : Höhe der Salzwassersäule [m]
h_{Vp} : Potenzielle Verdunstungshöhe [mm]
η : Dynamische Viskosität (Koeffizient der inneren Reibung) [kg/m·s]
η_e : Dynamische Viskosität des eindringenden Fluids [kg/m·s]
η_v : Dynamische Viskosität des verdrängten Fluids [kg/m·s]

I_o : Gefälle [-]
I_e : Gefälle der Energiehöhe [-]
I_{oa} : Gefälle der Parallelströmung [-]
I_{oi} : Initialgefälle [-]

J : Massenfluss [kg/s]
j : Massenflussrate [$kg/s{\cdot}m^2$]

j_a : Massenflussrate im Hohlraum des Gesteins [kg/s·m^2]
j_b : Anwendungsmasse (Düngemittel, Pflanzenschutzmittel) pro Zeit- und Flächeneinheit [kg/ha·a]

k_d : Quotient aus adsorbierter zu in Lösung befindlicher Konzentration eines Stoffes [m^3/kg TS (Trockensubstanz)]
k_f : Durchlässigkeit [m/s]
k_{fu} : Durchlässigkeit eines Gesteins für ein Fluid im ungesättigten Bereich [m/s]
k_o : Spez. Durchlässigkeit [m^2]
k_r : Relative Durchlässigkeit [-]
k_1,k_2 : Konstante [-]
χ : Wärmeleitfähigkeit [J/s·m·°C]

L : Länge der Salzwasserzunge [m]
l : Länge [m]
l_s : Tortuoser Weg eines Teilchens zwischen zwei Beobachtungsbrunnen [m]
λ : Zerfallskonstante [1/a]

M : Mächtigkeit des Grundwasserleiters [m]
M_e : Eindringtiefe einer Feuchtefront in die ungesättigte Zone [m]
m : Masse [kg]
m_f : Masse Süßwasser [kg]
m_s : Masse Salzwasser [kg]

n : Hohlraumanteil [-]
n_s : Speichernutzbarer Hohlraumanteil [-]
n_e : Durchflusswirksamer Hohlraumanteil [-]
ν : Kinematische Viskosität [m^2/s]

p : Druck [kg/m^2]
Ψ : Stromfunktion [m^2/s]

O_{sh} : Spezifische Oberfläche des Hohlraums [1/m]
O_{sf} : Spezifische Oberfläche der Körner [1/m]

Q : Durchfluss [m^3/s]
Q_a : Aus dem Einzugsgebiet an der Messstelle vorbei verbrachter Abfluss [m^3/s]

Q_g : Grundwasserneubildung [m^3/s]
Q_f : Abfluss an einer Messstelle eines Oberflächengewässers [m^3/s]
Q_z : Einem Einzugsgebiet von außen zugeführter Zufluss [m^3/s]
q : Durchflussrate [m/s]
q_c : Kapillare Aufstiegsrate [mm/a]
q_g : Grundwasserneubildungsrate [mm/a]
q_{ge} : Effektive Grundwasserneubildungsrate [mm/a]
q_{gb} : Bemessungsneubildungsrate [mm/a]
q_N : Niederschlagsrate [mm/a]
q_{o2} : Wasservolumen pro Flächeneinheit und Zeiteinheit [m/s]
q_{o3} : Wasservolumen pro Gesamteinheit und Zeiteinheit [1/s]
q_s : Durchfluss pro Mächtigkeit des Grundwasserleiters [m^2/s]

R : Reichweite einer Absenkung [m]
R_d : Retardation [-]
R_e : Radius eines Einzuggebietes [m]
r : Radius [m]
Ortskoordinate (Abstand von der Mittelachse) [m]
r_h : Hydraulischer Radius [m]
r_k : Radius einer Kapillare [m]
ρ : Dichte [kg/m^3]
ρ_e : Dichte des eindringenden Fluids [kg/m^3]
ρ_f : Dichte des Feststoffes (Gestein) [kg/m^3]
ρ_s : Systemdichte (Masse Wasser im Hohlraum pro Gesamtvolumen) [kg/m^3]
ρ_{sa} : Dichte des Salzwassers [kg/m^3]
ρ_v : Dichte des verdrängtes Fluids [kg/m^3]
ρ_w : Dichte des Wassers [kg/m^3]

S : Speicherkoeffizient [-]
$S_ä$: Sättigungsgrad [-]
S_p : Spezifischer Speicherkoeffzient [1/m]
s : Absenkung der Standrohrspiegelhöhe [m]
σ : Oberflächenspannung [kg/s^2]

T : Transmissivität [m^2/s]
T_o : Tortuosität [-]
t : Zeit [s]

U : Ungleichförmigkeitsgrad einer Kornverteilung [-]
u : Theisfunktion [-]

V : Volumen [m^3]
V_g : Gesamtvolumen (Hohlraum + Gestein) [m^3]
V_H : Hohlraumvolumen [m^3]
V_w : Wasservolumen [m^3]
v : Geschwindigkeit [m/s]
v_a : Abstandsgeschwindigkeit [m/s]
v_{ad} : Dominierende Abstandsgeschwindigkeit [m/s]
v_{am} : Mittlere Abstandsgeschwindigkeit [m/s]
v_{amax} : Maximale Abstandsgeschwindigkeit [m/s]
v_{av} : Durch Adsorption verzögerte Abstandsgeschwindigkeit [m/s]
v_f : Filtergeschwindigkeit [m/s]
v_m : Mittlere Geschwindigkeit [m/s]
v_w : Wahre Geschwindigkeit [m/s]

W : Arbeit [$kg \cdot m^2/s^2$]
W_s : Wärmestrom [J/s]
w_s : Wärmestromdichte [$J/s\ m^2$]

X_T : Geothermische Tiefenstufe [m/°C]
x, X : Ortskoordinaten [m]
y, Y : Ortskoordinaten [m]
z : Ortskoordinate [m]

1 Bedeutung des Grundwassers

Es gibt etwa 50 Mill. km^3 Süßwasser auf der Erde. Davon sind im Untergrund ca. 15 Mill. km^3 gespeichert und etwa 5 Mill. km^3 wirtschaftlich gewinnbar (Maniak, 1997). Das auf der Erde gespeicherte Süßwasser verteilt sich prozentual wie in Tabelle 1.1 angegeben.

Tabelle 1.1: Verteilung des Süßwassers auf der Erde in verschiedenen Speichern (Liebscher u. Baumgartner, 1996):

Süßwasser	Anteil
Eis und Schnee:	68,7%
Grundwasser:	30,1%
Bodenwasser:	0,9%
Flüsse, Seen:	0,3%

Der jährliche Wasserumsatz in ober- und unterirdischen Gewässern beträgt rund 40.000 km^3. Davon sind etwa 8.000 km^3 für die Wasserversorgung nutzbar. Der Rest fließt in Hochwasserwellen ab oder durch dünn besiedelte Gebiete (Meadows, 1998).

Der weltweite Wasserbedarf betrug an der Jahrtausendwende etwa 5.000 km^3 pro Jahr. Die Tendenz ist exponentiell steigend (Abb. 1.1) (Gleick, 1993). In absehbarer Zeit wird der Wasserbedarf den jährlich verfügbaren Umsatz übersteigen. Zur Deckung des wachsenden Wasserbedarfs wird in zunehmendem Maße das im Untergrund gespeicherte Wasser herangezogen. Grundwasser ist weit verbreitet und liegt an vielen Orten in guter Qualität vor. Grundwasser ist daher zur bedeutendsten Ressource für die Wasserversorgung der Menschen geworden. Diese Bedeutung des Grundwassers für die Wasserversorgung nimmt zu.

Die Gewinnung und der Transport von Grundwasser zu Verbraucherzentren sind relativ kostengünstig im Vergleich zur Meerwasserentsalzung oder dem Transport von Eis von den Polkappen. Große Grundwasservorkommen befinden sich z.B. auch unter der Sahara und bilden dort die einzige Bezugsquelle für Trink- und Bewässerungswasser. Besonders der steigende Wasserbedarf für die Bewässerung zur Nahrungsmittelproduktion ist angesichts einer exponentiell zunehmenden Weltbevölkerung besorgniserregend. Hohe Gewinnungs- und Transportkosten für das Wasser würden die Preise für Nahrungsmittel in die Höhe treiben und besonders die Armen auf dieser Erde treffen.

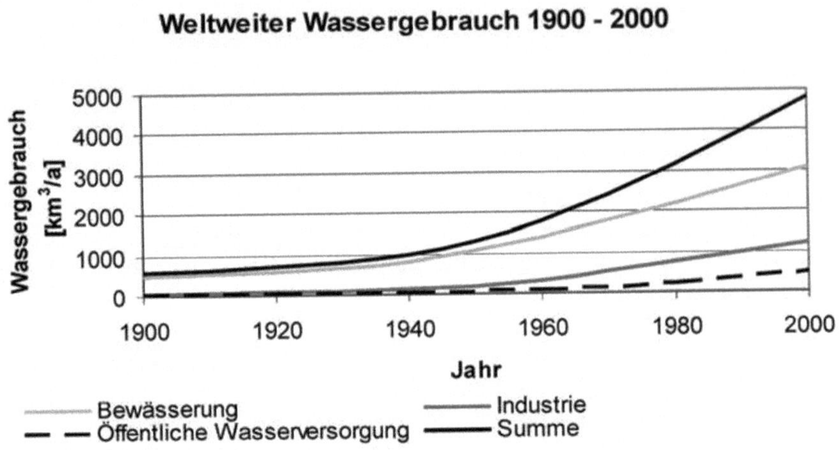

Abb. 1.1: Entwicklung des weltweiten Wassergebrauchs (Gleick, 1993)

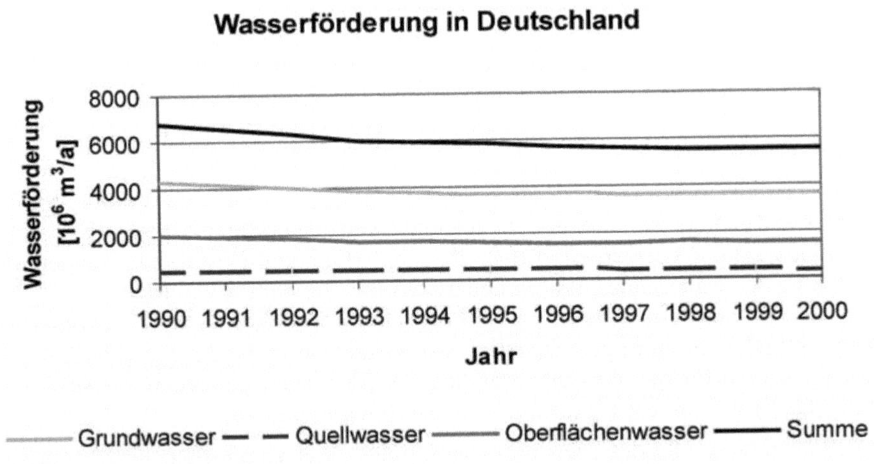

Abb. 1.2: Entwicklung des Wassergebrauchs in Deutschland seit 1990 bezogen auf die öffentliche Wasserversorgung (Lübbe, 2001)

Als Folge hoher Grundwasserentnahmen werden die Vorräte an unterirdischem Wasser überbeansprucht. Es wird vielerorts mehr Grundwasser entnommen als durch zusickerndes Wasser aus dem Niederschlag oder aus Oberflächengewässern nachgeführt wird. Der Wasservorrat wird vermindert.

Neben einer begrenzten Menge beschränkt auch vielerorts die Güte des Wassers die Nutzbarkeit. Zahlreiche Einleitungen wassergefährdender Stoffe auch in das Grundwasser führen besonders bei der Nutzung als Trinkwasser zu einem Gesundheitsrisiko für den Menschen.

Im Hinblick auf eine nachhaltige Nutzung dieser Ressource ist dieser Trend zu mindern und umzukehren, sonst werden kommende Generationen von der Nutzung des Grundwassers vielerorts ausgeschlossen. Im Bereich der öffentlichen Wasserversorgung ist in Deutschland eine solche Trendwende gelungen. Der Trinkwasserbedarf und damit die Grundwassernutzung ist nach (Lübbe, 2001) seit 1990 rückläufig (Abb. 1.2). Aus Abb. 1.2 ist aber auch ersichtlich, dass das Grundwasser mit etwa 75% an der öffentlichen Wasserversorgung in Deutschland beteiligt ist.

Zur Verbesserung der Grundwassergüte wurden in Deutschland große Anstrengungen unternommen, vorhandenen Einleitungen wassergefährdender Stoffe zu vermindern und verschmutzte Grundwasser zu reinigen. Die erzielten Ergebnisse sind jedoch nicht so spektakulär wie in Deutschlands Oberflächengewässern.

2 Strukturen der Grundwassersysteme

2.1 Vertikaler Aufbau

Dort, wo das unterirdische Wasser die Hohlräume im Gestein vollständig ausfüllt, liegt Grundwasser vor. Darüber befindet sich neben dem Wasser im Allgemeinen Luft in den Hohlräumen. Die Hohlräume sind mit Wasser nur teilweise gesättigt. Dieser Bereich wird mit "ungesättigte Zone" bezeichnet.

Unter Sättigungsgrad $S_ä$ wird das Verhältnis aus Wasservolumen V_W zu Hohlraumvolumen V_H verstanden.

$$S_ä = \frac{V_W}{V_H} \qquad (2.1.1)$$

$S_ä = 1$ bedeutet gesättigter Bereich
$S_ä < 1$ bedeutet ungesättigter Bereich

Im Grundwasserbereich ist $S_ä = 1$

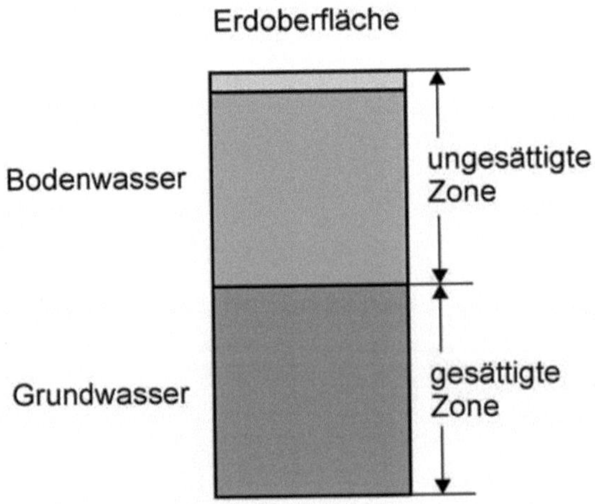

Abb. 2.1.1: Zonen mit unterirdischem Wasser

In Deutschland bezieht sich der Begriff "unterirdisches Gewässer" nur auf den gesättigten Bereich.

In der gesättigten Zone werden 3 Bereiche bezüglich der Fähigkeit des Gesteins, Grundwasser zu leiten, unterschieden:

- Grundwasserleiter (Aquifer)
- Grundwasserhemmschicht (Aquitard)
- Grundwassernichtleiter (Aquiclude)

Fließt das Grundwasser in Sedimenten, können diesen 3 Bereichen Bodenarten zugeordnet werden:

- Kiese und Sande
- Schluffe und Lehme
- Tone

Wenn das Wasser in Festgesteinen fließt, können diese den folgenden drei Bereichen grob zugeordnet werden:

- Dolomit, Kalkstein, Mergelkalkstein
- Quarzit, Sandstein, Schluffstein
- Tonstein, Granit, Metamorphite

2.2 Grundwasserleitertypen

Es gibt verschiedene Arten von Grundwasserleitern, die sich durch die Gesteinsart und den daraus resultierenden Strukturen der Hohlräume unterscheiden:

- Lockergesteinsgrundwasserleiter: - Porengrundwasserleiter
- Festgesteinsgrundwasserleiter: - Kluftgrundwasserleiter
  - Karstgrundwasserleiter

2.2.1 Lockergesteinsgrundwasserleiter

Die für die Grundwassergewinnung bedeutendsten Grundwasserleiter sind Lockergesteine (Sedimente). Die Hohlräume werden als Poren bezeichnet.

Der Hohlraumanteil ist definiert als der Quotient aus dem Volumen aller Hohlräume V_H eines Gesteinskörpers und dessen Gesamtvolumen V_g. Nachfolgend sind die Hohlraumanteile für verschiedene Bodenarten angegeben.

$$n = \frac{V_H}{V_g} \qquad (2.2.1)$$

Abb. 2.2.1: Porenräume im Lockergestein

Tabelle 2.1: Zuordnung von Hohlraumanteilen zu Bodenarten

Bodenart	Hohlraumanteil n [%]
Tone	45 – 55
Schluffe	40 – 50
Gleichförmiger Sand	30 – 40
Mittel- bis Grobsand	35 – 40
Fein- bis Mittelsand	30 – 35

In Porengrundwasserleitern ist die Porengröße von der Kornverteilung und vom Hohlraumanteil abhängig. Als Porengröße kann derjenige Durchmesser gewählt werden, den eine Kugel hat, die gerade in einer Pore Platz findet.

2.2.2 Kluftgrundwasserleiter

Klüfte und Spalten sind tektonisch bedingte Hohlräume im Festgestein, in denen Wasser fließen und gespeichert werden kann. Sie können auch durch Gebirgsentspannung oder Bergzerreißung entstanden sein.

Das Wasserleit- und Speichervermögen ist vor allem durch die Schichtung oder Schieferung, aber auch durch ungleiche Ausbildung verschiedener Kluftrichtungen oder anisotrope Gebirgsspannung bedingt. Die Analyse von Fugenhohlräumen muss daher oft für Hohlraumsysteme verschiedener räumlicher Stellungen getrennt durchgeführt werden. Die Wirksamkeit einer Kluftschar bezüglich der Leitung von Wasser wird durch folgende Größen beeinflusst:

- Kluftbreite
- Kluftabstand
- Länge
- Rauhigkeit
- Füllmaterial

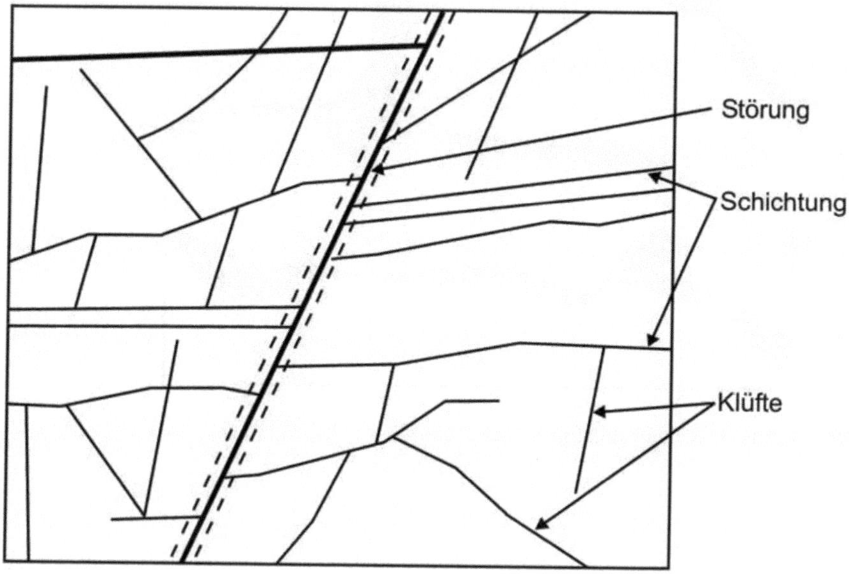

Abb. 2.2.2: Kluftgestein

2.2.3 Karstgrundwasserleiter

Karstgrundwasserleiter sind Sonderformen der Kluftgrundwasserleiter. In Karbonatgesteinen sind Klüfte entstanden, die in geologischen Zeiträumen durch die gesteinslösende Wirkung zirkulierender Grundwässer zum Teil bis zu großen Höhlen (z.B. Schwäbische Alb) erweitert wurden.

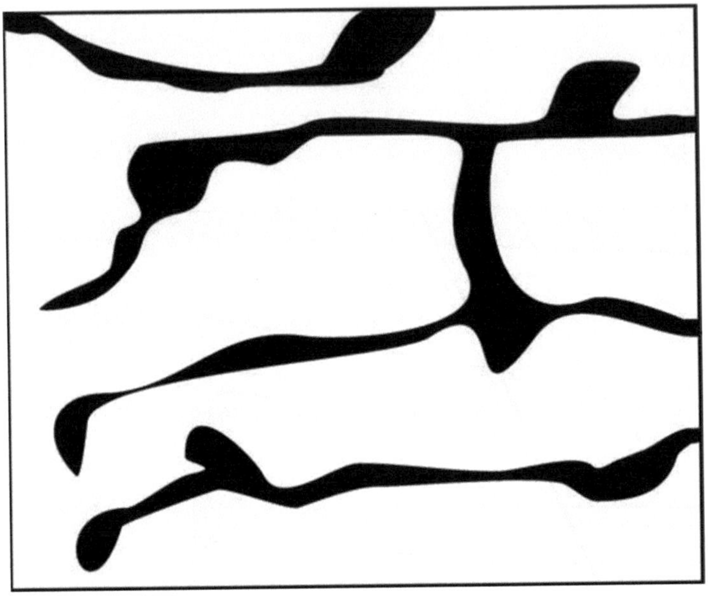

Abb. 2.2.3: Karstgestein mit Lösungskanälen

2.3 Wasserbewegung in Grundwassersystemen

In gemäßigten humiden Gebieten infiltriert ein Teil des Niederschlages in den Untergrund. Von diesem Wasser kann wiederum ein Teil verdunsten (Bodenverdunstung), ein Teil von Pflanzen aufgenommen und in die Atmosphäre überführt werden (Transpiration). Der Rest gelangt zur Grundwasseroberfläche, tritt in diese ein und fließt als Grundwasser ab. Der Zufluss von Sickerwasser zur Grundwasseroberfläche wird als Grundwasserneubildung bezeichnet. Das Grundwasser fließt zu Oberflächengewässern einschließlich dem Meer, zu Brunnen, aus denen es gefördert wird oder kann auch flächig aus der Geländeoberfläche austreten und so vernässte Bereiche (Feuchtgebiete) bilden, von denen das Wasser verdunstet oder an der Oberfläche abfließt (Abb. 2.3.1). Im Untergrund können mehrere Grundwasserleiter vorhanden sein, die durch Hemmschichten oder Nichtleiter voneinander getrennt sind. Die Abb. 2.3.1 zeigt Grundwasserleiter als Teil eines hydrologischen Systems in einem humiden Klima (Mull, 1993a).

In warmen Gebieten mit geringen Niederschlägen (semiaride Gebiete) wird Grundwasser vornehmlich durch Versickerung aus Flüssen gespeist, in denen bei intensiven Niederschlägen Wasser abfließt. Das auf die Landoberfläche fallende Wasser dringt häufig nur wenige Zentimeter bis Dezimeter in den Boden ein und verdunstet von dort wieder in der dem Niederschlag folgenden Trockenperiode. In den Flüssen befindet sich während der Regenzeit über einen längeren Zeitraum Wasser. Das aus Flüssen versickernde Wasser erreicht größere Tiefen, aus denen es nicht mehr verdunstet. Es fließt dann zur Grundwasseroberfläche ab.

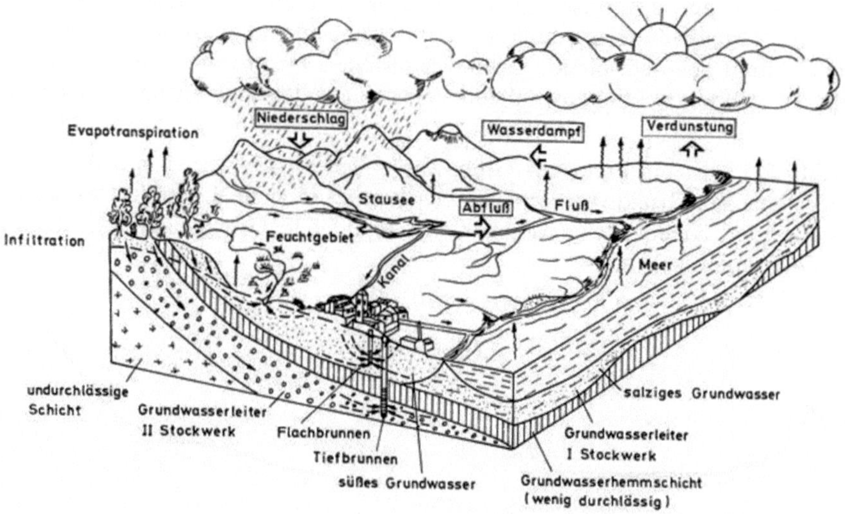

Abb. 2.3.1: Wasserkreislauf

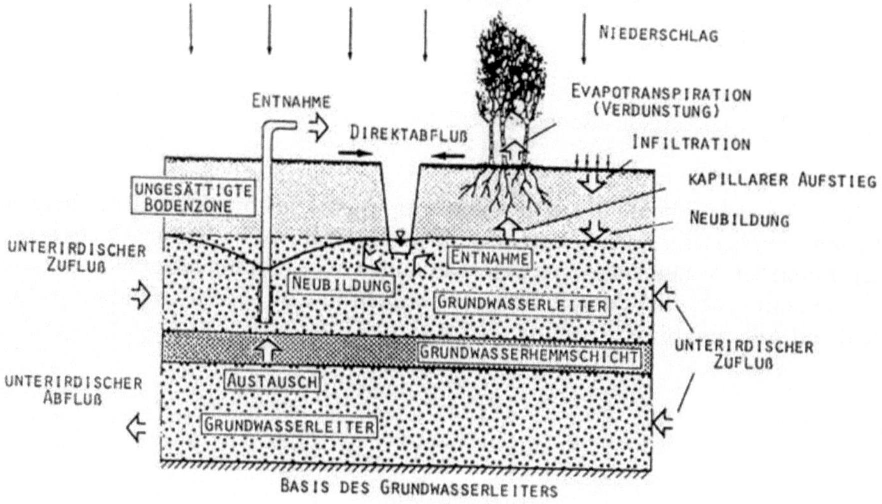

Abb. 2.3.2: Komponenten des Grundwasserhaushaltes

In Abb. 2.3.2 sind Strömungen in einem Sektor eines Grundwassersystems angedeutet bezogen auf ein gemäßigtes humides Klima. Zusätzlich ist die Strömung in der ungesättigten Bodenzone zu sehen. Der obere Grundwasserleiter erfährt von beiden Seiten einen Zufluss. Es soll skizziert werden, dass hier dieser Zufluss durch die Grundwasserentnahme aus dem Brunnen kompensiert wird. Die Entnahme erfolgt aus dem oberen Grundwasserleiter. Im unteren Grundwasserleiter fließt das von einer Seite zuströmende Wasser auf der anderen Seite wieder heraus.

In Abb. 2.3.3 ist ein einfaches Grundwassersystem skizziert. Ein Tal in einem Festgestein (hier Grundwassernichtleiter) ist mit Sedimenten gefüllt. Das aus dem versickernden Niederschlagswasser sich neubildende Grundwasser fließt einem Oberflächengewässer zu.

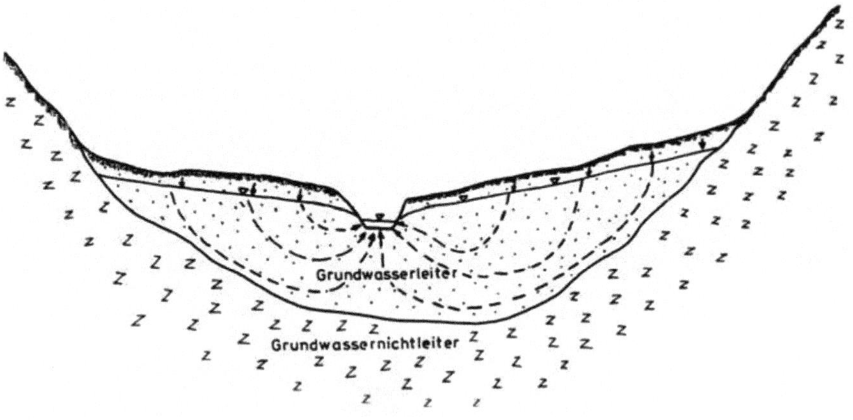

Abb. 2.3.3: Lockergesteinsgrundwasserleiter

Abb. 2.3.4 zeigt ebenfalls ein Grundwassersystem, das aus einer Talfüllung mit Sedimenten besteht. Zwei Grundwasserleiter sind durch eine Hemmschicht in weiten Bereichen voneinander getrennt. Das im unteren Grundwasserleiter befindliche Grundwasser fließt durch die Hemmschicht in den oberen Grundwasserleiter und von dort zum Fluss.

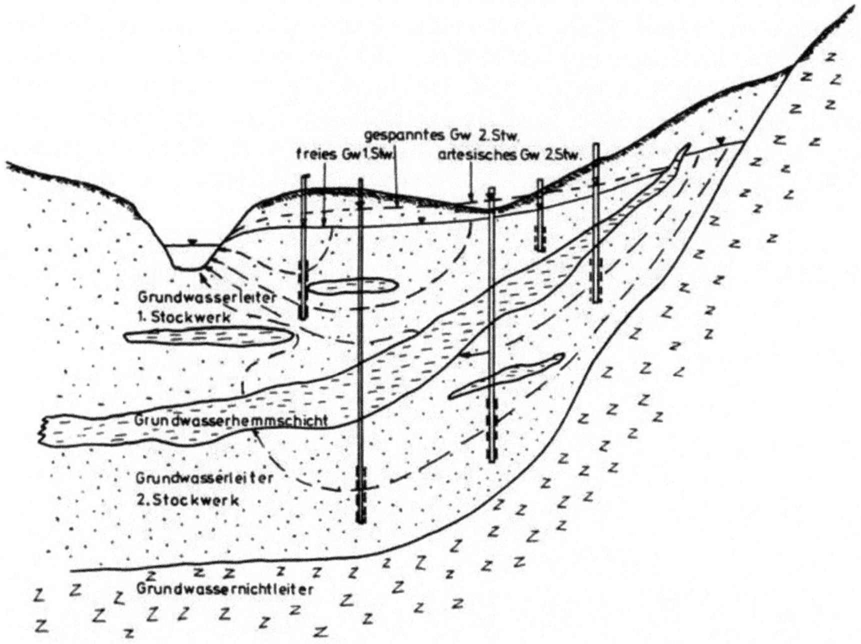

Abb. 2.3.4: Strukturiertes Grundwassersystem aus Lockergesteinen

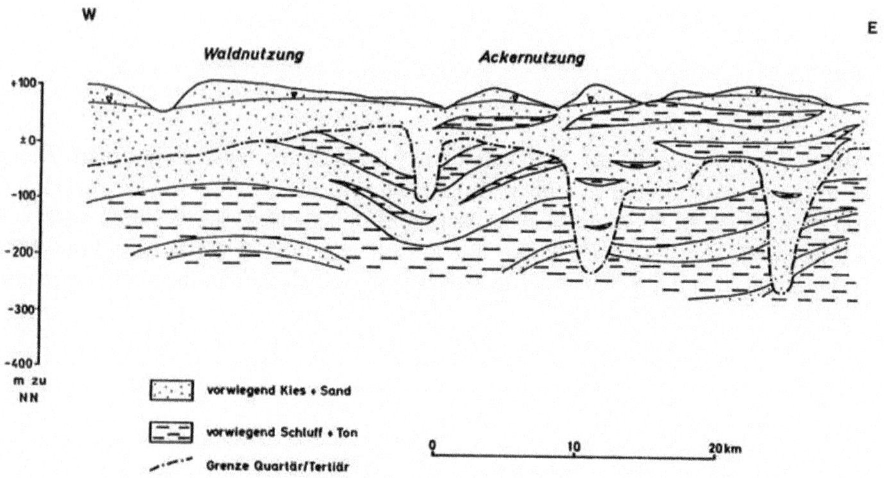

Abb. 2.3.5a: Schnitt durch ein komplexes Grundwassersystem im Lockergestein

In Abb. 2.3.5a ist ein Grundwassersystem skizziert, wie es in der Lüneburger Heide vorkommt. Gletscher haben während der letzten Eiszeit tertiäre Ablagerungen erodiert. Die Erosionsrinnen sind während des Quartärs wieder mit Sedimenten aufgefüllt worden. Geschiebemergel trennen verschiedene Grundwasserleiter in den Bereichen voneinander, in denen die tertiären Ablagerungen erhalten geblieben sind. Die Grundwasserströmungen sind auf die Flüsse zu gerichtet (Abb. 2.3.5b).

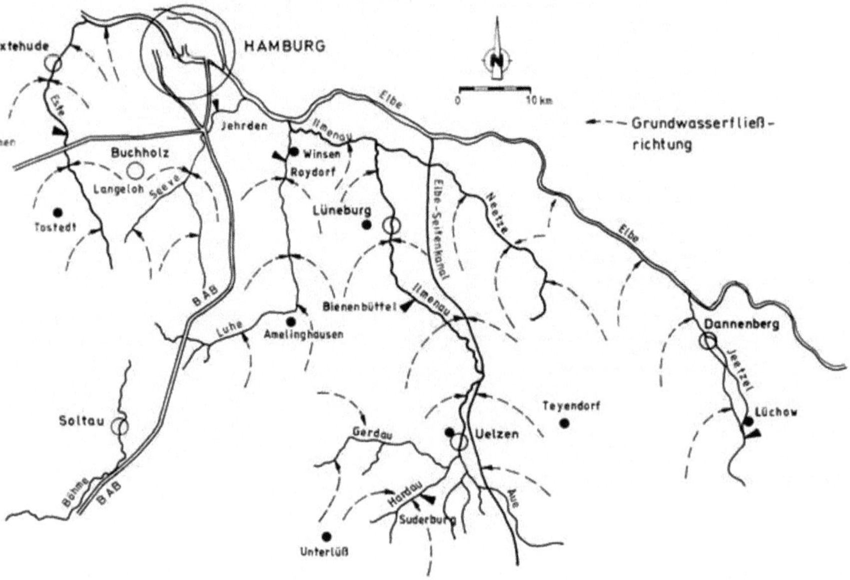

Abb. 2.3.5b: Grundwasserströme in einem Teilgebiet der Lüneburger Heide

Abb. 2.3.6 zeigt den Ausschnitt aus einem Grundwassersystem in einem Festgestein (Coldewey u. Krahn, 1991). Im Sandstein sind die Trennfugen frei. Hier erfolgt im Wesentlichen die Grundwasserströmung. Das Tongestein wäre ohne Klüfte ein Grundwassernichtleiter. Die Klüfte verleihen dieser Schicht eine gewisse Durchlässigkeit für Wasser. Sie kann als Grundwasserhemmschicht bezeichnet werden.

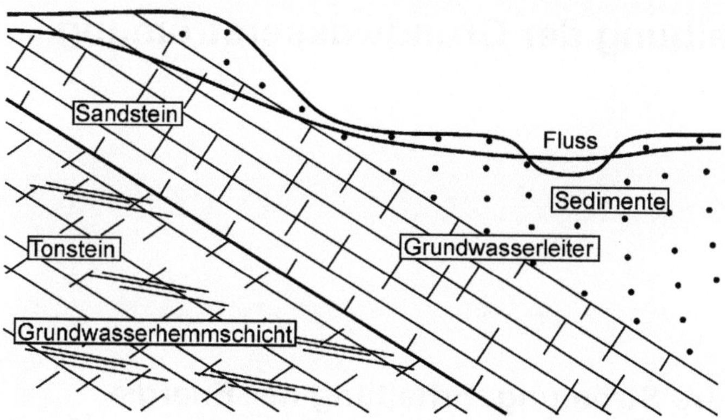

Abb. 2.3.6: Teil eines Festgesteinsgrundwasserleiters

3 Beschreibung der Grundwasserströmung

3.1 Stationäre Strömung, Erhaltung der Energie

3.1.1 Hagen - Poiseuille - Gesetz

Grundwasser strömt in der Regel laminar durch die Hohlräume von Locker- und Festgesteinen. Zur Einführung in die Beschreibung dieser Strömung wird zunächst die Wasserbewegung durch eine Kapillare mit kreisförmiger Fläche betrachtet. Die Kapillare ist das einfachste Modell eines porösen Körpers (Porengrundwasserleiter), durch den Flüssigkeit oder Gas fließt. Diese Betrachtung wird dann auf einen Spalt ausgedehnt, der durch zwei parallele laufende Platten gebildet wird. Dieser Spalt ist das einfachste Modell einer Kluft in einem Festgestein (Kluftgrundwasserleiter). Die Flüssigkeitsbewegung in Lösungskanälen von Karstgrundwasserleitern ist meistens turbulent. Turbulente Strömungen werden hier nicht behandelt.

Wenn das Wasser mit konstanter Geschwindigkeit durch die Kapillare fließt, herrscht ein Gleichgewicht zwischen den beteiligten Kräften. Die Gleichung zur Beschreibung der Fließgeschwindigkeit und des Durchflusses (Strömungsgleichung) wird aus einer Gleichgewichtsbetrachtung bezüglich der beteiligten Kräfte abgeleitet. Diese Gleichgewichtsbetrachtung ist der Ausdruck des ersten Hauptsatzes der Thermodynamik, des Energieerhaltungssatzes. In Abb. 3.1.1.1 ist eine Kapillare dargestellt, die unter einem Winkel α zur Horizontalen verläuft. Wasser fließt unter der Wirkung der Schwerkraft und einer Druckkraft durch die Kapillare. Die eingebrachte Energie wird durch Reibung kompensiert. Bezüglich der Reibung ist anzumerken, dass die Flüssigkeit an der Wand haftet (Kap. 13 Abschn. 3). Reibung findet nur innerhalb der Flüssigkeit statt. Bei der laminaren Strömung wird nach Newton von der Vorstellung ausgegangen, dass Flüssigkeitslamellen sich parallel mit unterschiedlicher Geschwindigkeit in Strömungsrichtung bewegen. Als Folge der unterschiedlichen Geschwindigkeit reiben sich die Lamellen untereinander und vernichten dadurch die eingebrachte Energie. Es wird hier von innerer Reibung gesprochen, da sich die Flüssigkeit nicht an der Wand reibt.

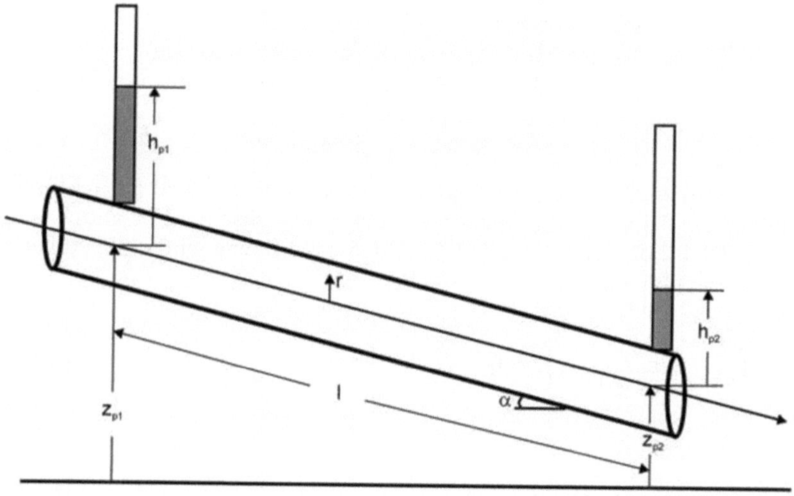

Abb. 3.1.1.1: Schräg durchströmte Kapillare

Die Gleichgewichtsbedingung lautet:

$$F_1 + F_2 + F_3 = 0 \tag{3.1.1.1}$$

Bezogen auf die gewählte Kapillare und deren Anordnung ergeben sich die folgenden Gleichungen

$$F_1 = \Delta p \cdot A_q = \rho \cdot g \cdot \pi \cdot r^2 \cdot \left(h_{p1} - h_{p2}\right) \tag{3.1.1.2}$$

$$\begin{aligned} F_2 &= m \cdot g \cdot \sin\alpha = \rho \cdot V \cdot g \cdot \frac{z_{p1} - z_{p2}}{l} \\ &= \rho \cdot g \cdot l \cdot \pi \cdot r^2 \cdot \frac{z_{p1} - z_{p2}}{l} = \rho \cdot g \cdot \pi \cdot r^2 \cdot \left(z_{p1} - z_{p2}\right) \end{aligned} \tag{3.1.1.3}$$

$$F_3 = -\eta \cdot A_w \cdot \frac{dv}{dr} = -\eta \cdot 2 \cdot \pi \cdot r \cdot l \cdot \frac{dv}{dr} \tag{3.1.1.4}$$

mit:
- p: Druck [N/m^2]
- A_q: Durchflossene Fläche [m^2]
- m: Masse [kg]
- ρ: Dichte der Flüssigkeit [kg/m^3]
- V: Volumen [m^3]
- g: Erdbeschleunigung [m/s^2]
- η: Koeffizient der inneren Reibung (dynamische Viskosität) [kg/m·s]

A_w: Wandfläche [m^2]
v: Geschwindigkeit des Wassers [m/s]
r: Abstand von der Mittelachse der Kapillare [m]
z: Ortskoordinate = Potenzial der Lage im Schwerefeld [m]
h_p: Potenzial der Druckkraft [m]
l: Länge zwischen den Standrohren [m]

Gesucht wird zunächst die Abhängigkeit der Geschwindigkeit einer Flüssigkeitslamelle (Abb. 3.1.1.3) vom Abstand von der Mittelachse v = f(r). Durch Einsetzen der Gln. 3.1.1.2 bis 3.1.1.4 in Gl. 3.1.1.1 und Umordnung wird diese Abhängigkeit durch Integration erhalten:

$$\int_v^0 dv = -\frac{\rho \cdot g}{2 \cdot \pi} \cdot I_o \cdot \int_r^{r_k} (r)dr \qquad (3.1.1.5)$$

mit:

$$I_o = \frac{(h_{p1} + z_{p1}) - (h_{p2} + z_{p2})}{l} \qquad (3.1.1.6)$$

Bezüglich der Integrationsgrenzen ist die Geschwindigkeit in einem Abstand r von der Achse v. Am Rand der Kapillare ($r = r_k$) ist die Geschwindigkeit Null.

Durch die Integration von Gl 3.1.1.5 unter Beachtung der Integrationsgrenzen folgt:

$$v = \frac{\rho \cdot g}{4 \cdot \eta} \cdot I_o \cdot (r_k^2 - r^2) \qquad (3.1.1.7)$$

Die geometrische Form der Geschwindigkeitsverteilung innerhalb der Kapillare ist ein Paraboloid.

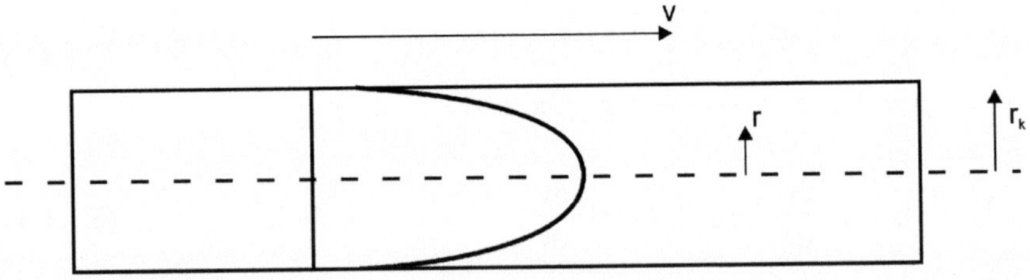

Abb. 3.1.1.2: Parabolische Geschwindigkeitsverteilung im Fluid beim laminaren Durchfluss durch eine Kapillare

Der Durchfluss Q durch die Kapillare ergibt sich unter Berücksichtigung von $(dr)^2 = 0$ aus:

$$Q = \int v\, dA = \int_0^{r_k} v\pi \cdot \left[\left(r + dr \right)^2 - r^2 \right] = 2 \cdot \pi \cdot \int_0^{r_k} v\left(r \right) \cdot r \cdot dr \qquad (3.1.1.8)$$

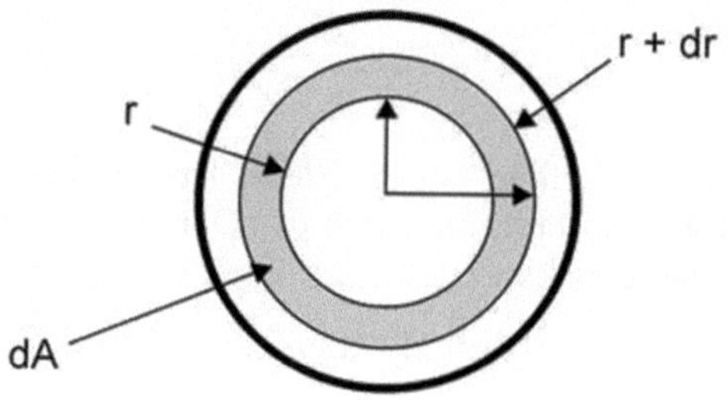

Abb. 3.1.1.3: Flüssigkeitslamelle im Fluid beim Durchfluss durch eine Kapillare

Die Integration ergibt unter Berücksichtigung von Gl.3.1.1.7

$$Q = \frac{\rho \cdot g}{\eta} \cdot \frac{\pi \cdot r_k^4}{8} \cdot I_o \qquad (3.1.1.9)$$

und die mittlere Geschwindigkeit v_m zu

$$v_m = \frac{Q}{\pi \cdot r^2} = \frac{\rho \cdot g}{\eta} \cdot \frac{r_k^2}{8} \cdot I_o \qquad (3.1.1.10)$$

Der Durchfluss ist proportional der vierten Potenz des Radius. Kleine Veränderungen des Radius bedeuten große Veränderungen im Durchfluss. Darüber hinaus ist der Durchfluss von den Flüssigkeitseigenschaften Dichte und Viskosität beeinflusst. Die mittlere Geschwindigkeit v_m ist proportional dem Radius zum Quadrat.

Bezogen auf einen Spalt mit der Breite b_s und der Höhe H ergeben sich die Geschwindigkeit v als Funktion des Abstandes X von der Spaltmitte und der Durchfluss Q zu:

$$v = \frac{\rho \cdot g}{2 \cdot \eta} \cdot \left(X_s^2 - X^2 \right) \cdot I_o \qquad (3.1.1.11)$$

$$Q = \frac{\rho_W \cdot g}{\eta} \cdot \frac{H \cdot b_s^3}{12} \cdot I_o \qquad (3.1.1.12)$$

Auch hier ergibt sich ein parabelförmiges Geschwindigkeitsgefälle.

Mit Blick auf die Natur ist anzumerken, dass die Durchmesser der Hohlräume im porösen und im klüftigen Material im Mikroskalenbereich stark schwanken. Geschwindigkeiten und Durchflüsse können sich daher nur auf makroskopische Bereiche beziehen, da es unmöglich ist, die Geometrie der Hohlräume derart zu erfassen, dass eine mikroskopische Beschreibung erfolgen kann. Die nachfolgenden Betrachtungen beziehen sich dabei auf Kollektive von Poren, Klüften oder Lösungskanälen im makroskopischen Bereich.

3.1.2 Darcy - Gesetz

Durchströmt eine Flüssigkeit ein poröses Medium (an die Stelle der Kapillare in Abb. 3.1.1.1 tritt ein sandgefülltes Rohr), so berechnet sich der Durchfluss unter der Vorraussetzung voller Sättigung nach Darcy zu:

$$Q = A_q \cdot k_f \cdot I_o \tag{3.1.2.1}$$

mit: Q: Durchfluss [m^3/s]
A_q: Durchflossene Querschnittsfläche [m^2]
k_f: Durchlässigkeit [m/s]
I_o: Gefälle [-]

Wird der Durchfluss durch die Querschnittsfläche A_q geteilt, ergibt sich die Filtergeschwindigkeit v_f per Definition zu:

$$v_f = \frac{Q}{A_q} \tag{3.1.2.2}$$

Das Darcy - Gesetz lautet dann:

$$v_f = k_f \cdot I_o \tag{3.1.2.3}$$

Zur Beantwortung der Frage, wovon die Durchlässigkeit abhängig ist, wird dem Darcy - Gesetz das Hagen – Poiseuille - Gesetz gegenüber gestellt.

$$v_m = \frac{r^2}{8} \cdot \frac{\rho_w \cdot g}{\eta} \cdot I_o \tag{3.1.2.4}$$

Der Durchfluss durch die Kapillare erfolgt durch den offenen Querschnitt $A_q = \pi \cdot r^2$. Im Fall des porösen Körpers (sandgefülltes Rohr) wird zur Ermittlung der Filtergeschwindigkeit v_f der Durchfluss auf die gesamte Querschnittsfläche des Bodenkörpers bezogen. Das Wasser fließt jedoch nur durch die Hohlräume. Damit unterscheiden sich v_m und v_f.

Aus dem Vergleich zwischen Hagen - Poiseuille- und Darcy-Gesetz ist offensichtlich, dass das allgemeine Darcy-Gesetz lautet:

$$v_f = k_o \cdot \frac{\rho \cdot g}{\eta} \cdot I_o \tag{3.1.2.5}$$

k_o ist die spezifische Durchlässigkeit und hat die Dimension [m^2]. Der Wert $k_o = 10^{-12}$ m^2 wird auch als 1 Darcy bezeichnet.

Der k_f- Wert ergibt sich zu:

$$k_f = k_o \cdot \frac{\rho \cdot g}{\eta} \qquad (3.1.2.6)$$

Der k_f-Wert ist von Flüssigkeitseigenschaften (Dichte und Viskosität) und Gesteinseigenschaften (Durchmesser der Poren oder Breite der Klüfte) abhängig.

3.1.3 Standrohrspiegelhöhe und Gefälle

Das Grundwasser bewegt sich im gesättigten Teil des Grundwassers unter der Wirkung der Schwerkraft und der Druckkraft. Das Potenzial der resultierenden Kraft ist die Standrohrspiegelhöhe h. Die Druckkraft resultiert aus dem Druck der Wassersäule, die über dem betrachteten Wasserteilchen liegt. Das Potenzial der Lage ist durch die Ortskoordinate z im Schwerefeld der Erde ausgedrückt. Im Allgemeinen wird z auf NN bezogen.

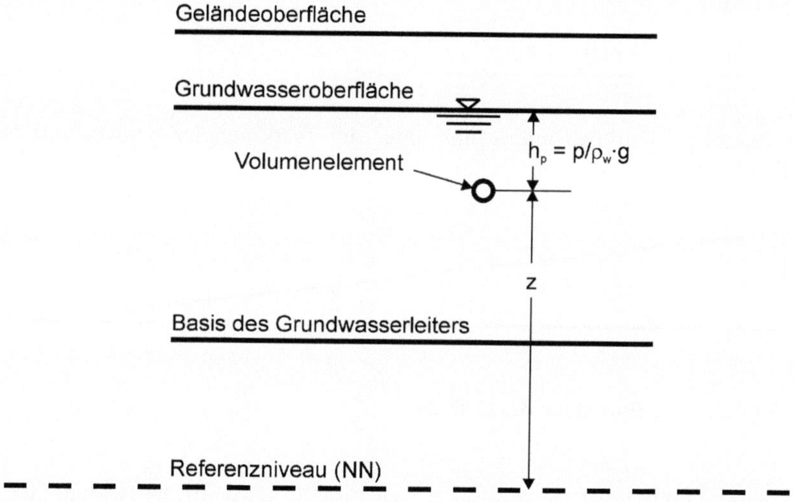

Abb. 3.1.3.1: Zur Ableitung der Standrohrspiegelhöhe

$$h = z + \frac{p}{\rho_w \cdot g} = z + h_p \qquad (3.1.3.1)$$

mit: h : Standrohrspiegelhöhe [m]
z : Höhe über einem Referenzniveau [m]
p : Druck der Wassersäule über dem Ort des betrachteten Wasserteilchens [N/m²]

ρ_W : Dichte des Wassers [kg/m^3]
h_p : Druckhöhe (Höhe der Wassersäule über dem Ort des betrachteten Wasserteilchens) [m]

Das Gefälle setzt sich zusammen aus dem Druckgefälle und dem Gefälle im Schwerefeld der Erde.

Wichtig: Das Gefälle ergibt sich aus der Differenz der Standrohrspiegelhöhe dividiert durch die durchflossene Strecke l in Abb. 3.1.3.2. Das Gefälle entspricht damit dem Sinus des Winkels α nicht dem Tangens.

Bei senkrechter Stellung der Kapillare (Bodensäule) und ohne Einleitung der Flüssigkeit unter Druck ist

$$h_{p1} = h_{p2} = 0$$

und

$$\Delta z = z_{p1} - z_{p2} = 1$$

Daraus folgt

$$I_o = \frac{(h_{p1} + z_{p1}) - (h_{p2} + z_{p2})}{1} = \frac{z_{p1} - z_{p2}}{1} = 1 \qquad (3.1.3.2)$$

Bei senkrechter Durchströmung nur unter der Wirkung der Schwerkraft ist das Gefälle gleich eins.

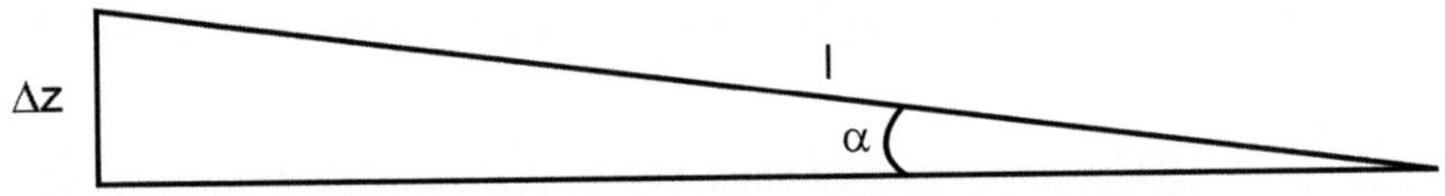

Abb. 3.1.3.2: Zur Ermittlung des Gefälles

Bei kleinen Gefällen ist sin α = tan α. Das Gefälle wird auf die Horizontale bezogen.

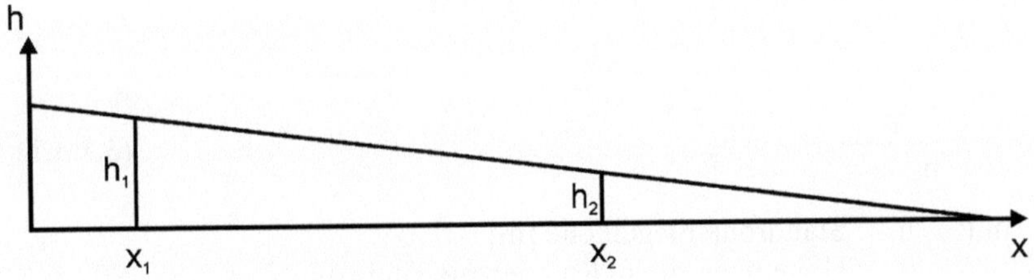

Abb. 3.1.3.3: Zur Ermittlung des Gefälles

Das Gefälle

$$I_o = \frac{h_1 - h_2}{x_1 - x_2} \tag{3.1.3.3}$$

ist negativ. Aus diesem Grunde wird das Darcy-Gesetz häufig in folgender Form präsentiert:

$$v_f = - k_f \cdot I_o \tag{3.1.3.4}$$

3.1.4 Gespanntes und freies Grundwasser

In Abb. 3.1.4.1 sind zwei Arten von Grundwasser dargestellt. Im Fall a) ist der Grundwasserleiter durchgehend bis zur Grundwasseroberfläche. Im Fall b) liegt im oberen Bereich ein Grundwassernichtleiter. Die Grundwasseroberfläche ist in diesem Fall die Unterkante des Grundwassernichtleiters. Die Standrohrspiegelhöhe liegt im Grundwassernichtleiter. Würde in den Grundwasserleiter ein Bohrloch abgeteuft, stiege das Grundwasser bis in die angegebene Höhe. Diese Höhe entspricht der Standrohrspiegelhöhe. Im Fall a) ist das Grundwasser frei, im Fall b) ist es gespannt.

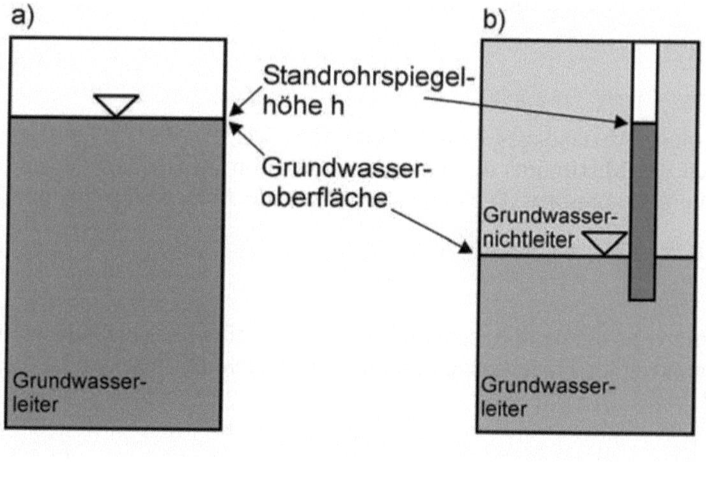

Abb. 3.1.4.1: Freies a) und gespanntes b) Grundwasser

3.1.5 Geschwindigkeiten des Grundwassers

Jedes Wassermolekül bewegt sich innerhalb der Hohlräume im Untergrund mit der Bahngeschwindigkeit v_B. Der Betrag dieser Größe und die Richtung sind in starkem Maße ortsabhängig. Jedes Molekül hat eine andere Geschwindigkeit.

Makroskopisch kann nur die Geschwindigkeit bestimmt werden, die sich aus dem Quotienten aus l und t ergibt, wenn l der Abstand zwischen zwei Orten A und B auf einer Stromlinie im porösen Medium ist. Es wird daher einer Abstandgeschwindigkeit v_a gesprochen.

$$v_a = \frac{\overline{AB}}{t} = \frac{l}{t} \tag{3.1.5.1}$$

Messtechnisch lässt sich jedoch der Weg eines Teilchens nicht bestimmen, sondern nur der Weg eines größeren Kollektivs von Teilchen. Aufgrund unterschiedlicher Geschwindigkeiten der Wassermoleküle in den Poren legt jedes Teilchen den Abstand l in einer anderen Zeit t_i zurück.

Die Zeit t_1 zwischen dem Austreten des Maximums der Konzentration eines Tracers (Abb. 3.1.5.1) aus einem Bohrloch A, in das der Tracer eingegeben wird, bis zum Auftreten einer messbaren Konzentration in einem Beobachtungsbrunnen B ist die minimale Laufzeit. (Abb. 3.1.5.1) Der Ausdruck

$$v_{a,\,max} = \frac{l}{t_1} \tag{3.1.5.2}$$

gibt die maximale Abstandsgeschwindigkeit (Abb. 3.1.5.1) an. Die Laufzeit t_2 bis zum Auftreten des Maximums der Tracerkonzentration im Beobachtungsbrunnen ist die dominierende Laufzeit. Die daraus resultierende Abstandsgeschwindigkeit

$$v_{ad} = \frac{l}{t_2} \tag{3.1.5.3}$$

ist die dominierende Abstandsgeschwindigkeit. Die Laufzeit t_3 bis zum Auftreten des Schwerpunktes der Tracerkonzentration im Beobachtungsbrunnen ist die mittlere Laufzeit.

$$v_{am} = \frac{l}{t_3} \tag{3.1.5.4}$$

Tatsächlich legt jedes Teilchen den Weg zwischen A und B auf einem gewundenen (tortuosen) Weg zurück, der um die Körner der Sedimente oder Feststoffpartikel im Kluftgestein herum führt. Die mittlere wahre Geschwindigkeit v_w wäre $v_w = l_s/t$ mit l_s als tatsächlicher Weg zwischen A und B. Die Relation zwischen mittlerer Abstands- und mittlerer wahrer Geschwindigkeit gibt Gl. 3.1.5.5:

$$v_m = \frac{v_{am}}{T_o} \tag{3.1.5.5}$$

$$T_o = \frac{l}{l_s} \qquad (3.1.5.6)$$

T_o: Tortuosität [-]

Die Tortuosität ist das Verhältnis aus dem Abstand l zwischen zwei Beobachtungspunkten und dem tatsächlichen Weg l_s, den die Moleküle zwischen A und B zurücklegen. l_s ist ein gewundener Weg durch Porenkanäle oder Klüfte. T_o liegt in Porenwasserleitern zwischen 0,3 und 0,7.

Die mittlere Abstandsgeschwindigkeit v_{am} kann auch als das Wasservolumen V_W definiert werden, welches in der Zeit t durch die durchflusswirksame Porenfläche A_f eines Bodenkörpers fließt.

Mit:

$$A_f = A_g \cdot n_e \qquad (3.1.5.7)$$

A_g: Gesamte durchflossene Fläche [m^2]
n_e: Durchflusswirksamer Hohlraumanteil [-]

folgt

$$v_a = \frac{V_w}{t \cdot A_g \cdot n_e} \qquad (3.1.5.8)$$

Mit Blick auf die Strömung durch das poröse Medium setzt sich der Hohlraum in erster Näherung aus zwei Teilen zusammen. Im ersten Teil bewegt sich das Wasser, im zweiten Teil ist es in Ruhe. Der Teil, in dem sich das Wasser bewegt, wird als durchflusswirksamer Hohlraum bezeichnet.

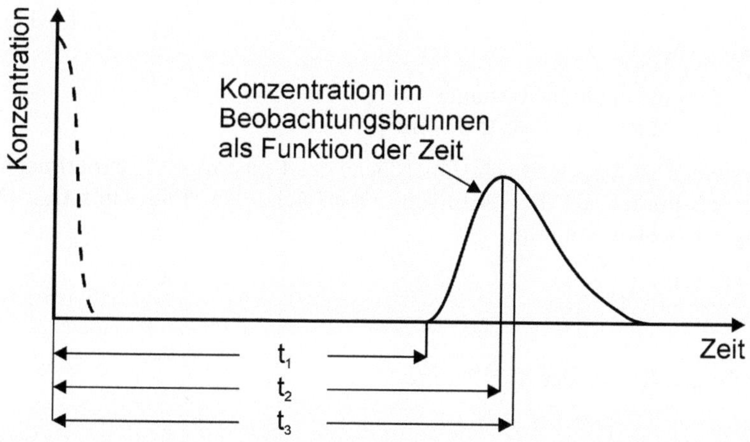

Abb. 3.1.5.1: Zur Definition der Abstandsgeschwindigkeit

In zweiter Näherung besteht eine kontinuierliche Veränderung der Wassergeschwindigkeit von relativ hohen Werten in den Zentren der Poren bis zum ruhenden Wasser in den Zwickeln der Poren (Abb. 7.1.1). Dieser Übergang kommt in den Gln. 3.1.5.2 bis 3.1.5.4 zum Ausdruck, wenn für die Definition der Abstandsgeschwindigkeit Gl. 3.1.5.8 herangezogen wird. Die maximale Abstandsgeschwindigkeit ergibt sich nach Gl. 3.1.5.8 dann, wenn der durchflusswirksame Hohlraumanteil nur auf die Zentralteile der Poren beschränkt wird, durch die das Wasser relativ schnell fließt. Zur dominierenden und zur mittleren Abstandsgeschwindigkeit hin ist die durchflusswirksame Fläche auf die Bereiche zu vergrößern, durch die das Wasser langsamer fließt.

Da

$$v_f = \frac{V_w}{A_g \cdot t} \qquad (3.1.5.9)$$

ist, folgt:

$$v_f = v_a \cdot n_e \qquad (3.1.5.10)$$

Die Beziehung zwischen mittlerer wahrer Geschwindigkeit und der Filtergeschwindigkeit ergibt sich dann unter Berücksichtigung von Gl. 3.1.5.5 zu

$$v_f = n_e \cdot T_o \cdot v_w \qquad (3.1.5.11)$$

Der Übergang vom Hagen-Poiseuille- (Gl. 3.1.1.10) zum Darcy-Gesetz (Gl. 3.1.2.5) kann nun wie folgt vollzogen werden. An die Stelle des Radius der Kapillare in Gl. 3.1.1.10 wird ein hydraulischer Radius r_h eingeführt. Er ist umgekehrt proportional zur spezifischen Oberfläche des Hohlraums O_{sh}.

$$r_h = \frac{c_p}{O_{sh}} = \frac{V_H}{A_s} \qquad (3.1.5.12)$$

c_p: Proportionalitätskonstante
A_s: Oberfläche des Feststoffes [m^2]

In Lockergesteinen ist die spezifische Oberfläche des Feststoffes O_{sf} experimentell einfacher zu bestimmen als die spezifische Oberfläche des Hohlraums O_{sh}. Die Umrechnung ergibt sich wie folgt:

$$O_{sh} = \left[\frac{(1 - n)}{n}\right] \cdot O_{sf} \qquad (3.1.5.13)$$

Somit folgt für den Radius der Kapillare r_h:

$$r_h = \left[\frac{n}{(1 - n)}\right] \cdot \left(\frac{c_p}{O_{sf}}\right) \qquad (3.1.5.14)$$

Unter Berücksichtigung von Gl. 3.1.1.10 ergibt nun die Gl. 3.1.5.11:

$$v_f = \left(\frac{1}{\alpha_p}\right) \cdot \left(\left(\frac{n^2 \cdot n_e}{(1-n)^2}\right) \cdot \frac{1}{O_{sf}^{\ 2}}\right) \cdot \left(\frac{\rho \cdot g}{\eta}\right) \cdot I_o \qquad (3.1.5.15)$$

α_p ist eine dimensionslose Konstante die im Wesentlichen von der Gestalt der Körner abhängig ist. Die Proportionalitätskonstante c_p und die Tortuosität T_o sind in α_p enthalten. Werte folgen in Kap. 4 Abschn. 2.

Damit ergibt sich die spezifische Durchlässigkeit k_o zu:

$$k_o = \left(\frac{1}{\alpha_p}\right) \cdot \left(\left(\frac{n^2 \cdot n_e}{(1-n)^2}\right) \cdot \frac{1}{O_{sf}^{\ 2}}\right) \qquad (3.1.5.16)$$

oder mit ausreichender Näherung:

$$k_o = \left(\frac{1}{\alpha_p}\right) \cdot \left[\frac{n^3}{(1-n)^2} \cdot \frac{1}{O_{sf}^{\ 2}}\right] \qquad (3.1.5.17)$$

3.2 Instationäre Strömung, Erhaltung der Masse

3.2.1 Allgemeine Kontinuitätsgleichung

Ändert sich die Strömung an einem bestimmten Ort mit der Zeit, wird von instationärer Strömung gesprochen. In diesem Fall kann das durchströmte System als Speicher angesehen werden. Der Speicher wird gefüllt oder geleert. Die Erhaltung der Masse bedeutet, dass die Summe aus der zu- und aus der abfließenden Masse gleich der ist, die im System gespeichert oder aus dem Speicher entlassen wird.

Die Masse m einer Flüssigkeit fließt in der Zeit Δt durch eine Fläche A. Der daraus resultierende Massenfluss J lautet:

$$J = \frac{m}{\Delta t} \quad \left[\frac{kg}{s}\right] \qquad (3.2.1.1)$$

Wird der Massenfluss auf die durchflossene Fläche A bezogen, ergibt sich die Massenflussrate j

$$j = \frac{m}{\Delta t \cdot A} \quad \left[\frac{kg}{m^2 \cdot s}\right] \qquad (3.2.1.2)$$

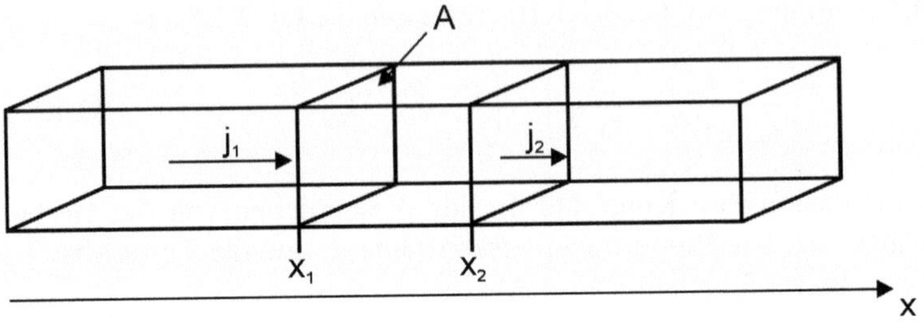

Abb. 3.2.1.1: Zur Ableitung der Kontinuitätsgleichung

In ein Volumenelement $\Delta V = A\ (x_1 - x_2) = A \cdot \Delta x$ dringt eine Massenflussrate j_1 ein, eine Massenflussrate j_2 tritt aus. Ist $j_1 > j_2$, reichert sich Masse in dem betrachteten Volumenelement an. Die Dichte ρ im Volumenelement ΔV wird größer. Unter ρ wird hier das Verhältnis aus Masse m der Flüssigkeit zum Volumen ΔV verstanden.

Es ist

$$j = \frac{m \cdot \Delta x}{\Delta t \cdot A \cdot \Delta x} = \frac{m \cdot \Delta x}{\Delta V \cdot \Delta t} = \rho \cdot v \qquad (3.2.1.3)$$

$$j_2 - j_1 = \Delta(\rho \cdot v) = -\frac{\partial \rho}{\partial t} \cdot \Delta x \qquad (3.2.1.4)$$

Daraus folgt:

$$\frac{\partial(\rho \cdot v)}{\partial x} + \frac{\partial \rho}{\partial t} = 0 \qquad (3.2.1.5)$$

als Kontinuitätsgleichung oder Massenerhaltungssatz. Die Änderung der Massenflussrate auf dem Wege Δx durch das Volumenelement ΔV ist gleich der zeitlichen Änderung der Masse in diesem Element. Da sich das Volumen ΔV nicht ändert, entspricht der Massenänderung Δm die Dichteänderung $\Delta \rho$. In Gl.3.2.1.5 wurde von der Differenz zum Differential übergegangen.

Gl. 3.2.1.5 ist die eindimensionale Form der Kontinuitätsgleichung. Sie wird zunächst so betrachtet, um den Übergang zur instationären Flüssigkeitsbewegung in porösen Medien in einfacher Form zu erläutern.

3.2.2 Allgemeines Fließgesetz

Bei der Anwendung der Kontinuitätsgleichung auf die Strömung von Flüssigkeiten durch ein poröses Medium ist zu beachten, dass die Dichte ρ in Gl. 3.2.1.5 eine Systemdichte ρ_s ist als Quotient aus Masse des Wassers m_w und dem Gesamtvolumen V_g. Dabei ist zu beachten, dass das Wasser sich nur in dem Hohlraum befindet.

$$\rho_s = \frac{m_w}{V_g} \tag{3.2.2.1}$$

Es ist in porösen Medien

$$\frac{m_w}{V_g} = \frac{m_w}{V_H} \cdot \frac{V_H}{V_g} = \rho_w \cdot n \tag{3.2.2.2}$$

mit: V_H : Hohlraumvolumen [m^3]
n : Hohlraumanteil [-]
ρ_w : Dichte des Wassers [kg/m^3]

Dabei wird im gesättigten Bereich vorausgesetzt, dass das Volumen des Wassers V_w gleich dem Hohlraumvolumen V_h ist.

Die Geschwindigkeit v in Gl. 3.2.1.4 ist hier die Abstandsgeschwindigkeit v_a. So geht Gl. 3.2.1.4 dann über in

$$\frac{d(\rho_w)}{dt} + \frac{d(\rho_w \cdot v_a)}{dx} = 0 \tag{3.2.2.3}$$

Unter Berücksichtigung der Kompressibilität des Wassers (Gl 4.1.6) folgt mit

$$p = \rho_w \cdot g \cdot h \tag{3.2.2.4}$$

und unter Beachtung von

$$v_a = \frac{v_f}{n} \tag{3.2.2.5}$$

die Kontinuitätsgleichung:

$$(\beta \cdot \rho_w \cdot g \cdot n)\frac{dh}{dt} + \frac{dv_f}{dx} = 0 \tag{3.2.2.6}$$

Unter Berücksichtung des Darcy-Gesetzes (Gl. 3.1.3.4) folgt für den eindimensionalen Fall:

$$(\beta \cdot \rho_w \cdot g \cdot n)\frac{dh}{dt} = k_f \frac{d^2h}{dx^2} \tag{3.2.2.7}$$

Der Ausdruck ($\beta \cdot \rho_w \cdot g \cdot n$) wird als spezifischer Speicherkoeffizient S_p bezeichnet.

$$S_p = \beta \cdot \rho_w \cdot g \cdot n \tag{3.2.2.8}$$

Physikalisch ist der spezifische Speicherkoeffizient das Wasservolumen ΔV_w, dass ein Gesamtvolumen V_g bezogen auf die Änderung der Standrohrspiegelhöhe Δh bei fallender Standrohrspiegelhöhe als Folge der Ausdehnung (Dilatation) des Wassers entlässt oder bei steigender Standrohrspiegelhöhe als Folge der Kompressibilität des Wassers im gespannten Grundwasser aufnimmt.

Unter Beachtung der Gln. 4.1.3 und 3.2.2.4 folgt

$$\beta \cdot \rho_w \cdot g \cdot n = \frac{\Delta V_w \cdot \rho_w \cdot g \cdot n}{V_w \cdot \Delta p_w} = \frac{\Delta V_w}{V_w} \cdot \frac{\rho_w \cdot g \cdot n}{\rho_w \cdot g \cdot \Delta h} \tag{3.2.2.9}$$

und mit

$$\frac{V_w}{n} = V_g \tag{3.2.2.10}$$

ergibt sich:

$$S_p = \frac{\Delta V_w}{V_g \cdot \Delta h} \tag{3.2.2.11}$$

Die Größe des spezifischen Speicherkoeffizienten berechnet sich mit folgenden Vorgaben

β : $5 \cdot 10^{-10}$ m/N
ρ_w : 10^3 kg/m^3
n : 0,4
g : 10 m/s^2
zu $S_p = 2 \cdot 10^{-6}$ 1/m

Im dreidimensionalen Fall wird die Standrohrspiegelhöhe in Porengrundwasserleitern im Allgemeinen durch folgende Differenzialgleichung als Funktion des Ortes und der Zeit beschrieben:

$$\frac{\partial}{\partial x} \cdot \left(k_{fx} \cdot \frac{\partial h}{\partial x} \right) + \frac{\partial}{\partial y} \cdot \left(k_{fy} \cdot \frac{\partial h}{\partial y} \right) + \frac{\partial}{\partial z} \cdot \left(k_{fz} \cdot \frac{\partial h}{\partial z} \right) = S_p \cdot \frac{\partial h}{\partial t} \pm q_{o3} \tag{3.2.2.12}$$

mit: q_{o3} Wasservolumen, das pro Bodenvolumen und pro Zeiteinheit zugeführt oder entzogen wird [1/s]

$\frac{\partial}{\partial x}, \frac{\partial}{\partial y}, \frac{\partial}{\partial z}$ sind die Komponenten des Gefälles grad (h) in die willkürlich festgelegten senkrecht aufeinander stehenden Richtungen x, y und z eines Koordinatensystems. Die Durchlässigkeit kann in den Richtungen x, y und z unterschiedliche Werte haben. Der Grundwasserleiter ist dann bezüglich der Durchlässigkeit anisotrop.

Die Lösung dieser Differenzialgleichung erfordert die Vorgabe von Rand- und Anfangsbedingungen.

$$h = f(x_R, y_R, z_R) \tag{3.2.2.13}$$

$$h = f(x, y, z, t = 0) \tag{3.2.2.14}$$

mit x_R, y_R, z_R als Raumkoordinaten entlang des Randes des betrachteten Gebietes und x, y, z als Raumkoordinaten im gesamten Gebiet einschließlich des Randes.

3.2.3 Allgemeines Fließgesetz für die zweidimensionale horizontale Strömung

In horizontal ausgedehnten Grundwasserleitern wird im Allgemeinen eine zweidimensional horizontale Strömung betrachtet. Die Abhängigkeit der Standrohrspiegelhöhe von den Ortskoordinaten x, y und von der Zeit t lautet:

$$S \frac{\partial h}{\partial t} = T \cdot \left[\frac{\partial^2 h}{\partial x^2} + \frac{\partial^2 h}{\partial y^2} \right] \pm q_{o2} \tag{3.2.3.1}$$

mit q_{o2}: Wasservolumen, das pro Flächeneinheit A (Grundfläche eines Quaders A mit der Höhe M) und pro Zeiteinheit zu- oder abgeführt wird.

Die Durchlässigkeit und der spezifische Speicherkoeffizient werden über die Mächtigkeit M des Grundwasserleiters integriert. Es wird von einer tiefenintegrierten Strömung gesprochen. Die Integrale ergeben die Transmissivität und den Speicherkoeffizienten für gespannntes Grundwasser.

$$T = \int_u^o k_f \, dM \tag{3.2.3.2}$$

$$S = \int_u^o S_p \, dM \tag{3.2.3.3}$$

mit: u : untere Begrenzung des Grundwasserleiters
o : obere Begrenzung des Grundwasserleiters

T wird in Gl. 3.2.3.1 als Skalar betrachtet (isotrope Transmissivität in x- und y-Richtung).

4 Systemeigenschaften

4.1 Flüssigkeitseigenschaften

Aus Gleichung 3.1.2.6 geht hervor, dass für die Beschreibung der Bewegung von Flüssigkeiten in gesättigten porösen Medien die Flüssigkeitseigenschaften Dichte und Zähigkeit (Viskosität) von Bedeutung sind. Bei der Bewegung von Flüssigkeiten im ungesättigten Bereich kommt die Oberflächenspannung hinzu. Die Kompressibilität bestimmt die Speicherfähigkeit des Grundwasserleiters bei gespanntem Grundwasser.

4.1.1 Dichte

Das Verhältnis aus Masse m und Volumen V wird als Dichte ρ bezeichnet:

$$\rho = \frac{m}{V} \tag{4.1.1.1}$$

4.1.2 Zähigkeit

Im Normalfall liegt im porösen Medium eine Newtonsche Flüssigkeit vor. Das zugehörige Gesetz, mit dem die Zähigkeit (Koeffizient der inneren Reibung) definiert wird, ergibt sich aus der folgenden Betrachtung.

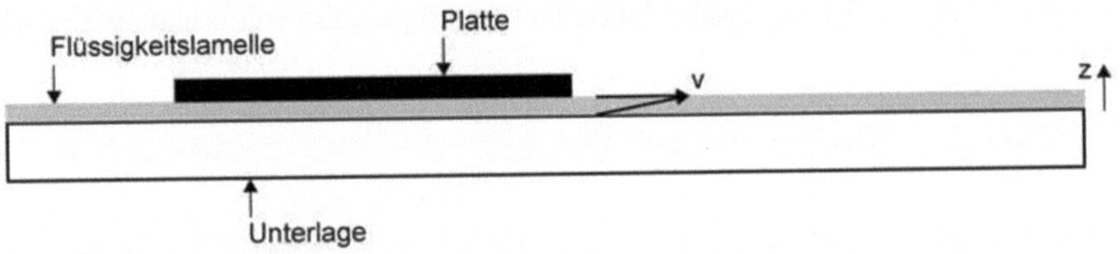

Abb. 4.1.2.1: Platte mit Flüssigkeitslamelle

Eine Platte mit der Fläche A_p wird auf einer Flüssigkeitslamelle, die auf einer Unterlage ruht, mit der Geschwindigkeit v verschoben. Dazu bedarf es einer Kraft F_r, um die Reibung zu überwinden. Die Oberfläche der Flüssigkeitslamelle haftet an der Platte, die Unterseite der Flüssigkeitslamelle an der Unterlage. Während der gleichförmigen Bewegung bildet sich in der Flüssigkeitslamelle das eingezeichnete Geschwindigkeitsprofil aus. Die Geschwindigkeit ist Null an der Auflage und v an der Platte. Die aufzuwendende Kraft dient zur Überwindung der Reibung der Flüssigkeitslamellen untereinander. Es findet eine innere Reibung in der Flüssigkeit statt. Die Flüssigkeit reibt nicht an den jeweiligen Oberflächen.

Die Kraft F_r ist proportional der Fläche A_p der Platte und dem Geschwindigkeitsgefälle dv/dz in der Flüssigkeitslamelle. Die Proportionalitätskonstante η ist der Koeffizient der inneren Reibung. Er ist ein Maß für die dynamische Zähigkeit (Viskosität) der Flüssigkeit.

$$F_r = \eta \cdot A_p \cdot \frac{dv}{dz} \qquad (4.1.2.1)$$

$$\frac{\eta}{\rho} = \upsilon \qquad (4.1.2.2)$$

wird als kinematische Zähigkeit bezeichnet.

Diese Beziehung ist von Newton erstmalig aufgestellt worden. Bei Gültigkeit des Gesetzes liegt eine Newtonsche Flüssigkeit vor.

4.1.3 Kompressibilität

In einem Gefäß befinde sich eine Flüssigkeit, auf die ein Druck Δp ausgeübt wird. Unter der Wirkung dieses Druckes wird die Flüssigkeitssäule um das Volumen ΔV (von h_1 auf h_2) zusammengedrückt (Abb. 4.1.3.1).

Die Volumenänderung ΔV ist proportional dem Ausgangsvolumen V_a (Höhe h_1) und der Druckänderung Δp. Die Proportionalitätskonstante ß ist die Kompressibilität. Wird das Fluid zusammengedrückt, erfolgt eine Kompression. Die Verminderung des Drucks auf das Fluid führt zu einer Ausdehnung der Flüssigkeit. Der Vorgang wird als Dilatation bezeichnet.

$$\Delta V = -\beta \cdot V_A \cdot \Delta p \qquad (4.1.3.1)$$

Mit

$$V = \frac{m}{\rho} \qquad (4.1.3.2)$$

folgt

$$\frac{\partial V}{\partial \rho} = -\frac{m}{\rho^2} = -\frac{V}{\rho} \qquad (4.1.3.3)$$

und damit

$$\Delta\rho = \beta \cdot \rho \cdot \Delta p \qquad (4.1.3.4)$$

Das Minuszeichen in Gl. 4.1.3.1 rührt daher, dass mit zunehmendem Druck das Volumen kleiner wird. Die Kompressibilität des Korngerüsts und damit des Hohlraumvolumens ist im Allgemeinen zu vernachlässigen.

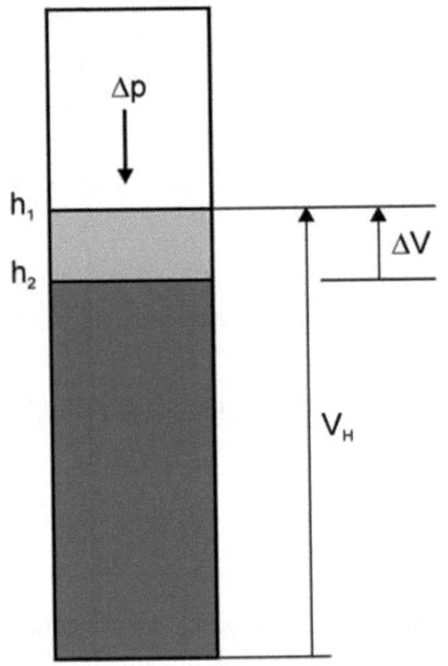

Abb. 4.1.3.1: Volumenänderung

4.1.4 Oberflächenspannung

In einer Flüssigkeit werden Kräfte auf ein Molekül von den Nachbarmolekülen ausgeübt, die im zeitlichen Mittel keine bevorzugte Richtung haben. In der Oberfläche ist jedoch eine resultierende Kraft in die Flüssigkeit gerichtet. Es wird dabei angenommen, dass Moleküle oberhalb der Flüssigkeitsoberfläche keine Kräfte auf die Flüssigkeitsmoleküle ausüben.

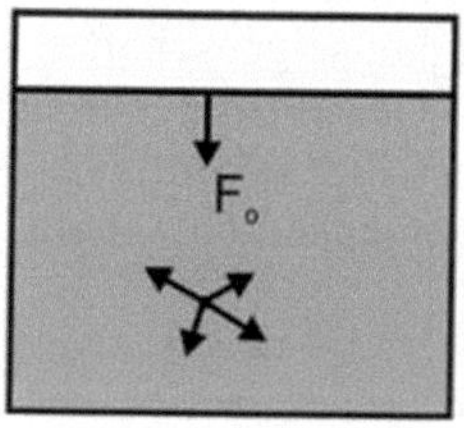

Abb. 4.1.4.1: Kräfte auf ein Molekül

Um ein Molekül aus dem Inneren der Flüssigkeit in die Oberfläche zu bringen, muss Arbeit gegen die Kraft F_o geleistet werden. Die Vergrößerung einer Oberfläche ist immer mit Arbeit verbunden. Die zu leistende Arbeit W_o ist proportional der Vergrößerung der Ausgangsoberfläche ΔA_o. Die Proportionalitätskonstante ist die sogenannte Oberflächenenergie ε.

Es ist:

$$W_o = \varepsilon \cdot \Delta A_o \qquad (4.1.4.1)$$

Mit

$$W_o = F_o \cdot \Delta l \qquad (4.1.4.2)$$

Und

$$\Delta A_o = \Delta l \cdot s_e \qquad (4.1.4.3)$$

Ergibt sich:

$$F_o = \varepsilon \cdot s_e = \sigma \cdot s_e \qquad (4.1.4.4)$$

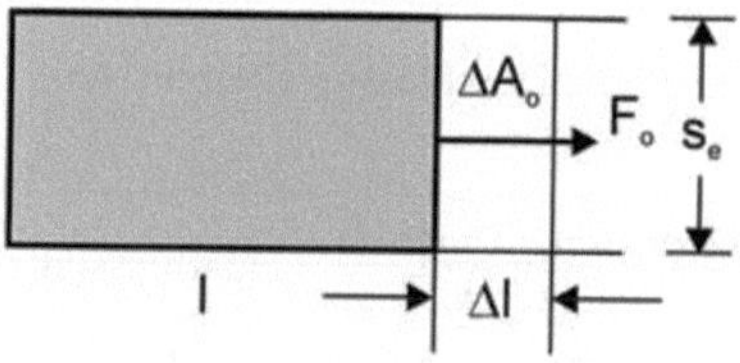

Abb. 4.1.4.2: Oberflächenänderung

Die Kraft F_o, die aufzuwenden ist, um die Oberfläche zu vergrößern, ist proportional der Länge des Randes s_e, an der die Kraft angreift. Die Proportionalitätskonstante σ ist die Oberflächenspannung. Die Oberflächenenergie hat den gleichen Zahlenwert wie die Oberflächenspannung σ.

Die Flüssigkeitseigenschaften sind temperaturabhängig. Temperatureigenschaften im Grundwasserleiter und damit Änderungen der Flüssigkeitseigenschaften sind gegenüber der räumlichen Änderung der spezifischen Gesteinsdurchlässigkeit (k_o-Wert) vernachlässigbar klein. Aus diesem Grunde ist die wesentliche Aufmerksamkeit zur Erfassung der Durchlässigkeit auf die Gesteinsdurchlässigkeit zu richten.

4.2 Gesteinseigenschaften

4.2.1 Durchlässigkeit

In Gl. 3.1.2.6 wird die Fähigkeit der Gesteine, Flüssigkeiten zu leiten, durch die spezifische Durchlässigkeit charakterisiert. Die Gl. 3.1.5.17 zeigt für Sedimente die Abhängigkeit der spezifischen Durchlässigkeit von der spezifischen Oberfläche der Körner und dem Hohlraumanteil auf. Nachfolgend werden Orientierungswerte für die Parameter angegeben.

Der Wert für den dimensionslosen Geometriefaktor α_p in Gl. 3.1.5.17 liegt etwa bei 5 bei horizontalem Fluss. Bei der im gesättigten Bereich selten vorkommenden Wasserbewegung in vertikaler Richtung beträgt der Wert etwa 10.

Tabelle 4.2.1.1 gibt Orientierungswerte für die spezifische Oberfläche O_f von Körnern, die vornehmlich in Grundwasserleitern die Durchlässigkeit bestimmen unter der Voraussetzung, dass die Körner Kugeln sind. Die Abweichung von der Kugelgestalt wird durch den Geometriefaktor α_p berücksichtigt. Darüber hinaus sind Orientierungswerte für die spezifische Durchlässigkeit angegeben. Bezogen auf Wasser sind die Werte mit dem Faktor 10^7 zu multiplizieren, um auf die Durchlässigkeit zu kommen, die Werte in Darcy mit dem Faktor 10^{12}.

Tabelle 4.2.1.1: Spezifische Oberflächen und spezifische Durchlässigkeiten für verschiedene Bodenarten

Bodenart	Spezifische Oberfläche O_{sf} [1/m]	spezifische Durchlässigkeit k_o [m^2]	spezifische Durchlässigkeit k_o Darcy	Durchlässigkeit [m/s]
Feinkies	$10^3 - 3 \cdot 10^3$	$10^{-9} - 5 \cdot 10^{-9}$	$10^3 - 5 \cdot 10^3$	$10^{-2} - 5 \cdot 10^{-2}$
Grobsand	$3 \cdot 10^3 - 10 \cdot 10^3$	$5 \cdot 10^{-11} - 4 \cdot 10^{-10}$	$5 \cdot 10^1 - 4 \cdot 10^1$	$5 \cdot 10^{-4} - 4 \cdot 10^{-3}$
Mittelsand	$10 \cdot 10^3 - 30 \cdot 10^3$	$10^{-11} - 8 \cdot 10^{-11}$	$10^1 - 8 \cdot 10^1$	$10^{-4} - 8 \cdot 10^{-4}$
Feinsand	$30 \cdot 10^3 - 100 \cdot 10^3$	$10^{-12} - 8 \cdot 10^{-12}$	1 - 8	$10^{-5} - 8 \cdot 10^{-5}$

Die angegebenen Wertebereiche berücksichtigen unterschiedliche Lagerungsdichten. Die nachfolgende Tabelle 4.2.1.2 gibt die Abhängigkeit des Faktors $n^3/(1 - n)^2$ vom Hohlraumanteil n für Bereiche, die in der Natur vorkommen können.

Tabelle 4.2.1.2: Abhängigkeit $n^3/(1 - n)^2$ von n

n	$n^3/(1 - n)^2$
0,25	$2{,}8 \cdot 10^{-2}$
0,30	$5{,}5 \cdot 10^{-2}$
0,35	$1{,}0 \cdot 10^{-1}$
0,40	$1{,}8 \cdot 10^{-1}$
0,25	$2{,}8 \cdot 10^{-2}$

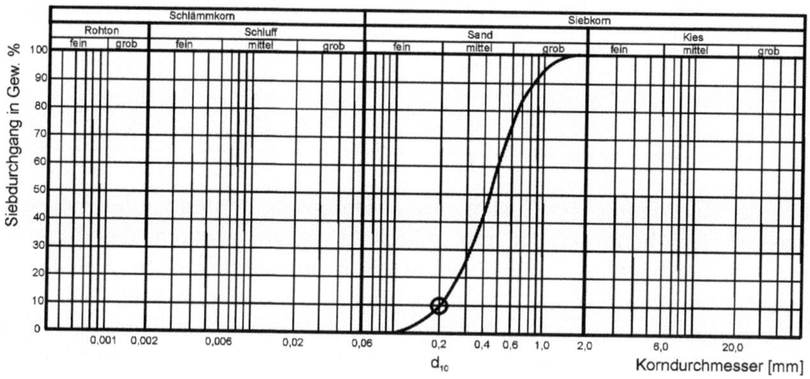

Abb. 4.2.1.1: Kornverteilung zur Ermittlung von d_{10}

Überschlägig kann die Durchlässigkeit von Lockergesteinen für sandige Grundwasserleiter auch nach der Formel von HAZEN berechnet werden.

$$k_f = a \cdot d_{10}^{\,2}\,[\mathrm{m/s}] \qquad (4.2.1.1)$$

mit a als dimensionsbehafteter Formfaktor $a = 1{,}25 \cdot 10^4$ [1/(m·s)]. d_{10} ist der Korndurchmesser in m beim Siebdurchgang 10% einer Kornverteilung, die durch Siebung erhalten wurde (Abb. 4.2.1.1).

Die nachfolgende Tabelle 4.2.1.3 gibt Bereiche, in denen hauptsächlich die Durchlässigkeiten von klüftigen Gesteinen nach Krapp (1979) liegen. Abweichungen bis zu einer Zehnerpotenz sind möglich. Hier wird nicht im mikroskopischen Bereich die einzelne Kluft betrachtet, sondern ein Kollektiv von Klüften, das im makroskopischen Bereich eine Durchlässigkeit besitzt.

Tabelle 4.2.1.3: Durchlässigkeiten von Festgesteinen (Krapp, 1979)

Gestein	Durchlässigkeit [m/s]	
Dolomit	$10^{0} - 10^{-1}$	
Kalkstein	$10^{-1} - 10^{-2}$	
Mergelkalkstein	$10^{-2} - 10^{-3}$	
Kalksandstein	$10^{-3} - 10^{-4}$	Grundwasserleiter
Quarzit	$10^{-4} - 10^{-5}$	
Sandstein	$10^{-5} - 10^{-6}$	
Sand- Tonstein		
Wechsellagerung	$10^{-6} - 10^{-7}$	Grundwasserhemmschich-
Schluffstein	$10^{-7} - 10^{-8}$	ten
Tonstein	$10^{-8} - 10^{-9}$	
Metamorphite	$< 10^{-9}$	Grundwassernichtleiter

Bezüglich der Zuordnung von Gesteinen und Durchlässigkeiten zu den Begriffen Grundwasserleiter, -hemmschicht und -nichtleiter ist anzumerken, das diese Begriffe unter dem Blickwinkel der Gewinnbarkeit des Grundwassers z.B. für die Trinkwasserversorgung formuliert wurden. Unter dem Blickpunkt z.B. Sicherheit von atomaren Endlagern sind Durchlässigkeiten der Gesteine im Bereich 10^{-9} bis 10^{-12} m/s auch noch nicht akzeptabel. Solche Gesteine sind unter diesem Gesichtspunkt nicht als Grundwassernichtleiter zu bezeichnen.

Zur Orientierung sind nachfolgend Wertebereiche für Transmissivitäten angegeben, die in der Natur bei Grundwasserleitern üblich sind.

- $T = 10^{-2}$ m²/s hohe Transmissivitäten bei großen Mächtigkeiten oder hohen Durchlässigkeiten der Gesteine
- $T = 10^{-3}$ m²/s mittlere Transmissivitäten von Grundwasserleitern aus Sand und mittlerer Mächtigkeit
- $T = 10^{-4}$ m²/s geringe Transmissivitäten von geringmächtigen Grundwasserleitern aus Fein- und Mittelsanden

Zu beachten bleibt, dass bei freiem Grundwasser die obere Integrationsgrenze in Gl. 3.2.3.2 abhängig von der Lage der Grundwasseroberfläche ist und damit auch T. Im Allgemeinen ist aber die Mächtigkeit M des Grundwasserleiters viel größer als Δh, so dass T von Grundwasserstandsschwankungen unabhängig ist. Wo das nicht der Fall ist, wird $T = f(\Delta h)$.

4.2.2 Speichernutzbarer Hohlraumanteil

Bei gespanntem Grundwasser ist nach Gl. 3.2.2.11 die Fähigkeit des Gesteins, Wasser zu speichern, durch das austauschbare Wasservolumen bezogen auf das Gesamtvolumen eines Grundwasserleiterelementes gegeben. Nach Gl. 4.1.3.1 ist dieses austauschbare Volumen u.a. vom Ausgangsvolumen und damit vom Hohlraumanteil abhängig. Der Hohlraumanteil ist über die Tiefe des Grundwasserleiters veränderlich. Zur Berechnung der Speicherfähigkeit eines Quaders, der über die gesamte Höhe des Grundwasserleiters reicht, aus dem spezifischen Speicherkoeffizienten nach Gl. 3.2.2.8, ist dieser als Funktion der Lage im Grundwasserleiter zu kennen. Unter der Voraussetzung, dass S_p konstant über die Höhe des Grundwasserleiters ist, kann in erster Näherung der Speicherkoeffizient bei ideal gespanntem Grundwasser berechnet (Kap. 3 Abschn. 2.2 und Abschn. 2.3) werden zu

$$S = 2 \cdot 10^{-6} \cdot M \tag{4.2.2.1}$$

Mit M als Mächtigkeit des Grundwasserleiters. Für einen 100 m mächtigen Grundwasserleiter ergäbe sich ein Speicherkoeffizient von $2 \cdot 10^{-4}$.

Bei freiem Grundwasser ist Gl. 3.2.3.3 wie folgt zu erweitern:

$$S = \int_{u}^{oa(on)} S_p \, dM + \int_{oa(on)}^{on(oa)} \frac{\Delta V_m}{V_g} \cdot \frac{1}{\Delta h} \, dh \tag{4.2.2.2}$$

In Gl. 4.2.2.2 beziehen sich die angegebenen Integrationsgrenzen auf den Fall, dass Grundwasser aufsteigt (Abb. 4.2.2.1 Fall b), die in Klammern angegebenen Integrationsgrenzen auf die Grundwasserabsenkung (Abb. 4.2.2.1 Fall c).

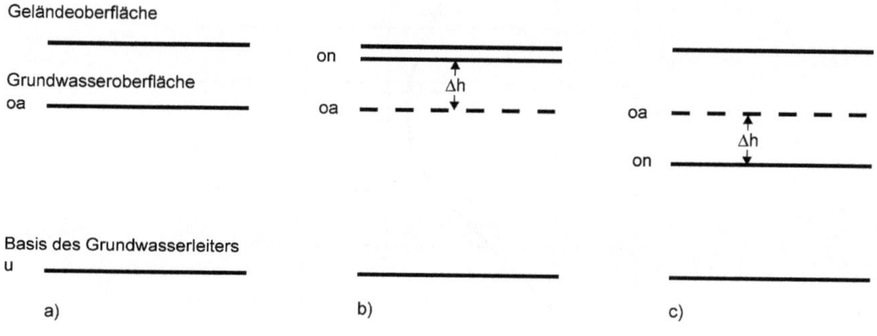

u : Untere Integratiosngrenze
oa : Obere Integrationsgrenze bezogen auf den Ausgangszustand
on : Integrationsgrenze bezogen auf den Endzustand

Abb. 4.2.2.1: Zur Veranschaulichung von Integrationsgrenzen

In Abb. 4.2.2.1 sind die Geländeoberfläche, die Grundwasseroberfläche und die Basis des Grundwasserleiters skizziert. Die Änderung der Lage der Grundwasseroberfläche kann aufwärts erfolgen (Abb. 4.2.2.1 Fall b) oder abwärts (Abb. 4.2.2.1 Fall c). Die Basis des Grundwasserleiters ist die untere Integrationsgrenze. Die Integrationsgrenze bezogen auf die Grundwasseroberfläche im Ausgangszustand ist mit oa bezeichnet, die jeweilige Lage im Endzustand mit on.

Der erste Term auf der rechten Seite in Gl. 4.2.2.2 berücksichtigt die Speicherung als Folge der Kompressibilität des Wassers. Der zweite Term kann näherungsweise vereinfacht werden.

$$S = \int_{oa}^{on} \frac{\Delta V_w}{V_g} \cdot \frac{1}{\Delta h} \cdot dh = \frac{\Delta V_w}{V_g} = n_s \qquad (4.2.2.3)$$

Bei freiem Grundwasser ist der speichernutzbare Hohlraumanteil wesentlich größer als der aus der Kompressibilität des Wassers resultierende Speicherkoeffizient. Aus diesem Grunde kann für freies Grundwasser im Allgemeinen gesetzt werden:

$$S = n_s \qquad (4.2.2.4)$$

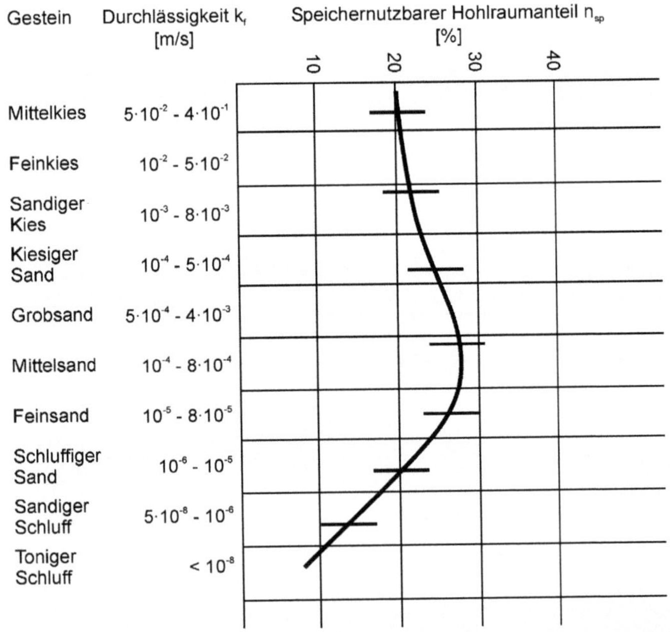

Abb. 4.2.2.2: Speichernutzbarer Hohlraumanteil verschiedener Bodenarten

Abb. 4.2.2.2 enthält Richtwerte für den speichernutzbaren Hohlraumanteil für verschiedene Bodenarten (DVWK, 1982). Hier wird jedoch das gesamte speichernutzbare Hohlraumvolumen angegeben. In der Praxis ist beim Aufstieg

nutzbare Hohlraumvolumen angegeben. In der Praxis ist beim Aufstieg der Grundwasseroberfläche ein Teil dieses Volumens im Allgemeinen schon mit Wasser besetzt, welches z.B. aus Niederschlägen oder Bewässerungswasser resultiert. Es kann auch noch aus einer Zeit stammen, in der sich aus diesem Bereich das Grundwasser zurückgezogen hat. Während einer Absenkung der Grundwasseroberfläche fließt das Wasser aus der Zone (entleert sich der Speicher), in der die Grundwasseroberfläche sich gesenkt hat, nach Maßgabe der Durchlässigkeit und des Sättigungsgrades zur Grundwasseroberfläche ab.

Während die Kompression und die Dilatation des Wassers im gesättigten Teil praktisch momentan mit der Druckänderung erfolgt, ist die Füllung oder Entleerung des Bodenspeichers im Schwankungsbereich der Grundwasseroberfläche be freiem Grundwasser eine Funktion der Zeit. Damit ist auch der Speicherkoeffizient eine Funktion der Zeit.

Weiter ist zu beachten, dass in Abb. 4.2.2.2 sandiger Schluff und toniger Schluff nicht mehr zu den Bodenarten zählen, die zu einem Grundwasserleiter gehören. Sie sind Grundwasserhemmschichten zuzuordnen. Bilden solche Bodenarten eine Deckschicht, in der die Standrohrspiegelhöhe liegt, handelt es sich um quasi gespanntes Grundwasser. Wird eine Grundwasserabsenkung durch Entnahme von Grundwasser aus einem Brunnen durchgeführt, breitet sich die Absenkung in der ersten Zeit wie bei gespanntem Grundwasser aus. Aus der obenliegenden Deckschicht wird wenig Wasser zum Grundwasser hin entlassen. Je weiter sich die Absenkung seitlich ausdehnt, desto mehr Wasser wird jedoch in den Trichter aus der Deckschicht hineinfließen, desto mehr nähert sich die Ausbreitungsgeschwindigkeit der Absenkung dem Vorgang an, der bei freiem Grundwasser auftritt. In solchen Fällen ist bei kurzzeitigen Betrachtungen (wenige Stunden) der Speicherkoeffizient nach Gl. 4.2.2.1 anzusetzen. Bei längerfristigen Untersuchungen ist bei den genannten Bodenarten als Deckschichten mit Werten zwischen $1 \cdot 10^{-3}$ und $5 \cdot 10^{-3}$ m^2/s zu rechnen. Zwischen den in Abb. 4.2.2.2 angegebenen Werten und den zuletzt genannten Werten gibt es fließende Übergänge. Beispiele für die Berechnung von speichernutzbaren Hohlraumanteilen werden in Kap. 8 Abschn. 3 im Zusammenhang mit der Interpretation von Grundwasserstandsganglinien gegeben.

4.3 Eigenschaften der Grundwasserleiter

Die beiden Begriffe Homogenität und Isotropie beziehen sich in der Grundwasserhydraulik auf die Durchlässigkeit. Ein Grundwasserleiter mit räumlich konstanter Durchlässigkeit wird als homogen bezeichnet. Ist die Durchlässigkeit von der Richtung unabhängig, ist der Grundwasserleiter isotrop.

Es wurde bereits mehrfach betont, dass die Durchlässigkeit die Eigenschaft eines größeren Gesteinskörpers beschreibt. Im Bereich einer Pore in einem Sediment oder einer Kluft in einem Festgestein verliert diese Größe ihre Bedeutung. Bei dieser mikroskopischen Betrachtung kann keine Homogenität oder auch Isotropie erwartet werden.

Die Ablagerung und Lagerung von Lockergesteinen und die Entstehung der Klüfte in Festgesteinen lässt auch im makroskopischen Bereich keine Homogenität und keine Isotropie erwarten. Je ausgedehnter der untersuchte Grundwasserleiter, desto größer die Wahrscheinlichkeit, dass in horizontaler Richtung verschiedene Korngrößen abgelagert wurden. In vertikaler Richtung sind z.B. bei fluviatilen Ablagerungen Schichtungen von unterschiedlichen Kornfraktionen entstanden, die in Bereichen, in denen während der verschiedenen Eiszeiten Gletscherbewegungen stattgefunden haben, gestört wurden.

Klüfte entstehen vornehmlich durch Gesteinsbewegungen als Folge von Gebirgsfaltungen. Auch hier wirken Kräfte in bestimmten Richtungen, auf die das Material reagiert. Inhomogenität und Anisotropie sind damit durch die Entstehung der Grundwasserleiter vorgegeben.

In der Natur ist im Allgemeinen die Durchlässigkeit in einem Grundwasserleiter inhomogen und anisotrop. In den hier aufgezeigten Grundlagen der Grundwasserhydraulik wird jedoch von homogenen und isotropen Systemen ausgegangen.

5 Zuströmung zu einem Brunnen

5.1 Prinzipieller Aufbau eines Vertikalbrunnens

Brunnen werden hier nur so weit behandelt, wie es für das Verständnis der Strömung in Brunnennähe von Bedeutung ist. Beim Brunnenbau wird ein kreisförmiger Hohlraum im Grundwasserleiter geschaffen. Das geschieht im Allgemeinen durch eine Bohrung. In diesen Hohlraum werden Rohre eingebracht. In der Brunnenstube (Abb. 5.1.1) befinden sich im Wesentlichen Anlagen zum Ableiten des gepumpten Wassers. Ein Aufsatzrohr (vollwandig) wird durch den Grundwassernichtleiter geführt. In dem Teil des Grundwasserleiters, in dem das Grundwasser in den Innenraum des Brunnens hineinströmen soll, wird das Rohr perforiert (Filterrohr) (Abb. 5.1.2). Erstreckt sich diese Perforation über die gesamte Tiefe des Grundwasserleiters, handelt es sich um einen vollkommenen Brunnen, sonst um einen unvollkommenen Brunnen. Unterhalb des Filterrohres sitzt ein Sumpfrohr. Wegen der vertikalen Anordnung der Rohre wird von einem Vertikalbrunnen gesprochen (Grombach et al., 1993).

In der unmittelbaren Umgebung des Filterrohres herrscht eine radiale Anströmung. Bei homogenem Aufbau des Grundwasserleiters in der Nähe des Rohres ist dort die Geschwindigkeit am höchsten. Hohe Geschwindigkeiten können u.a. einen Transport von Feinkorn in Porengrundwasserleitern bewirken. Die Stabilität des Korngerüstes kann gefährdet werden. Zur Verringerung der Geschwindigkeit wird versucht, die Durchlässigkeit zu vergrößern. Das fängt beim Filterrohr an. Große Öffnungen (Schlitze oder Löcher in Abb. 5.1.2) sorgen für eine große Durchlässigkeit. Durch diese weiten Öffnungen soll aber nicht das in Porengrundwasserleitern anstehende Korn mit dem Wasser in das Brunnenrohr hineingespült werden. Es wird daher um das Filterrohr ein Sand- oder Kiesfilter aufgebaut (Abb. 5.1.2). Die Durchmesser der Körner dieses Filters müssen zwei Voraussetzungen erfüllen:

- Sie müssen einen größeren Durchmesser haben als die Öffnungen des Filterrohres
- Durch die Poren dürfen nur Körner aus dem Material des Grundwasserleiters hindurch, deren Fehlen im anstehenden Grundwasserleiter zu keinen Instabilitäten des Korngerüstes führt.

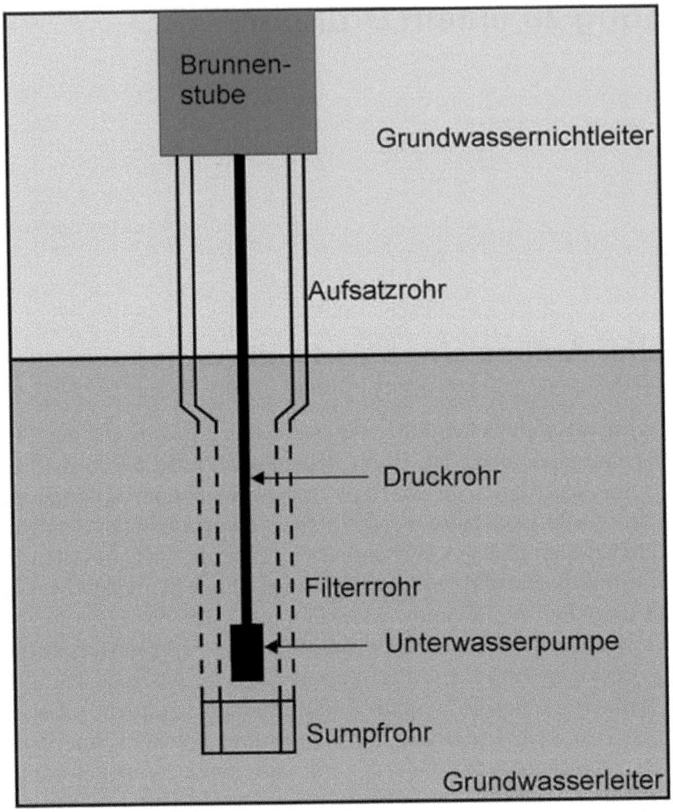

Abb. 5.1.1: Prinzipieller Aufbau eines Brunnens

Nach dem Aufbau des Brunnens beginnt das Klarpumpen. Durch das Abpumpen von Wasser aus dem Brunnen wird in der Nähe des Filterrohres eine hohe Geschwindigkeit verursacht. Feinteilchen werden mitgeführt und gelangen in das Brunnenrohr. Das Wasser hat als Folge dieses Sedimentgehaltes eine Trübung, deren Farbe im Allgemeinen im Gelblichen liegt.

In der Nähe des Brunnenfilters wird durch die Entfernung der kleinen Partikeln die Durchlässigkeit im anstehenden Lockergestein vergrößert. Je weiter der Abstand vom Brunnenfilter, desto geringer ist die Geschwindigkeit, desto geringer sind auch die Korngrößen, die mit dem Wasser mitgeführt werden. Ab einem bestimmten Abstand vom Brunnen ist die Geschwindigkeit so gering, dass kein Sedimenttransport mehr erfolgt. Wenn die kleinen Körner aus dem anstehenden Material entfernt sind, wird das geförderte Wasser klar. Der Brunnen wurde klargepumpt, die Durchlässigkeit um das Filterrohr herum vergrößert, der Brunnen entwickelt.

Abb. 5.1.2: Schlitzrohre

Die Abb. 5.1.3 zeigt prinzipiell den Aufbau des Filterkorns um den Brunnenfilter herum, der künstlich aufgebaut werden muss. Hierfür gibt es Anleitungen (DVGW W 117). Weiter ist angedeutet, dass in der Nähe des künstlichen Filters Feinkorn aus dem anstehenden Gestein entfernt wurde.

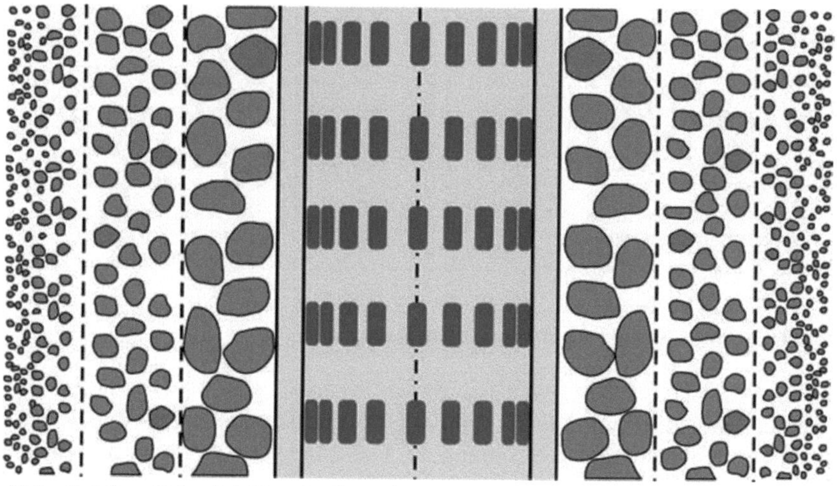

Abb. 5.1.3: Prinzipieller Aufbau des Filterkorns im Brunnenfilter

Filterrohre werden im zunehmendem Maße aus Kunststoff gefertigt. Dort, wo hohe Drucke zu erwarten sind, kommen auch Stahlrohre zum Einsatz. Die Verwendung von Steinzeugrohren ist zurückgegangen.

5.2 Stationäre Zuströmung zum vollkommenen Brunnen

Die Anströmung von Brunnen ist ein bedeutender Teil der Grundwasserhydraulik. Zur Einführung wird hier die Zuströmung zu sog. Vertikalbrunnen behandelt. Dabei werden folgende Vereinfachungen getroffen:

- homogener und isotroper Grundwasserleiter,
- gleichförmige Mächtigkeit des Grundwasserleiters,
- vollkommener Brunnen (über die gesamte Mächtigkeit des Grundwasserleiters verfiltert),
- keine Grundwasserneubildung im Einzugsbereich des Brunnens,
- kein natürliches Grundwassergefälle.

Wenn zunächst eine Erneuerung des Grundwassers durch zufließendes Sickerwasser (Grundwasserneubildung) ausgeschlossen wird, muss das dem Brunnen entnommene Wasser seitlich im Untergrund zufließen. Es wird eine kreisrunde Insel angenommen, in deren Mittelpunkt sich der Brunnen befindet (Abb. 5.2.1). Das Grundwasser fließt horizontal dem Brunnen zu. Es kommt vom außen anstehenden Wasser.

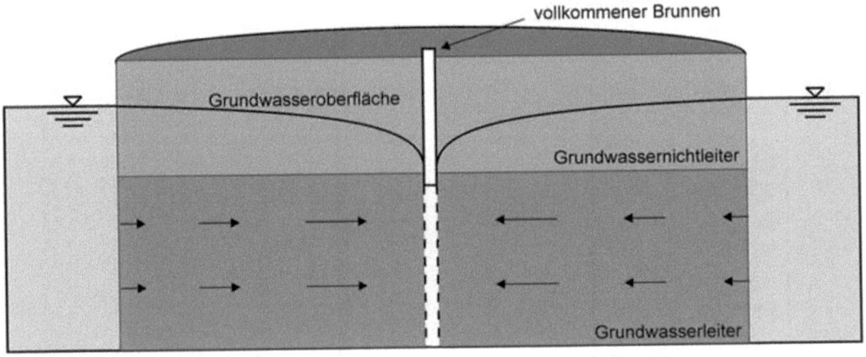

Abb. 5.2.1: Zuströmung zum Brunnen beim Inselproblem

Der Wasserstand außen wird durch den Zufluss zum Brunnen nicht verändert. Die Pfeile geben die Richtung der Strömung an. Die Länge der Pfeile ist proportional der Filtergeschwindigkeit.

Nach der Kontinuitätsgleichung ist:

$$Q = v_f \cdot A \tag{5.2.1}$$

Q, der Durchfluss, wird durch die Entnahme aus dem Brunnen bestimmt. Der ist an der Brunnenwandung so groß wie am Einströmbereich zum Grundwasserleiter.

Da die durchflossene Fläche

$$A = 2 \cdot \pi \cdot r \cdot M \tag{5.2.2}$$

mit M als Mächtigkeit des Grundwasserleiters (Abb. 5.2.2a)

von außen zum Brunnen hin proportional zu r abnimmt, muss die Filtergeschwindigkeit v_f entsprechend wachsen, damit die Gl. 5.2.1 erfüllt bleibt. An der Brunnenwandung tritt die höchste Filtergeschwindigkeit.

Es wird häufig nach der Standrohrspiegelhöhen als Funktion des Abstandes r vom Brunnen gefragt. Diese Funktion kann aus dem Darcy-Gesetz (Gl. 3.1.2.3) oder aus der allgemeinen Strömungsgleichung (Gl. 3.2.3.1) abgeleitet werden.

Nach dem Darcy-Gesetz ist im stationären Zustand

$$Q = k_f \cdot A \cdot \frac{dh}{dr} = k_f \cdot 2 \cdot \pi \cdot r \cdot M \cdot \frac{dh}{dr} \tag{5.2.3}$$

oder

$$dh = \frac{Q}{2 \cdot \pi \cdot M \cdot k_f} \cdot \frac{dr}{r} \tag{5.2.4}$$

Durch Integration ergibt sich die Standrohrspiegelhöhe als Funktion von r relativ zu einem Wert, dem eine Integrationsgrenze r_B zugeordnet wird. r_B kann der Brunnenradius sein.

Dann ergibt sich die Standrohrspiegelhöhe relativ zum Wasserstand im Brunnen h_B.

$$\int_{h_B}^{h} dh = \frac{Q}{2 \cdot \pi \cdot k_f \cdot M} \cdot \int_{r_B}^{r} \frac{dr}{r} \tag{5.2.5}$$

$$h - h_B = \frac{Q}{2 \cdot \pi \cdot M \cdot k_f} \cdot \ln\left(\frac{r}{r_B}\right) \tag{5.2.6}$$

Wird als Standrohrspiegelhöhe h der Außenwasserstand h_o (Abb. 5.2.2.a) gewählt, so ergibt sich h relativ zu diesem Bezugsniveau als Absenkung s des Grundwassers an einer Stelle r relativ zum Außenwasserstand. Da vor dem Beginn des Pumpens die Standrohrspiegelhöhe gleich dem Außenwasserstand war, ist am Ort r dann s auch die Absenkung der Standrohrspiegelhöhe gegenüber dem Wert, der dort vor dem Beginn des Pumpens vorgelegen hat.

$$s = h_o - h = \frac{Q}{2 \cdot \pi \cdot M \cdot k_f} \cdot \ln\left(\frac{r_o}{r}\right) = \frac{Q}{2 \cdot \pi \cdot T} \cdot \ln\left(\frac{r_o}{r}\right) \qquad (5.2.7)$$

r_o ist der Abstand des Außenwasserstandes vom Brunnen. Dieser Abstand repräsentiert hier den Radius des Absenkungsbereiches.

Bei freiem Grundwasser ist die Höhe M der durchflossenen Fläche eine Funktion von r. Wird M(r) = h(r) gesetzt, ergibt sich Gl. 5.2.5 zu:

$$\int_{h_B}^{h} h \, dh = \frac{Q}{2 \cdot \pi \cdot k_f} \cdot \int_{r_B}^{r} \frac{dr}{r} \qquad (5.2.8)$$

Die Lösung lautet:

$$h^2 - h_B^{\,2} = \frac{Q}{\pi \cdot k_f} \cdot \ln\left(\frac{r}{r_B}\right) \qquad (5.2.9)$$

wenn auf den Brunnenwasserstand h_B bezogen wird.

Wenn die Mächtigkeit des Grundwasserleiters groß gegenüber der Absenkung der Standrohrspiegelhöhe am jeweiligen Betrachtungsort r ist, geht Gl. 5.2.9 in Gl. 5.2.7 über, da

$$h^2 - h_B^{\,2} = (h - h_B) \cdot (h + h_B) = (h - h_B) \cdot 2 \cdot M \qquad (5.2.10)$$

Die Abbildungen 5.2.2a und 5.2.2b zeigen eine Grundwasserabsenkung bei gespanntem bzw. freiem Grundwasser.

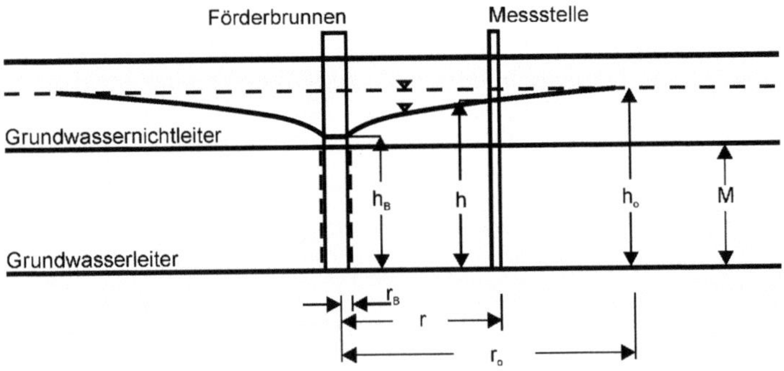

Abb. 5.2.2a: Verlauf der Standrohrspiegelhöhe in der Nähe eines Pumpbrunnens im stationären Zustand bei einer Entnahme Q (gespanntes Grundwasser)

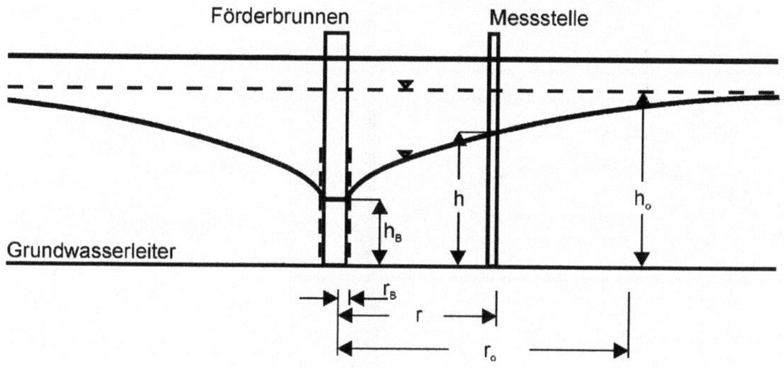

Abb. 5.2.2b: Absenkung des Grundwasserstandes im System mit freiem Grundwasser

5.2.1 Absenkung bei Grundwasserentnahmen aus mehreren Brunnen

Sind n Brunnen in einem Gebiet vorhanden, und wird ein Punkt A betrachtet, an dem die Grundwasserentnahmen aus jedem Brunnen eine Absenkung s_i erzeugen, ergibt sich die Gesamtabsenkung s als Summe der Einzelabsenkungen s_i (Busch et al., 1993).

$$s = \sum_{i=1}^{n} s_i \qquad (5.2.1.1)$$

Die Gln. 5.2.7 und 5.2.9 können entsprechend umgeschrieben werden:

$$s = \sum_{i=1}^{n} (h_o - h_i) = \sum_{i=1}^{n} \frac{Q_i}{2 \cdot \pi \cdot k_f \cdot M} \cdot \ln\left(\frac{r_{oi}}{r_i}\right) \qquad (5.2.1.2)$$

$$h_o^2 - h_i^2 = \sum_{i=1}^{n} \frac{Q_i}{\pi \cdot k_f} \cdot \ln\left(\frac{r_{oi}}{r_i}\right) \qquad (5.2.1.3)$$

Abb. 5.2.1.1 zeigt in einer Prinzipskizze die Überlagerung zweier Einzelabsenkungen.

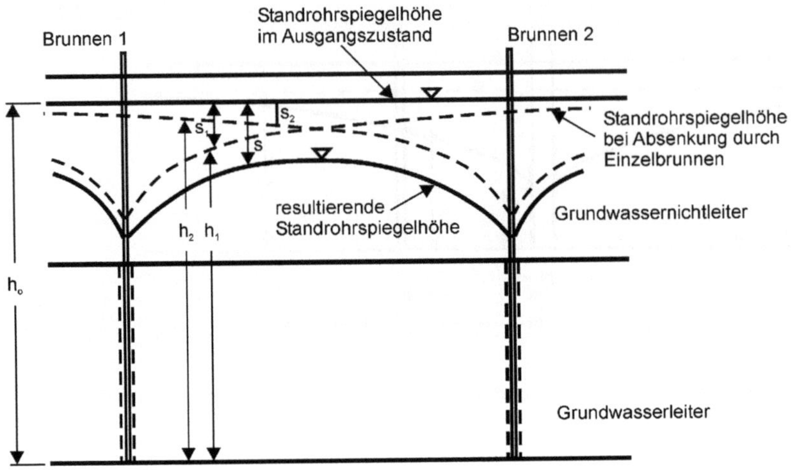

Abb. 5.2.1.1: Überlagerung zweier Einzelabsenkungen

Liegt der Beobachtungspunkt A in einen Brunnen, wird die Absenkung im betrachteten Brunnen durch die Entnahme im anderen Brunnen bemerkt, sobald er im Absenkungsbereich des anderen liegt. Eine starke Entnahme aus dem einen Brunnen kann eine verminderte Zuströmung zum anderen zur Folge haben und damit eine Beeinflussung des Grundwasserstandes im anderen Brunnen.

5.2.2 Potenzialtheoretische Behandlung der Grundwasserströmung

Aus der allgemeinen Strömungsgleichung (Gl. 3.2.3.1) folgt für die horizontal zweidimensionale Strömung in einem homogenen und isotropen Grundwasserleiter im stationären Fall (dh/dt = 0) die Gleichung:

$$\frac{\partial^2 h}{\partial x^2} + \frac{\partial^2 h}{\partial y^2} = 0 \qquad (5.2.2.1)$$

Die Potenzialgleichung im zweidimensionalen Raum lautet (Raudkivi et al., 1976):

$$\frac{\partial^2 \Phi}{\partial x^2} + \frac{\partial^2 \Phi}{\partial y^2} = 0 \qquad (5.2.2.2)$$

Gl. 5.2.2.2 ist die Laplacesche Differenzialgleichung.

Mit

$$\Phi = a \cdot h \qquad (5.2.2.3)$$

wird Gl. 5.2.2.2 in Gl. 5.2.2.1 überführt. Das Potenzial Φ bei der stationären Grundwasserströmung kann mit der Potenzialtheorie als Funktion von x und y mit a als Proportionalitätskonstante beschrieben werden. In Abb. 5.2.2.1 wird mit den x-y-Koordinaten eine Ebene aufgespannt. h und Φ sind die Größen (Potenziale), deren Abstände zur Ebene x-y durch die Gln. 5.2.2.1 und 5.2.2.2 angegeben werden. Für eine Potenzialströmung in Richtung der x-Achse wird z.B. angesetzt:

$$\Phi = k_f \cdot h \qquad (5.2.2.4)$$

Das Potenzial Φ ist proportional der Standrohrspiegelhöhe h. Die Proportionalitätskonstante ist die Durchlässigkeit. Es liegt ein linearer Abfall des Potenzials in Richtung der x-Achse vor.

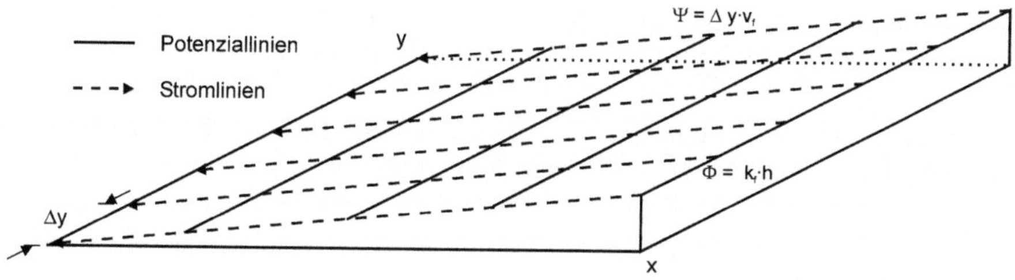

Abb. 5.2.2.1: Linien gleicher Potenziale und Stromlinien

In die Richtung des Potenzialabfalls fließt das Grundwasser. Die Richtung der Strömung ist durch Stromlinien in Abb. 5.2.2.2 markiert. Potenzial- und Stromlinien stehen senkrecht aufeinander. Ist die Richtung der Potenziallinien in der Projektion auf die x-y-Ebene durch dy/dx angegeben, so ist die Richtung der Stromlinie an gleicher Stelle durch den negativen reziproken Wert gegeben.

$$-\frac{1}{\frac{dy}{dx}} = -\frac{dx}{dy} \qquad (5.2.2.5)$$

Die Stromfunktion ist in diesem Fall proportional der Filtergeschwindigkeit:

$$\Psi = \Delta y \cdot v_f \qquad (5.2.2.6)$$

Die physikalische Bedeutung geht aus Abb. 5.2.2.2 hervor. Dort sind die Potenzial- und Stromlinien in die x-y-Ebene projiziert. Die Stromfunktion ist ein Ausdruck für den Durchfluss durch einen Stromstreifen, der von zwei Stromlinien begrenzt wird. Bezogen auf die Mächtigkeit des Grundwasserleiters ergibt sich

$$\Psi = \Delta y \cdot v_f = Q \cdot \frac{\Delta y}{\Delta y \cdot M} = \frac{Q}{M} = q_s \qquad (5.2.2.7)$$

mit: M: Mächtigkeit des Grundwasserleiters [m]

q_s: Durchfluss zwischen zwei Stromlinien bezogen auf die Mächtigkeit des Grundwasserleiters [m^2/s]

Zur Behandlung der Brunnenanströmung werden Zylinderkoordinaten eingeführt. Mit $r = (x^2 + y^2)^{0,5}$ folgt aus Gl. 5.2.2.2

$$\frac{\partial^2 \Phi}{\partial r^2} + \frac{1}{r} \cdot \frac{\partial \Phi}{\partial r} = 0 \qquad (5.2.2.8)$$

Die Lösung dieser Gleichung lautet:

$$\Phi = a \cdot \ln(r) \qquad (5.2.2.9)$$

mit a als Proportionalitätskonstante. Diese Konstante gibt die Quellstärke an. In diesem Fall ist der Brunnen eine Senke im Potenzialfeld, in die das Wasser hineinfließt. Daher gibt a die Senkenstärke an. Sie ist proportional dem Wasservolumen, das pro Zeiteinheit dem Brunnen entnommen wird.

Die Potenziallinien sind konzentrische Kreise um den Brunnen im Abstand r. Die Richtung der Potenziallinien wird angegeben durch

$$\frac{dy}{dx} = - \frac{x}{y} \qquad (5.2.2.10)$$

mit

$$y = \sqrt{r^2 - x^2} \qquad (5.2.2.11)$$

Die Differenzialgleichung für die Stromlinien ergibt sich nach Gl. 5.2.2.6 zu

$$y = \frac{dy}{dx} \cdot x \qquad (5.2.2.12)$$

Das sind Geraden durch den Mittelpunkt (Abb. 5.2.2.2). Dieser Mittelpunkt ist hier der Brunnen.

Die Stromfunktion Ψ lautet entsprechend der gegebenen physikalischen Interpretation:

$$\Psi_i = v_f \cdot \theta = q_{si} \qquad (5.2.2.13)$$

q_{si} ist der Durchfluss durch einen Stromstreifen, der durch den Winkel θ (Abb. 5.2.2.2) aufgespannt wird, bezogen auf die Mächtigkeit des Grundwasserleiters.

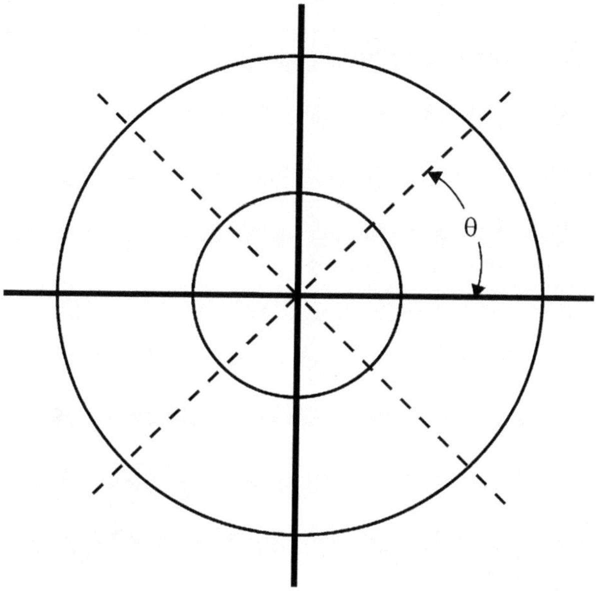

Abb. 5.2.2.2: Potenzial- und Stromlinien bei radialsymmetrischer Zuströmung zum Brunnen

Die Summe aller Zuflüsse zum Brunnen aus den Stromstreifen bezogen auf den Umfang des Einheitskreises um den Brunnen ist gleich der Senkenstärke:

$$\frac{\sum \psi_i}{2\pi} = \frac{q_s}{2 \cdot \pi} = \frac{Q}{2 \cdot \pi \cdot M} \qquad (5.2.2.14)$$

Damit ergibt sich die Lösung von Gl 5.2.2.2 zu

$$\Phi = \frac{Q}{2 \cdot \pi \cdot M} \cdot \ln(r) + C \qquad (5.2.2.15)$$

mit: C als Integrationskonstante [m^2/s]

Unter Berücksichtigung von Gl. 5.2.2.3 folgt

$$h = \frac{Q}{2 \cdot \pi \cdot M \cdot k_f} \cdot \ln(r) + C \qquad (5.2.2.16)$$

oder mit Bezug auf ein Referenzniveau für die Standrohrspiegelhöhe, z.B h_B für r_B, folgt:

$$C = h_B - \frac{Q}{2 \cdot \pi \cdot M \cdot k_f} \cdot \ln(r_B) \qquad (5.2.2.17)$$

Durch Einsetzen von Gl. 5.2.2.17 in Gl. 5.1.2.16 ergibt sich Gl. 5.2.1.18 als identisch mit Gl. 5.2.6 zur Beschreibung der Abhängigkeit der Standrohrspiegelhöhe h vom Abstand zum Brunnen r bei der Brunnenanströmung.

$$h - h_B = \frac{q_s}{2 \cdot \pi \cdot k_f} \cdot \ln\left(\frac{r}{r_B}\right) = \frac{Q}{2 \cdot \pi \cdot T} \cdot \ln\left(\frac{r}{r_B}\right) \qquad (5.2.2.18)$$

5.2.3 Brunnen in einer Parallelströmung

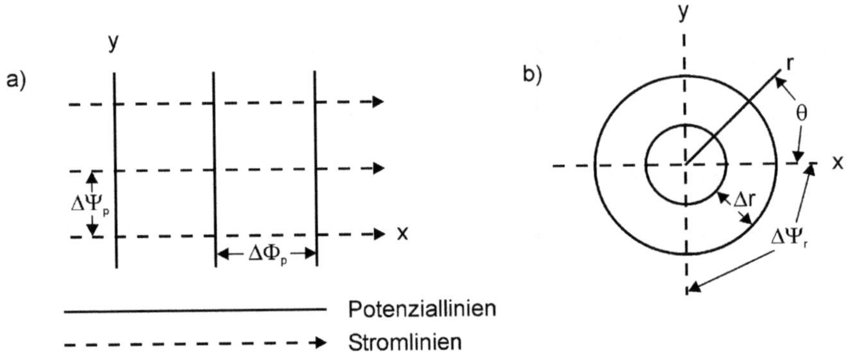

Abb. 5.2.3.1: Zwei Potenzialfelder, die überlagert werden

Die radiale Zuströmung zu einem Brunnen ist in der Natur im Allgemeinen nicht gegeben. Brunnen liegen in einem Strömungsfeld. Bei der weiteren Behandlung dieses Strömungsproblems bleiben alle Voraussetzungen bestehen wie beim Inselproblem. Es wird hier angenommen, dass die Stromlinien vor dem Beginn des Abpumpens von Grundwasser aus dem Brunnen parallel laufen, ein gleichförmiges Strömungsfeld vorhanden ist (Abb. 5.2.3.1a) und ein konstantes Gefälle vorliegt. Wenn gepumpt wird, liegen zwei Potenzialfelder vor. In einem sind die Potenziallinien Geraden, im zweiten Kreise um den Brunnen (Abb. 5.2.3.1b).

Zur Beschreibung des Potenzials als Funktion des Ortes wird das Superpositionsprinzip angewendet. Das Gesamtpotenzial Φ_g ist die Summe aus den Potenzialen für die radiale Zuströmung Φ_r und für die Parallelströmung Φ_p.

$$\Phi_g = \Phi_r + \Phi_p \qquad (5.2.3.1)$$

$$\Phi_g = a_q \cdot \ln(r) + v_f \cdot x = \frac{Q}{2 \cdot \pi \cdot M} \cdot \ln\sqrt{x^2 + y^2} + v_f \cdot x \qquad (5.2.3.2)$$

Entsprechend ergeben sich sie Stromlinien als Überlagerung beider Felder.

$$\Psi_g = \Psi_r + \Psi_p \tag{5.2.3.3}$$

$$\Psi_g = y \cdot v_f + \frac{Q}{2 \cdot \pi \cdot M} \cdot \theta \tag{5.2.3.4}$$

In Abb. 5.2.3.2 sind die resultierenden Potenzial- und Stromlinien gezeichnet. Es gibt einen Bereich, in dem das Wasser dem Brunnen zuströmt und einen, in dem das Wasser am Brunnen vorbeiströmt. Beide Bereiche werden durch den sog. neutralen Wasserweg (Abb. 5.2.3.3) getrennt. Die Eintrittsbreite B des Bereiches, in dem das Wasser zum Brunnen fließt, ergibt sich aus der Kontinuitätsbeziehung. Die Entnahme Q aus dem Brunnen ist gleich dem Zufluss Q_e in den Eintrittsbereich hinein.

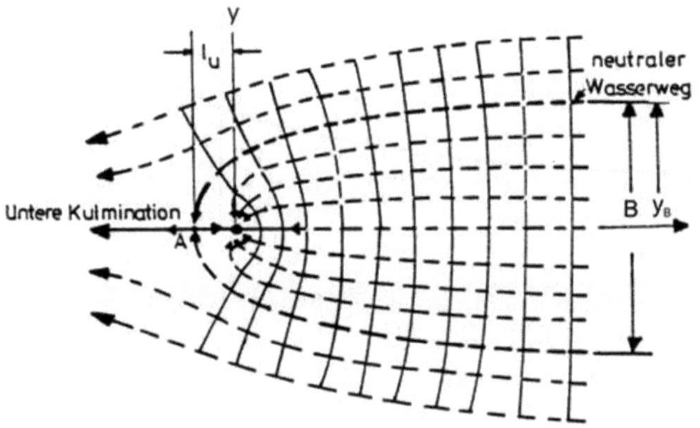

Abb. 5.2.3.2: Potenzial- und Stromlinien in der Nähe eines Pumpbrunnens in einem Strömungsfeld (DVWK, 1982)

$$Q_B = Q_e \tag{5.2.3.5}$$

Für Q_e kann das Darcy-Gesetz angewendet werden.

$$Q_e = k_f \cdot B \cdot M \cdot I_{oa} = B \cdot T \cdot I_{oa} \tag{5.2.3.6}$$

mit: Q_e: Zufluss zum Brunnen [m^3/s]
I_{oa}: Gefälle des Grundwassers ohne Grundwasserentnahme [-]
B: Eintrittsbreite (Abb. 5.2.3.2) [m]

oder

$$B = 2 \cdot y_B = \frac{Q}{T \cdot I_{oa}} \tag{5.2.3.7}$$

Im Eintrittsbereich ist der Einfluss der Grundwasserentnahme auf das Gefälle vernachlässigbar klein. Theoretisch liegt dieser Eintrittsbereich unendlich weit vom Brunnen entfernt.

Die Kontur des neutralen Wasserweges lässt sich aus folgender Überlegung ableiten. In dem Bereich zwischen der x-Achse und der aus der Überlagerung resultierenden Stromfunktion für den neutralen Wasserweg oberhalb der x-Achse darf die Hälfte des Wassers fließen, das aus dem Brunnen gefördert wird. Die zweite Hälfte fließt spiegelbildlich zur x-Achse im negativen Bereich für y.

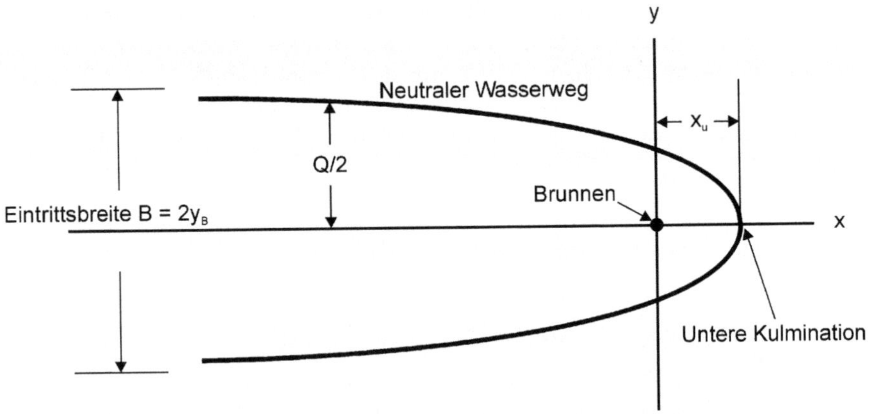

Abb. 5.2.3.3: Begriffsbezeichnungen im Bereich der Zuströmung zu einem Brunnen in einem gleichförmigen Strömungsfeld

Unter Berücksichtigung von

$$\theta = \operatorname{arctg}\left(\frac{y}{x}\right) \tag{5.2.3.8}$$

folgt aus Gl 5.2.3.4

$$\frac{q}{2} = v_f \cdot y + \frac{q}{2 \cdot \pi} \cdot \operatorname{arctg}\left(\frac{y}{x}\right) \tag{5.2.3.9a}$$

oder

$$\frac{q}{2} = - k_f \cdot I_{oa} \cdot y + \frac{q}{2 \cdot \pi} \cdot \operatorname{arctg}\left(\frac{y}{x}\right) \tag{5.2.3.9b}$$

oder

$$\frac{Q}{2} = - k_f \cdot I_{oa} \cdot y \cdot M + \frac{Q}{2 \cdot \pi} \cdot \operatorname{arctg}\left(\frac{y}{x}\right) \tag{5.2.3.9c}$$

Aus 5.2.3.9c ergibt sich die halbe Einströmbreite, in dem x gegen Unendlich laufen gelassen wird. Dann wird arctg y/x gleich Null und es folgt Gl 5.2.3.7

$$2 \cdot y_B = \frac{Q}{T \cdot I_{oa}} \qquad (5.2.3.10)$$

Für x = 0 ist arctg gleich π/2. Daraus folgt

$$y = \frac{Q}{4 \cdot T \cdot I_{oa}} \qquad (5.2.3.11)$$

In der Höhe des Brunnens ist die Durchflussbreite gleich der Hälfte der Eintrittsbreite. An der unteren Kulmination ist das Potenzialgefälle gleich Null. Aus Gl. 5.2.3.2 folgt für y = 0.

$$\frac{\partial \theta}{\partial x} = -\frac{Q}{2 \cdot \pi \cdot M \cdot x} + v_f = -\frac{Q}{2 \cdot \pi \cdot M \cdot x} + k_f \cdot I_{oa} = 0 \qquad (5.2.3.12)$$

$$x_u = \frac{Q}{2 \cdot \pi \cdot T \cdot I_{oa}} \qquad (5.2.3.13)$$

Der Abstand der unteren Kulmination ist gleich der Einströmbreite geteilt durch 2π. Damit liegen fünf Punkte vor und die Einströmbreite zur ungefähren Einschätzung des Verlaufs des neutralen Wasserweges. Dazu ist anzumerken, dass bei dieser Betrachtung eine Grundwasserneubildung ausgeschlossen war. In der Praxis liegt in humiden Gebieten immer eine Neubildung vor. Die Ermittlung von Einzugsgebieten von Brunnen unter Berücksichtigung der Grundwasserneubildung wird in Kap. 5 Abschn. 2.4 behandelt.

Aus der Beschreibung der radialsymmetrischen Brunnenanströmung und der Anströmung in einer Parallelströmung mit überlagerter radialsymmetrischer Zuströmung ist der Unterschied zwischen dem Absenkungsgebiet und dem Einzugsgebiet deutlich geworden. Das Absenkungsgebiet umfasst den Bereich, in dem die Standrohrspiegelhöhe sich in Folge der Grundwasserentnahme absenkt. Bei einem Einzelbrunnen liegt dieses Gebiet kreisförmig um den Brunnen herum. Aus dem Einzugsgebiet fließt das Wasser dem Brunnen zu. Beim Inselproblem sind beide Flächen identisch. Bei der Parallelströmung ist das nicht der Fall. Auch jenseits - vom Brunnen aus gesehen - des Kulminationspunktes wird die Standrohrspiegelhöhe noch abgesenkt. Es fließt von dort aber kein Wasser zum Brunnen.

5.2.4 Einzugsgebiet mit Grundwasserneubildung bei radialer Zuströmung

In gemäßigten humiden Gebieten findet im Einzugsgebiet von Brunnen eine Grundwasserneubildung statt. Im sog. Inselproblem sieht bei Berücksichtigung der Grundwasserneubildung der Ausgangszustand wie in Abb. 5.2.4.1 angegeben aus. Das neu gebildete Wasser fließt zu den Seiten hin ab. Die Grundwasseroberfläche ist gewölbt. Sie hat im Zentrum ihren höchsten Punkt. Wird im Zentrum dieser Insel ein Brunnen gesetzt, ergibt sich ein Absenkungsbereich (Abb. 5.2.4.2), der eine Fläche A_e erreicht, in der das entnommene Grundwasser durch die Neubildung ersetzt wird.

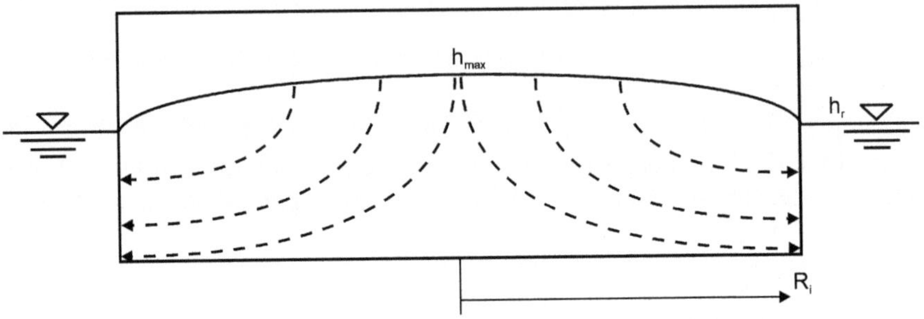

Abb. 5.2.4.1: Verlauf der Grundwasseroberfläche beim Inselproblem mit Neubildung

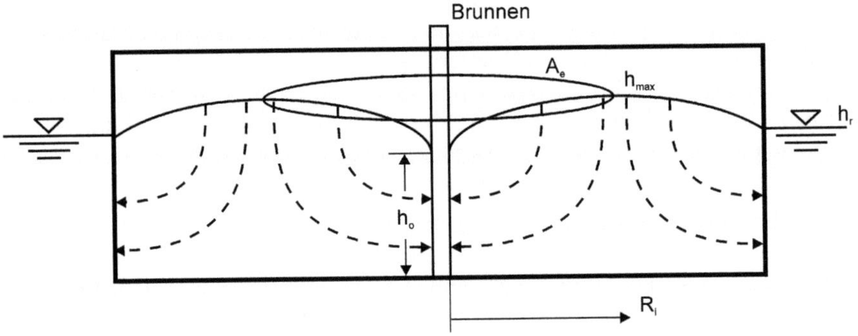

Abb. 5.2.4.2: Einzugsgebiet mit Neubildung und Brunnen

Zur Ermittlung der Standrohrspiegelhöhe als Funktion des Radius im Ausgangszustand lautet der Ansatz:

$$Q = -2 \cdot \pi \cdot r \cdot M \cdot k_f \cdot \frac{dh}{dr} = -2 \cdot \pi \cdot r \cdot T \cdot \frac{dh}{dr} \tag{5.2.4.1}$$

mit

$$Q = A_e \cdot q = \pi \cdot r^2 \cdot q \tag{5.2.4.2}$$

ergibt sich

$$\int_{r}^{R_i} r \cdot dr = \frac{-2 \cdot T}{q} \int_{h}^{h_r} dh \qquad (5.2.4.3)$$

$$\frac{R_i^2 - r^2}{2} = \frac{-2 \cdot T}{q} \cdot (h_r - h) \qquad (5.2.4.4)$$

$$h = \frac{q}{4 \cdot T} \cdot \left(R_i^2 - r^2\right) + h_r \qquad (5.2.4.5)$$

Beispiel:

Auf einer kreisrunden Insel mit einem Radius R_i ist bei vorgegebenen Werten der Transmissivität T und der mittleren Grundwasserneubildungsrate q der Grundwasserstand im Zentrum über dem mittleren Wasserspiegel am Rand auszurechnen. Im Zentrum ist r = 0 und $h = h_{max}$.

mit: $T = 2 \cdot 10^{-3}$ m²/s
$q = 7 \cdot 10^{-9}$ m/s = 7 l/(s·km²)
R_i = 2000 m
folgt: h_{max} = 3,5 m

Wird in das Zentrum ein Brunnen mit einer Entnahme Q gesetzt, so (Abb. 5.2.4.2) hat das Einzugsgebiet A_e eine Fläche mit einem Radius

$$r_e = \sqrt{\frac{Q}{\pi \cdot q}} \qquad (5.2.4.6)$$

für

$$Q < \pi \cdot q \cdot R_i^2 \qquad (5.2.4.7)$$

Mit der oben genannten mittleren Neubildungsrate ergibt sich als maximale Entnahme Q:

$$Q = 88 \frac{l}{s}$$

Zur Berechnung der Standrohrspiegelhöhe h als Funktion des Radius lautet der Ansatz:

$$Q = 2 \cdot \pi \cdot r \cdot T \cdot \frac{dh}{dr} \qquad (5.2.4.8)$$

oder

$$\pi \cdot q \cdot \left(R^2 - r^2\right) = 2 \cdot \pi \cdot r \cdot T \cdot \frac{dh}{dr} \qquad (5.2.4.9)$$

mit R als Radius des Einzugsgebietes.

Durch Lösung der Differentialgleichung 5.2.4.9 unter Berücksichtigung von Gl. 5.2.4.2 in den Integrationsgrenzen R_e und r und entsprechend h_e und h folgt:

$$h_e = h + \frac{Q}{2 \cdot \pi \cdot T} \cdot \ln\left(\frac{R_e}{r}\right) - \frac{q}{4 \cdot T} \cdot \left(R_e^{\,2} - r^2\right) \tag{5.2.4.10}$$

Die ersten beiden Terme auf der rechten Seite der Gl. 5.2.4.10 entsprechen denen, die sich bei vernachlässigbarer Neubildung ergeben. Der letzte Term berücksichtigt, dass innerhalb des Kreises mit dem Radius r noch Grundwasser neugebildet wird. Es fließt damit weniger Wasser über den Rand in den Kreis als mit Berücksichtigung der Neubildung. Folglich ist die Standrohrspiegelhöhe etwas geringer als ohne Neubildung.

Beispiel:
Mit den oben genannten Werten für die Transmissivität und die Neubildung, einer Entnahme Q von 6 l/s und einem Brunnenradius r_B von 0,4 m ergeben sich:

Radius R_e des Einzugsgebietes A_n: $R_e = 603$ m

Außerhalb des Einzugsgebietes des Brunnens lautet die Abhängigkeit der Standrohrspiegelhöhe vom Radius:

$$h = \frac{q}{4 \cdot T}\left[\left(R^2 - r^2\right) - R^2 \cdot \ln\frac{R}{r}\right] + h_r \tag{5.2.4.11}$$

mit: h_r: Standrohrspiegelhöhe am Rand der Insel [m]

Für den maximalen Wasserstand h_m in Abb. 5.2.4.2 ergibt sich

$$h_m = 2{,}8\ \text{m} + h_r \tag{5.2.4.12}$$

5.3 Instationäre Zuströmung zum vollkommenen Brunnen

Es wird die Strömung zu einem vollkommenen Brunnen betrachtet, der in einem unendlich ausgedehnten Grundwasserleiter liegt. Das Grundwasser ist gespannt. Dieser Zustand soll auch während der Absenkung bestehen bleiben. Wieder werden Homogenität und Isotropie bezogen auf die Durchlässigkeit des Grundwasserleiters vorausgesetzt. Darüber hinaus ist die Mächtigkeit des Grundwasserleiters konstant und damit auch die Transmissivität T. Es besteht kein natürliches Grundwassergefälle. Es liegt eine zweidimensional horizontale und radialsymmetrische Strömung vor. Eine Grundwasserneubildung findet nicht statt.

Wenn aus einem vollkommenen Brunnen Grundwasser entnommen wird, sinkt die Standrohrspiegelhöhe in Abhängigkeit von Ort und Zeit. Da eine Grundwasserneubildung ausgeschlossen wird und keine zeitliche Begrenzung für die Grundwasserentnahme vorgegeben ist, entleert sich ein unendlich ausgedehnter Grundwasserspeicher in einer unendlich langen Zeit.

Die Änderung der Standrohrspiegelhöhe als Funktion des Ortes und der Zeit beschreibt die Gl. 3.2.3.1. Die Lösung dieser Gleichung lautet nach THEIS (1935):

$$h_o - h = \frac{Q}{4 \cdot \pi \cdot T} \cdot W(u) \tag{5.3.1}$$

mit

$$W(u) = \int_u^{\infty} \frac{e^{-u}}{u}\, du \tag{5.3.2}$$

und

$$u = \frac{r^2 \cdot S}{4 \cdot T \cdot t} \tag{5.3.3}$$

In Tabelle 5.3.1 sind Werten für u entsprechende Werte für W(u) zugeordnet. In der Praxis sind Werte für den Speicherkoeffizienten S und die Transmissivität T zu ermitteln, um in einem Abstand r vom Brunnen nach einer Zeit t aus Gl. 5.3.3 ein u zu errechnen. In Tabelle 5.3.1 wird dazu ein W(u) gefunden und nach Gl. 5.3.1 die zugehörige Standrohrspiegelhöhe h mit Bezug auf die Ausgangsstandrohrspiegelhöhe ho ermittelt. Die resultierende Absenkung s ergibt sich zu:

$$s = h_o - h \tag{5.3.4}$$

Jacob (1946) hat eine einfach zu handhabende Näherungsformel entwickelt, in dem er W(u) in eine konvergierende Taylorreihe zerlegt hat:

$$W(u) = -0,5772 - \ln(u) + u - \frac{u^2}{2!} + \ldots\ldots \tag{5.3.5}$$

Jacob hat in seiner Näherungsformel nur die ersten beiden Glieder der Reihe verwendet.

Unter Berücksichtigung von

$$\begin{aligned} -\left(0,5722 + \ln(u)\right) &= -\left(\ln(1,78) + \ln(u)\right) \\ &= \ln\left(\frac{4 \cdot T \cdot t}{1,78 \cdot r^2 \cdot S}\right) = \ln\left(2,25 \cdot \frac{T \cdot t}{r^2 \cdot S}\right) \end{aligned} \tag{5.3.6}$$

folgt die Näherungsformel

$$s = \frac{Q}{4 \cdot \pi \cdot T} \cdot \ln\left(\frac{2,25 \cdot T \cdot t}{r^2 \cdot S}\right) = \frac{2,3 \cdot Q}{4 \cdot \pi \cdot T} \cdot \log_{10}\left(\frac{2,25 \cdot T \cdot t}{r^2 \cdot S}\right) \tag{5.3.7}$$

Bei kleinen Werten für r und großen für t gibt diese Näherung hinreichend genaue Werte für die Absenkung s als Funktion des Abstandes r vom Brunnen und der Zeit t.

Beispiel:
Es wird ein Grundwasserleiter mit folgenden Werten für S und T betrachtet:

$$S = 4 \cdot 10^{-4}$$

$$T = 2 \cdot 10^{-2} \frac{m^2}{s}$$

und einer Grundwasserentnahme Q von $2 \cdot 10^{-3}$ m³/s.

Es ist

$$\frac{S}{T} = 2 \cdot 10^{-2} \frac{s}{m^2}$$

Es werden die Absenkungen für r = 50 und r = 100 m zu den Zeiten 100 und 1000 s betrachtet.

Tabelle 5.3.1: Vergleich von berechneten Absenkungen nach Theis und Jacob

r [m]	t [s]	u	W(u)	s [m] Gl. 5.3.1	s [m] Gl. 5.3.7
50	100	0,125	1,63	0,130	0,120
100	100	0,5	0,56	0,045	0,0094
100	1000	0,05	2,47	0,197	0,192

siehe auch: Tabelle 5.3.2 für Werte von u und W(u)

Für r = 50 m und t = 100 s ergeben sich aus den Gln. 5.3.1 und 5.3.7 Absenkungen, die etwa um 10% voneinander abweichen. Wird die Zeit beibehalten und der Abstand vergrößert, weichen die Ergebnisse aus beiden Gleichungen erheblich voneinander ab. Wird jedoch die Zeit weiter vergrößert, liegen die Ergebnisse sehr gut beieinander. Die Abweichung ist kleiner als 10%.

In Abb. 5.3.1 sind Orientierungshilfen für die Verwendung der Jacob-Formel gegeben unter Beachtung von Gl. 5.3.4. Bei vorgegebenen Werten von S/T (s/m²) sind jeweils kleinere Abstände r und größere Zeiten als angegeben zu wählen, um die Abweichung von den Werten der Theis-Formel kleiner als 10% zu halten. In der Regel reicht für die Praxis die Näherung von Jacob aus.

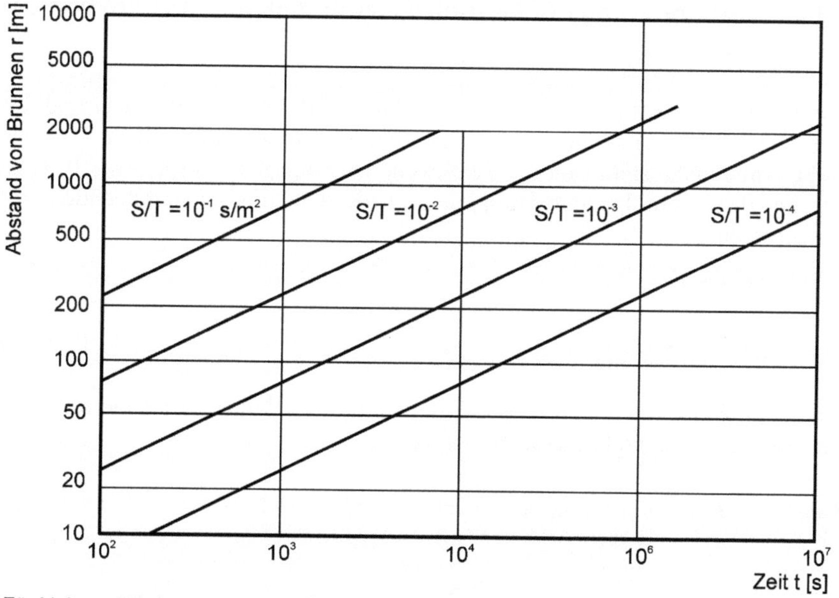

Für kleinere Werte von r und größere für t bei Vorgabe von S/T kann die Formel von JAKOB verwendet werden

Abb. 5.3.1: Orientierungshilfe für die Verwendung der Jacob-Formel

Tabelle 5.3.2: Zugehörige Werte u und W(u)

u *	10^{0}	10^{-1}	10^{-2}	10^{-3}	10^{-4}	10^{-5}	$10\ 6$	10^{-7}	10^{-8}
1,0	$2{,}19 \cdot 10^{-1}$	1,82	4,04	6,33	8,63	$1{,}09 \cdot 10^{1}$	1,32	$1{,}55 \cdot 10^{1}$	$1{,}78 \cdot 10^{1}$
1,2	$1{,}58 \cdot 10^{-1}$	1,66	3,86	6,15	8,45	$1{,}08 \cdot 10^{1}$	$1{,}31 \cdot 10^{1}$	$1{,}54 \cdot 10^{1}$	$1{,}77 \cdot 10^{1}$
1,5	$1{,}00 \cdot 10^{-1}$	1,47	3,64	5,93	8,23	$1{,}05 \cdot 10^{1}$	$1{,}28 \cdot 10^{1}$	$1{,}51 \cdot 10^{1}$	$1{,}74 \cdot 10^{1}$
2,0	$4{,}89 \cdot 10^{-2}$	1,22	3,36	5,64	7,94	$1{,}02 \cdot 10^{1}$	$1{,}26 \cdot 10^{1}$	$1{,}49 \cdot 10^{1}$	$1{,}72 \cdot 10^{1}$
2,5	$2{,}49 \cdot 10^{-2}$	1,04	3,14	5,42	7,72	$1{,}00 \cdot 10^{1}$	$1{,}23 \cdot 10^{1}$	$1{,}46 \cdot 10^{1}$	$1{,}69 \cdot 10^{1}$
3,0	$1{,}31 \cdot 10^{-2}$	$9{,}06 \cdot 10^{-1}$	2,96	5,24	7,54	9,84	$1{,}21 \cdot 10^{1}$	$1{,}44 \cdot 10^{1}$	$1{,}67 \cdot 10^{1}$
3,5	$6{,}97 \cdot 10^{-3}$	$7{,}94 \cdot 10^{-1}$	2,81	5,08	7,38	9,68	$1{,}20 \cdot 10^{1}$	$1{,}43 \cdot 10^{1}$	$1{,}66 \cdot 10^{1}$
4,0	$3{,}78 \cdot 10^{-3}$	$7{,}02 \cdot 10^{-1}$	2,68	4,95	7,25	9,55	$1{,}19 \cdot 10^{1}$	$1{,}42 \cdot 10^{1}$	$1{,}65 \cdot 10^{1}$
4,5	$2{,}07 \cdot 10^{-3}$	$6{,}25 \cdot 10^{-1}$	2,57	4,83	7,13	9,43	$1{,}17 \cdot 10^{1}$	$1{,}40 \cdot 10^{1}$	$1{,}63 \cdot 10^{1}$
5,0	$1{,}15 \cdot 10^{-3}$	$5{,}60 \cdot 10^{-1}$	2,47	4,73	7,02	9,33	$1{,}16 \cdot 10^{1}$	$1{,}39 \cdot 10^{1}$	$1{,}62 \cdot 10^{1}$
6,0	$3{,}60 \cdot 10^{-4}$	$4{,}54 \cdot 10^{-1}$	2,30	4,55	6,84	9,14	$1{,}15 \cdot 10^{1}$	$1{,}38 \cdot 10^{1}$	$1{,}61 \cdot 10^{1}$
7,0	$1{,}16 \cdot 10^{-4}$	$3{,}74 \cdot 10^{-1}$	2,15	4,39	6,69	8,99	$1{,}13 \cdot 10^{1}$	$1{,}36 \cdot 10^{1}$	$1{,}59 \cdot 10^{1}$
8,0	$3{,}77 \cdot 10^{-5}$	$3{,}11 \cdot 10^{-1}$	2,03	4,26	6,56	8,86	$1{,}12 \cdot 10^{1}$	$1{,}35 \cdot 10^{1}$	$1{,}58 \cdot 10^{1}$
9,0	$1{,}25 \cdot 10^{-5}$	$2{,}60 \cdot 10^{-1}$	1,92	4,14	6,44	8,74	$1{,}10 \cdot 10^{-1}$	$1{,}33 \cdot 10^{-1}$	$1{,}57 \cdot 10^{1}$

5.3.1 Ausbreitung der Grundwasserabsenkung als Funktion der Zeit

Zur Lösung vieler Fragen ist es notwendig, die Reichweite R der Grundwasserstandsabsenkung zu kennen. Unter den Voraussetzungen, die in Kap. 5 Abschn. 2 aufgeli-stet sind, ergibt sich die Reichweite nach Gl. 5.3.7 für h_o - h = 0. Wesentlich bei den nachfolgenden Beispielen ist die Annahme einer fehlenden Grundwasserneubildung.

Daraus resultiert

$$R = \sqrt{\frac{2{,}25 \cdot T \cdot t}{S}} \qquad (5.3.1.1)$$

Für sechs Werte des Verhältnisses T/S sind in der Tabelle 5.3.1.1 die Reichweiten für drei verschiedene Pumpdauern angegeben.

Tabelle 5.3.1.1: Reichweite der Absenkung in Meter als Funktion der Zeit in Sekunden für verschiedene Werte des Quotienten T/S

Pumpdauer	T/S [m^2/s]					
	0,01	0,1	1	10	100	1000
1 Stunde	9	28	90	280	910	2800
1 Tag	44	140	440	1400	4400	14000
1 Jahr	842	2662	8400	26620	84000	266200

Die Ausbreitungsgeschwindigkeit bei dieser Reichweite ergibt sich zu

$$v_R = 0{,}75 \cdot \sqrt{\frac{T}{S \cdot t}} \qquad (5.3.1.2)$$

In der Tabelle 5.3.1.2 sind für dieselben Werte des Quotienten T/S wie in der vorherigen Tabelle 5.3.1.1 die Ausbreitungsgeschwindigkeit in m/d zu verschiedenen Zeiten angegeben.

Tabelle 5.3.1.2: Ausbreitungsgeschwindigkeit in m/d der Reichweite als Funktion der Zeit für verschiedene Werte des Quotienten T/S

Pumpdauer	T/S [m^2/s]					
	0,01	0,1	1	10	100	1000
1 Stunde	$1 \cdot 10^2$	$3{,}4 \cdot 10^2$	$1{,}1 \cdot 10^3$	$3{,}4 \cdot 10^3$	$1{,}1 \cdot 10^4$	$3{,}4 \cdot 10^4$
1 Tag	$2{,}2 \cdot 10^1$	$7{,}0 \cdot 10^1$	$2{,}2 \cdot 10^2$	$7{,}0 \cdot 10^2$	$2{,}2 \cdot 10^3$	$7{,}0 \cdot 10^3$
1 Jahr	$1 \cdot 10^0$	$3{,}6 \cdot 10^0$	$1{,}2 \cdot 10^1$	$3{,}6 \cdot 10^1$	$1{,}2 \cdot 10^2$	$3{,}6 \cdot 10^2$

Die Gln. 5.3.1.1 und 5.3.1.2 und die Werte in den Tabellen 5.3.1.1 und 5.3.1.2 sagen folgendes aus:

- Je größer der T-Wert, desto größer ist die Ausbreitung und die Ausbreitungsgeschwindigkeit.
- Je größer der Speicherkoeffizient, desto kleiner sind diese beiden Werte. Die Reichweite der Absenkung nimmt mit der Zeit zu, die Geschwindigkeit jedoch mit der Zeit ab.

Theoretisch ergibt sich daraus allerdings eine beliebig große Reichweite der Absenkung für hinreichend lange Pumpdauern. Bei natürlichen Verhältnissen (seitliche Begrenzung des Grundwasserleiters, Zusickerung von Wasser, resultierend aus dem Niederschlag oder aus Oberflächengewässern) ist die Reichweite begrenzt. Basierend auf Messungen hat SICHARDT eine Reichweitenformel angegeben:

$$r_o = 3000 \cdot (h_o - h_B) \cdot \sqrt{k_f} \qquad (5.3.1.3)$$

Diese Beziehung ist mit großer Vorsicht zu verwenden. Nur für Grundwasserstandsabsenkungen mit freier Oberfläche ergeben sich brauchbare Werte für die Reichweite.

In der Praxis reicht es häufig, die Reichweite der Absenkung zu schätzen, um dann die zu erwartende Absenkung in der Nähe des jeweiligen Brunnens zu berechnen. Im Allgemeinen ist weder die Homogenität des Grundwasserleiters noch die Vollkommenheit des Brunnens gegeben, so dass auch hier die Voraussetzungen für eine exakte Berechnung der Absenkung nicht erfüllt sind. Nachfolgend sind Schätzwerte für die Reichweiten von Absenkungen gegeben.

Tabelle 5.3.1.3: Schätzwerte für die Reichweiten in Meter von Absenkungen

Pumpdauer		T/S [m²/s]		
	0,1	0,01	0,001	0,0001
1	20	50	80	150
2	50	100	150	250
4	150	250	400	600
8	300	500	750	1000
16	500	800	1500	2000
32	800	1200	2000	3000

5.3.2 Parameteridentifikation

Im Vordergrund der Behandlung von Strömungen im Einzugsgebiet von Brunnen stand die Frage, welche Veränderungen die Standrohrspiegelhöhen im Absenkungsbereich erfahren, wenn aus Pumpbrunnen Grundwasser entnommen wird. Diese Änderungen sind bei stationären Betrachtungen im Wesentlichen von der Transmissivität, bei instationären auch vom Speicherkoeffizienten abhängig. Beide Parameter charakterisieren Eigenschaften des Grundwassersystems.

In der Praxis sind häufig im Vorfeld von Grundwasserentnahmen diese Auswirkungen abzuschätzen. Die Werte dieser Parameter müssen daher bekannt sein. Die Durchlässigkeit eines Porengrundwasserleiters kann theoretisch aus Kornverteilungsanalysen ermittelt werden. Die Transmissivität ergibt sich dann aus der Multiplikation der über die Tiefe des Grundwasserleiters gemittelten Durchlässigkeit mit dessen Mächtigkeit. Dieses Verfahren ist im Allgemeinen bei tiefen Grundwasserleitern und flächig orientierten Untersuchungen zu aufwendig. Es werden daher Pumpversuche gemacht und die Veränderungen der Standrohrspiegelhöhen in Beobachtungsbrunnen als Funktion der Zeit und des Ortes (Abstand vom Pumpbrunnen) ermittelt. Aus diesen Informationen werden die gewünschten Werte der Parameter berechnet. Diese berechneten Werte sind dann für den Absenkungsbereich eines Pumpbrunnens gültig. Bei flächigen Betrachtungen sind an verschiedenen Orten solche Pumpversuche durchzuführen. Die Ergebnisse sind über die betrachtete Fläche zu interpolieren, um zu Aussagen über die flächige Verteilung der gewünschten Werte zu kommen. In diesem Beispiel werden vollkommene Brunnen vorausgesetzt.

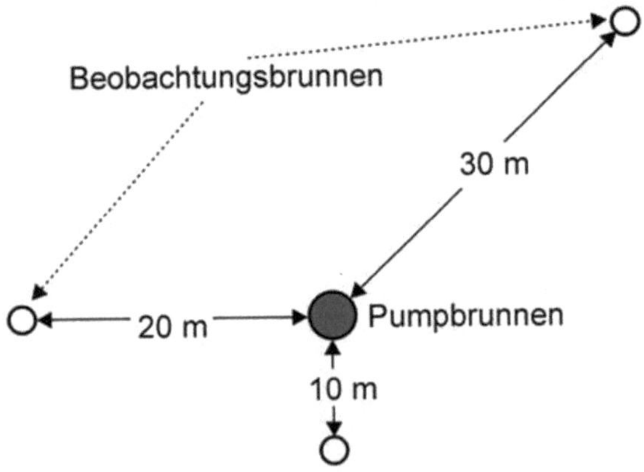

Abb. 5.3.2.1: Mögliche Anordnungen von Beobachtungsbrunnen um einen Pumpbrunnen bei einem Pumpversuch

Beobachtungsbrunnen sind so um den Pumpbrunnen zu verteilen, dass in ihnen die Veränderung der Standrohrspiegelhöhe während der Grundwasserentnahme deutlich sichtbar und damit messbar ist. Die Anzahl der zu empfehlenden Beobachtungsbrunnen ist von der Homogenität des Grundwasserleiters abhängig. In der Regel sollten drei ausreichen. Eine mögliche Anordnung ist in der vorangegangenen Abb. 5.3.2.1 angegeben.

Die in den Beobachtungsbrunnen gemessenen Standrohrspiegelhöhen dienen als Grundlage für die Berechnungen von T und S. Etwas unterschiedliche Ergebnisse an den Beobachtungsbrunnen sind durch Mittelung auszugleichen.

5.3.2.1 Pumpversuch bei stationären Verhältnissen

Nach Beginn einer konstanten Grundwasserentnahme stellt sich in der Regel im Pump- und in den Beobachtungsbrunnen eine über die Zeit betrachtet konstante Standrohrspiegelhöhe ein. Das ist dann der Fall, wenn der Einzugsbereich so groß geworden ist, dass die Grundwasserneubildung der Grundwasserentnahme entspricht. In Gebieten ohne Grundwasserneubildung (Wüste) würde ein solcher Zustand nicht erreicht.

Für einen stationären Zustand mit gespanntem Grundwasser kann die Transmissivität nach Gl. 5.2.2.18 berechnet werden zu:

$$T = \frac{Q}{2 \cdot \pi \cdot (h_1 - h_2)} \cdot \ln\left(\frac{r_1}{r_2}\right) \qquad (5.3.2.1.1)$$

h_1: Standrohrspiegelhöhe im Beobachtungsbrunnen 1 [m]
h_2: Standrohrspiegelhöhe im Beobachtungsbrunnen 2 [m]
r_1: Abstand des Beobachtungsbrunnen 1 vom Pumpbrunnen [m]
r_2: Abstand des Beobachtungsbrunnen 2 vom Pumpbrunnen [m]

Wird die Beobachtung anstelle im Beobachtungsbrunnen 2 im Pumpbrunnen durchgeführt, ist $r_2 = r_B$ und $h_2 = h_B$. Es folgt dann

$$T = \frac{Q}{2 \cdot \pi \cdot (h_1 - h_B)} \cdot \ln\left(\frac{r_1}{r_B}\right) \qquad (5.3.2.1.2)$$

Für Abschätzungen kann $r_1 = 1$ km gesetzt werden, entsprechend h_1 als Standrohrspiegelhöhe vor Beginn des Pumpens am Ort des Pumpbrunnens. r_B ist der Radius des Pumpbrunnens und h_B die Standrohrspiegelhöhe im Pumpbrunnen bei stationärem Zustand während des Pumpens. Die Transmissivität kann damit nur aus der Absenkung der Standrohrspiegelhöhe im Pumpbrunnen abgeschätzt werden.

5.3.2.2 Typendeckungsverfahren nach THEIS

Für eine instationäre Zuströmung zu einem Brunnen hat THEIS (1935) ein Verfahren entwickelt, um die Transmissivität T und den Speicherkoeffizienten S zu bestimmen. Aus den Gln. 5.3.1 und 5.3.3 unter Beachtung von Gl. 5.3.4 folgen durch Logarithmierung:

$$\log_{10}(s) = \log_{10}\left(\frac{Q}{4 \cdot \pi \cdot T}\right) + \log_{10}(W(u)) \qquad (5.3.2.2.1)$$

$$\log_{10}\left(\frac{r^2}{t}\right) = \log_{10}\left(\frac{4 \cdot T}{S}\right) + \log_{10}(u) \qquad (5.3.2.2.2)$$

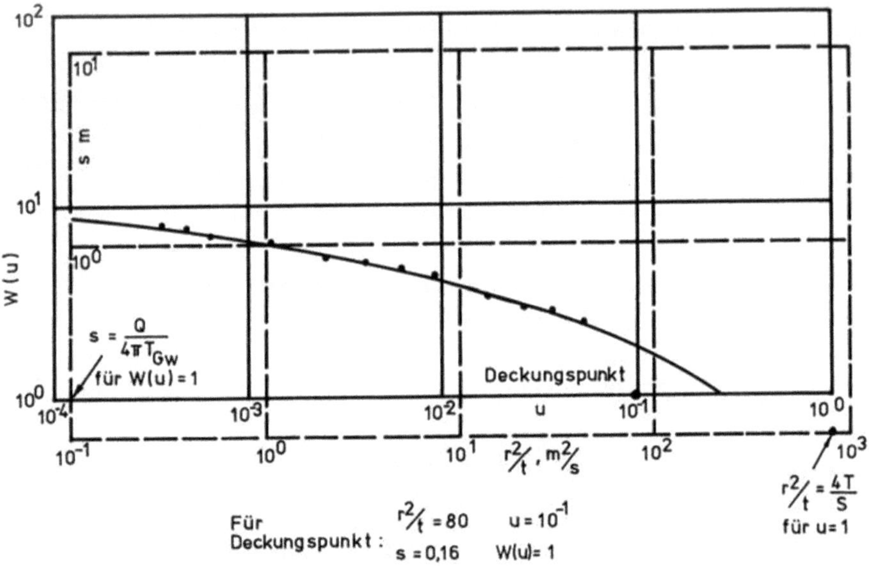

Abb. 5.3.2.2: Typdeckungskurven bezogen auf einen idealisierten Grundwasserleiter (DVWK, 1982)

Auf doppellogarithmischem Papier ist W(u) = f(u) aufzutragen und ebenso s = $f(r^2/t)$ als Ergebnisse von Messungen in Grundwasserbeobachtungsbrunnen. Dabei ist jede Funktion auf ein gesondertes Blatt zu zeichnen (Abb. 5.3.2.2). Beide Kurven sind dann derart übereinander zu legen, dass beide Funktionsverläufe identisch sind. Die Identität ergibt sich dadurch, dass $\log_{10}(Q/4\cdot\pi\cdot T)$ und $\log_{10}((4\cdot T/S)$ Konstanten sind. Durch diese Transformation wird jedem W(u) ein Wert s und jedem u ein Wert r^2/t zugeordnet. In Abb. 5.3.2.2 sind W(u) = 1 und u = 10^{-1} gewählt. Die zugehörigen Werte lauten s = 0,16 m und $r^2/t = 80\ m^2/s$.

Durch das Einsetzen der zugehörigen Wertepaare in Gln. 5.3.2.2.3 und 5.3.2.2.4 ergeben sich die gesuchten Daten für T und S. Sie sind im Absenkungsbereich des Pumpbrunnens gültig.

$$T = \frac{Q}{4 \cdot \pi \cdot s} \cdot W(u) \qquad (5.3.2.2.3)$$

$$S = \frac{4 \cdot T \cdot \frac{t}{r^2}}{\frac{1}{u}} \tag{5.3.2.2.4}$$

5.3.2.3 Verfahren nach JACOB

Es kann an einem Beobachtungsbrunnen im Abstand r vom Pumpbrunnen die Absenkung als Funktion von t gemessen werden, oder es wird an mehreren Beobachtungsbrunnen in verschiedenen Abständen zum Pumpbrunnen gleichzeitig die Absenkung s ermittelt. Es wird daher von Pumpversuchen zur Ermittlung von T und S gesprochen.

Basierend auf der Näherungslösung von COOPER und JACOB (1946) gibt es drei Verfahren, T und S zu bestimmen.

Gl. 5.3.7 kann wie folgt geschrieben werden:

$$s(r,t) = \frac{2{,}3 \cdot Q}{4 \cdot \pi \cdot T} \cdot \left[\log_{10}\left(\frac{2{,}25 \cdot T}{S}\right) + \log_{10}\left(\frac{t}{r^2}\right) \right] \tag{5.3.2.3.1}$$

oder

$$s(r,t) = \frac{2{,}3 \cdot Q}{4 \cdot \pi \cdot T} \cdot \left[\log_{10}\left(\frac{2{,}25 \cdot T}{S}\right) + \log_{10}(t) - 2 \cdot \log_{10}(r) \right] \tag{5.3.2.3.2}$$

Im ersten Fall wird $s(r,t) = f(t/r^2)$ halblogarithmisch aufgetragen.

Aus der Steigung dieser Geraden $\Delta s/(\Delta \log_{10}(t/r^2))$ folgt:

$$T = \frac{2{,}3 \cdot Q}{4 \cdot \pi \cdot \frac{\Delta s}{\Delta \log_{10}\left(\frac{t}{r^2}\right)}} \tag{5.3.2.3.3}$$

Im zweiten Fall wird $s = f(t)$ bezogen auf jeweils ein Grundwasserbeobachtungsrohr, halblogarithmisch dargestellt. Aus der Steigung folgt:

$$T = \frac{2{,}3 \cdot Q}{4 \cdot \pi \cdot \frac{\Delta s}{\Delta \log_{10}(t)}} \tag{5.3.2.3.4}$$

Im dritten Fall wird $s = f(r)$ bezogen auf mehrere Grundwasserbeobachtungsrohre zu einem Zeitpunkt t_0 halblogarithmisch aufgetragen. Aus der Steigung dieser Geraden ergibt sich die Transmissivität zu

$$T = -\frac{2{,}3 \cdot Q}{2 \cdot \pi \cdot \frac{\Delta s}{\Delta \log_{10}(r)}} \qquad (5.3.2.3.5)$$

In allen drei Fällen kann die jeweilige Gerade bis auf die Abszisse s = 0 extrapoliert werden. Aus Gl. 5.3.7 folgt für

$$s = 0 \text{ und } \frac{2{,}25 \cdot T \cdot t}{r^2 \cdot S} = 1 \qquad (5.3.2.3.6)$$

der Speicherkoeffizient zu

$$S = 2{,}25 \cdot T \cdot \left(\frac{t}{r^2}\right)_o \qquad (5.3.2.3.7)$$

$$S = 2{,}25 \cdot T \cdot \left(\frac{t}{r_o^2}\right) \qquad (5.3.2.3.8)$$

$$S = 2{,}25 \cdot \frac{T}{r^2} \cdot t_o \qquad (5.3.2.3.9)$$

5.3.2.4 Ermittlung der Transmissivität und des Speicherkoeffizienten aus dem Wiederanstieg

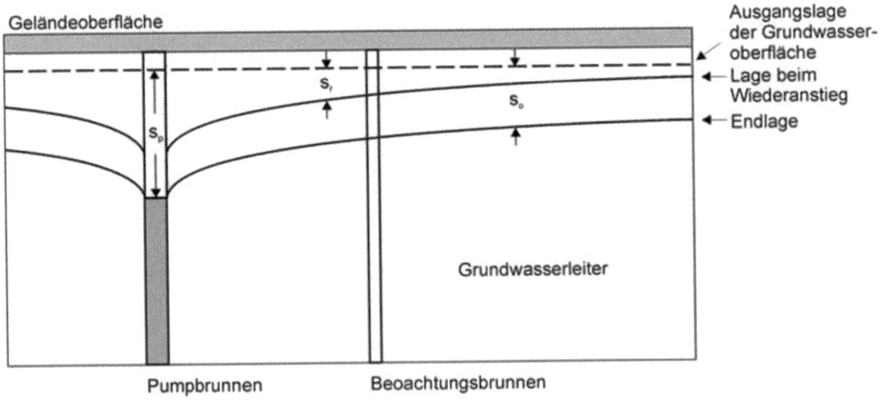

Abb. 5.3.2.4.1: Grundwasseroberfläche zu Ende des Pumpversuches und während des Wiederanstiegs als Funktion von r

In der vorangegangen Abb. 5.3.2.4.1 ist ein Pumpbrunnen und ein Beobachtungsbrunnen dargestellt. Aus dem Pumpbrunnen wird ein Abfluss Q über eine Zeit t_a durch Abpumpen erzeugt. Die Entnahme verursacht im Beobachtungsbrunnen eine Absenkung s. Danach wird die Entnahme eingestellt. Sowohl im Pumpbrunnen als auch im Beobachtungsbrunnen steigt der Grundwasserspiegel wieder an (Abb. 5.3.2.4.2). Derselbe Anstieg würde erreicht, wenn aus dem Pumpbrunnen weiter gepumpt und derselbe Abfluss gleichzeitig in dem Pumpbrunnen infiltriert würde.

Der Beobachtungsbrunnen kann auch gleichzeitig der Pumpbrunnen sein. Der Beobachtungsbrunnen kann gespart werden.

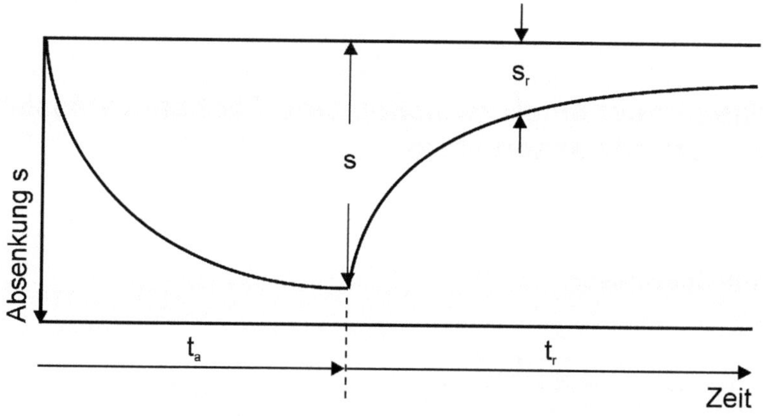

Abb. 5.3.2.4.2: Schema der Grundwasserbewegung in der Zeit des Pumpens und des Wiederanstiegs

Nach Jacob ergibt sich die resultierende Absenkung s_r im Beobachtungsbrunnen zu:

$$s_r = \frac{Q}{4 \cdot \pi \cdot T} \cdot \ln\left(\frac{2{,}25 \cdot T \cdot (t_a + t_r)}{r^2 \cdot S}\right) - \ln\left(\frac{2{,}25 \cdot T \cdot t_r}{r^2 \cdot S}\right)$$

$$= \frac{Q}{4 \cdot \pi \cdot T} \cdot \ln\left(\frac{(t_a + t_r)}{t_r}\right) \tag{5.3.2.4.1}$$

Daraus resultiert:

$$T = \frac{Q}{4 \cdot \pi \cdot s_r} \cdot \ln\left(\frac{t_a + t_r}{t_r}\right) \tag{5.3.2.4.2}$$

$$S = \frac{2{,}25\ T \cdot t}{r^2} \cdot e^{-\frac{4\pi \cdot s_r \cdot T}{Q}} \tag{5.3.2.4.3}$$

unter Berücksichtigung von Gl. 5.3.7.

6 Spezielle Strömungsprobleme

6.1 Wasseraustausch zwischen Oberflächengewässern und Grundwasserleitern

6.1.1 Fließgewässer

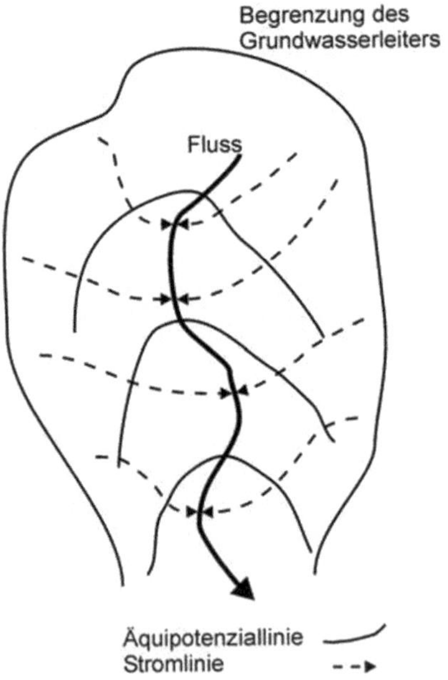

Abb. 6.1.1.1a: Effluente Verhältnisse in humiden Gebieten

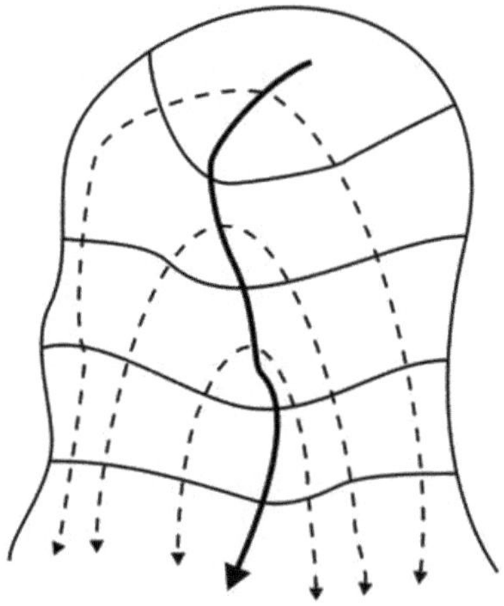

Abb. 6.1.1.1b: Influente Verhältnisse in semiariden Gebieten

In Deutschland beträgt die mittlere Grundwasserneubildung ca. 200 mm im Jahr. Nur 4 mm/a gelangen davon über Grundwasserleiter ins Meer. Der weitaus größte

Anteil des Grundwassers fließt zu Oberflächengewässern. Der Abfluss in den Fließgewässern resultiert im Mittel zu etwa 25% aus dem an der Oberfläche stattfindenden Zufluss von Wasser, zu etwa 75% aus dem Zufluss von Grundwasser. Diese Zahlen zeigen, dass in Deutschland vorwiegend effluente Verhältnisse vorliegen. Grundwasser fließt zu den Fließgewässern (Abb. 6.1.1.1a).

Anders liegen die Verhältnisse in Ländern mit semiaridem Klima. In Südspanien und Nordafrika z.B. fallen Niederschläge in einer wenige Monate dauernden Regenzeit. Die Grundwasserneubildung aus versickerndem Niederschlag in der Fläche beträgt nur wenige Millimeter pro Jahr. Bei Niederschlagsereignissen mit hoher Intensität bildet sich im Gebirge und im hügeligen Gelände ein starker Oberflächenabfluss aus. In den Ebenen versickert ein Teil oder das gesamte im Fluss abfließende Wasser. Das aus den Fließgewässern versickernde Wasser trägt im Wesentlichen zur Grundwasserneubildung bei. Es liegen influente Verhältnisse vor (Abb. 6.1.1.1b). Die Grundwasseroberfläche liegt dort im Allgemeinen unterhalb der Gewässersohle. In Zentraltunesien resultieren ca. 10% des Grundwassers aus versickerndem Niederschlag, ca. 90% aus Wasser, das aus den Oberflächengewässern (Wadis) versickert.

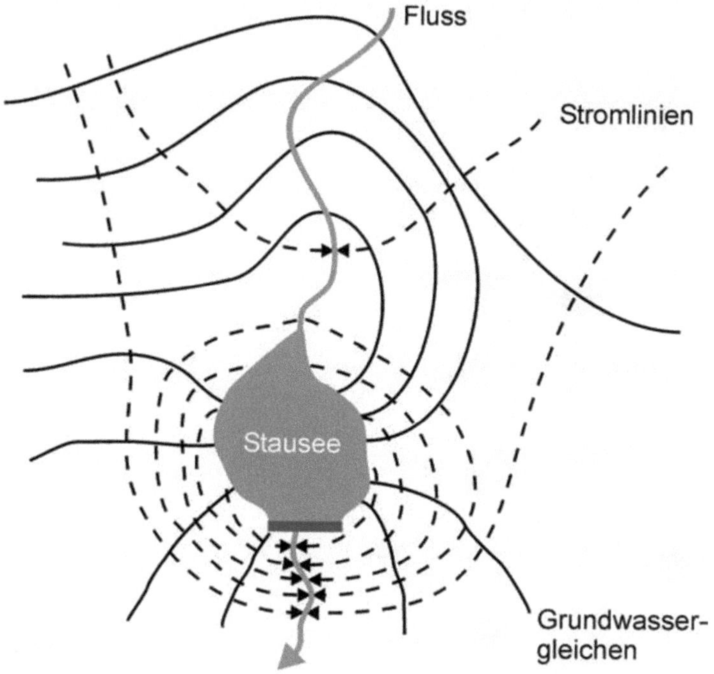

Abb. 6.1.1.2: Stromlinien und Grundwassergleichen in der Nähe eines Stausees

Ausnahmen in Deutschland bilden Gebiete, in denen in der Ebene durch große Grundwasserentnahmen die Grundwasseroberfläche abgesenkt ist. Flüsse, die aus dem Gebirge in die Ebene austreten, infiltrieren Wasser in den Grundwasserleiter. Solche Verhältnisse liegen in der Oberrheinebene vor. Flüsse, die aus dem Schwarzwald oder dem südlichen Odenwald in die Ebene übergehen, versiegen zum Teil dort in den Sommermonaten. Der Abfluss ist kleiner als das pro Zeiteinheit versickernde Wasservolumen.

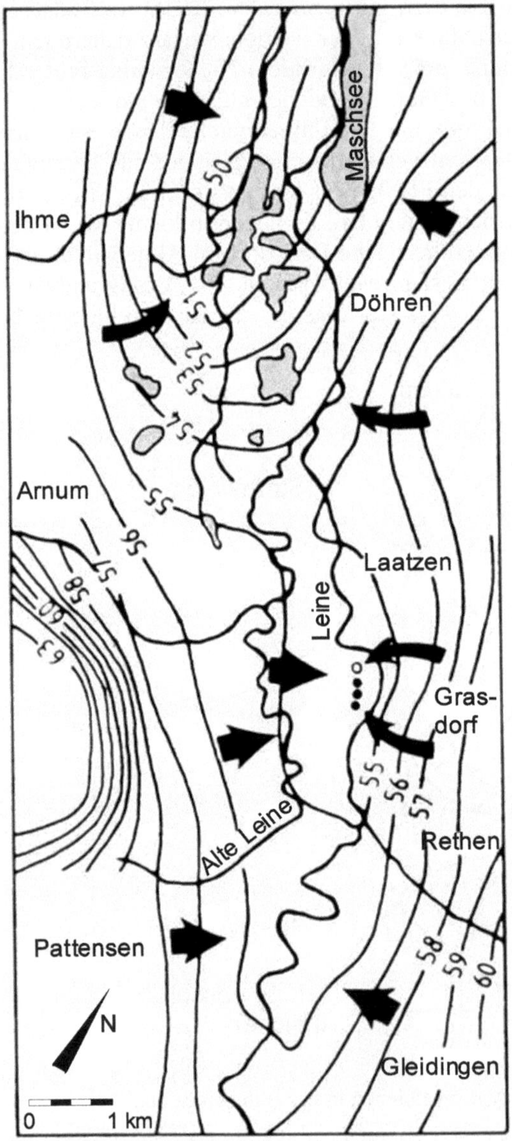

Abb. 6.1.1.3: Grundwassergleichen (mNN) in der Nähe eines Flusses im humiden Gebiet

Darüber hinaus liegen im Staubereich von Flüssen influente Verhältnisse vor. Aufgestautes Oberflächenwasser dringt in den Untergrund ein, umfließt die Staumauer und tritt wieder in das Oberflächengewässer aus. Unterhalb der Stauanlage ist die Strömung wieder effluent (Abb. 6.1.1.2).

Die Abb. 6.1.1.3 zeigt Grundwassergleichen in der Nähe eines Flusses in Norddeutschland. Grundwasser fließt senkrecht zu diesen Gleichen zum Oberflächengewässer und zu Pumpbrunnen, die in der Flussaue angelegt wurden. Auch die Anlage von Kiesteichen in der Flussaue kann diese Bewegungsrichtung nicht wesentlich beeinflussen.

In der Abb. 6.1.1.4 sind Grundwassergleichen in einem semiariden Gebiet in Zentraltunesien dargestellt. Durch die Infiltration von Oberflächenwasser aus zwei Wadis wird Grundwasser neugebildet. Das Grundwasser fließt zu Salzseen, von denen es verdunstet.

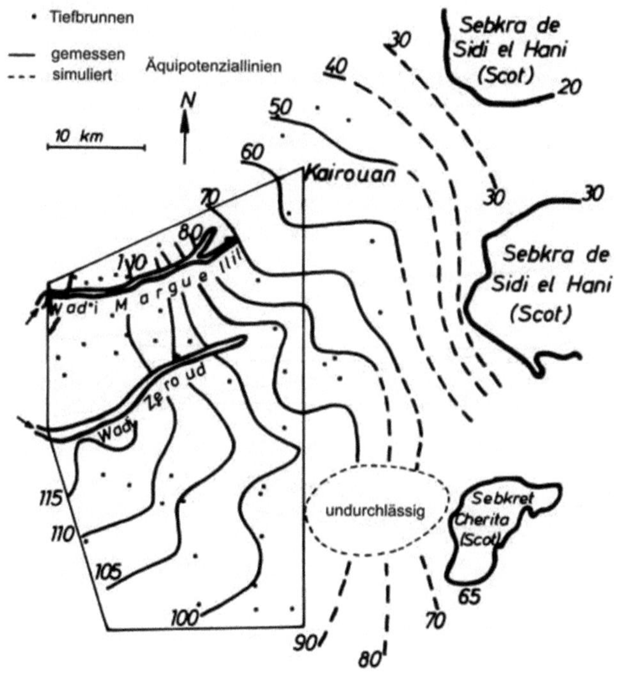

Abb. 6.1.1.4: Grundwassergleichen (mNN) in einem semiariden Gebiet

6.1.2 Stillgewässer

Natürliche Stillgewässer liegen im Allgemeinen in Senken. Oberflächenwasser kann zu- und austreten (Bodensee). Grundwasserzufluss erfolgt im Allgemeinen zu diesen Senken. Das Steinhuder Meer in Niedersachsen wird z.B. ausschließlich aus Grundwasser gespeist. Das zugeflossene Grundwasser verdunstet von der Seeoberfläche. Der Rest fließt dort in einem Oberflächengewässer ab. In semiariden Gebieten gleicht die Verdunstung häufig dem Zufluss aus (Aralsee). Es erfolgt kein Abfluss.

Durch Entnahme von Kies, Sand und Ton für die Bauindustrie sind vielerorts Teiche entstanden. Bei Sand- und Kiesabbau liegen diese Teiche häufig in einem Grundwasserstrom. Bezüglich des Wasseraustausches sind drei Stadien zu unterscheiden (Abb. 6.1.2.1).

Während der Entsandung oder Auskiesung wird Feststoff mit anhaftendem Wasser dem Untergrund entnommen. Der entstehende Hohlraum füllt sich mit Grundwasser auf. Das Grundwasser fließt von allen Seiten der Senke zu.

Nach der Auffüllung stellt sich kurzfristig ein Wasserspiegel ein, der die ursprüngliche Standrohrspiegelfläche in der Mitte des Sees (in Längsrichtung gesehen) schneidet.

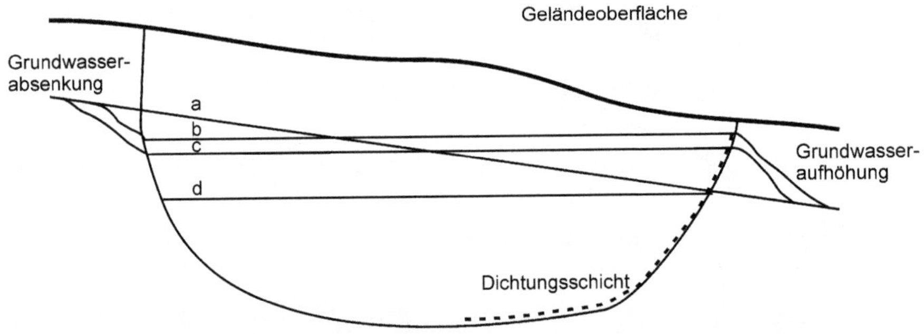

Abb. 6.1.2.1: Veränderung des Seespiegels im Kiesteich

mit:
- a: ursprüngliche Standrohrspiegellinie
- b: Seespiegel nach der Dichtung des Bettes am Auslauf
- c: Seespiegel kurz nach Fertigstellung des Kiesteiches
- d: Seespiegel während der Sand- und/oder Kiesentnahme

Am Ausfluss des Wassers aus dem See dichtet sich das Bett. Die Wasseroberfläche steigt an. Der Schnittpunkt mit der ursprünglichen Standrohrspiegelfläche verlagert sich zum Einlaufbereich des Sees.

Im stationären Zustand erfolgt sowohl ein unterirdischer Zustrom von Grundwasser als auch ein Abstrom von Wasser aus dem Teich. Am Auslauf des jeweiligen Teiches werden die Hohlräume im anstehenden Gestein durch sedimentierendes Feinmaterial und durch die Ansiedlung von Kleinstlebewesen (Bakterien) oberflächennah verkleinert, damit die Durchlässigkeit verringert (Abschnitt 6.2). Durch Erhöhung des Wasserspiegels im Teich wird im Auslaufbereich

- eine größere Fläche geschaffen, aus der das Wasser aus dem Kiesteich in den Grundwasserleiter übertritt,
- ein größeres Gefälle zum Grundwasser hin erzeugt.

Beide Effekte kompensieren die Verminderung der Durchlässigkeit. Am Auslauf findet eine Aufhöhung der Grundwasseroberfläche statt. Die Wasseroberfläche kann bei langgestreckten Teichen die Geländehöhe erreichen. Am Einlauf findet eine Grundwasserabsenkung statt.

Die Abb. 6.1.2.2 zeigt die Veränderung der Stromlinien durch die Anlage eines Baggersees bei ursprünglicher Parallelströmung und ohne Dichtung am Auslauf. Die Eintrittsbreite ist breiter als der See, ebenfalls die Austrittsbreite.

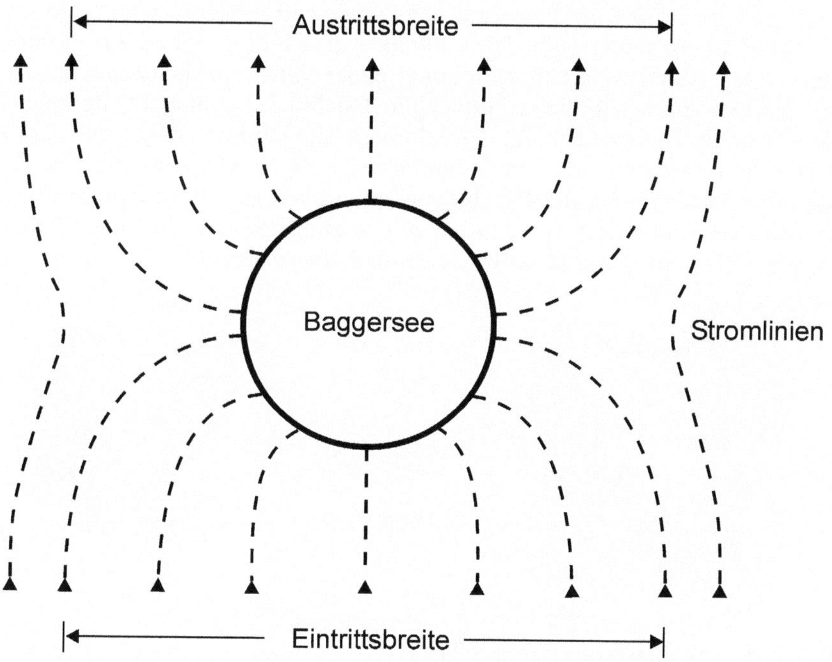

Abb. 6.1.2.2: Grundwasserströmung in der Nähe eines Baggerteiches

6.2 Selbstdichtung und Einflüsse auf die Wasserbewegung

Wo immer Wasser in ein poröses Medium hineinströmt, wird an der Oberfläche die Durchlässigkeit als Folge biologischer Aktivität vermindert. Es bildet sich ein sog. Biofilm auf der Oberfläche der Körner aus. Er enthält vornehmlich Bakterien und deren Stoffwechselprodukte. Mit dem Wasser mitgeführte gelöste organische Substanzen dienen Bakterien als Nahrung. Das Nahrungsangebot und der Gehalt an gelöstem Sauerstoff bestimmen u.a. die biologische Aktivität und damit die Intensität der Besiedlung der Kornoberflächen. Die Kleinstlebewesen veratmen Sauerstoff. Die Veratmung führt zur Verminderung der im Wasser befindlichen Konzentration von gelöstem Sauerstoff. Je tiefer das Wasser in den anstehenden Boden eindringt, desto geringer wird der Sauerstoffgehalt, desto geringer die biologische Aktivität, desto geringer die Stärke des Biofilms, desto geringer die Verminderung der Durchlässigkeit.

Bei Tropfkörpern in biologischen Kläranlagen mit Korndurchmessern im Dezimeterbereich ist die Verminderung des durchströmten Querschnitts nur geringfügig. Sauerstoff wird in gelöster Form mit dem Wasser in größere Tiefen verfrachtet. Der große Porendurchmesser wird durch den Biofilm nur wenig verändert (Abb. 6.2.1a), zumal der größte Durchfluss in der Mitte zwischen den Körnern erfolgt. Ein biologischer Rasen (Biofilm) bildet sich im gesamten Tropfkörper. Bei kleinen Korndurchmessern kann der Film den Hohlraum dichten (Abb. 6.2.1b). Der Biofilm bildet sich nur an der Oberfläche, in die Wasser eindringt. Die Zone, in der eine Verringerung der Durchlässigkeit auftritt, ist nur wenige mm bis cm stark. Zur Verdeutlichung des Einflusses von Biofilmen auf die Durchlässigkeit ist in Abb. 6.2.1 die Dicke dieser Filme deutlich überzeichnet.

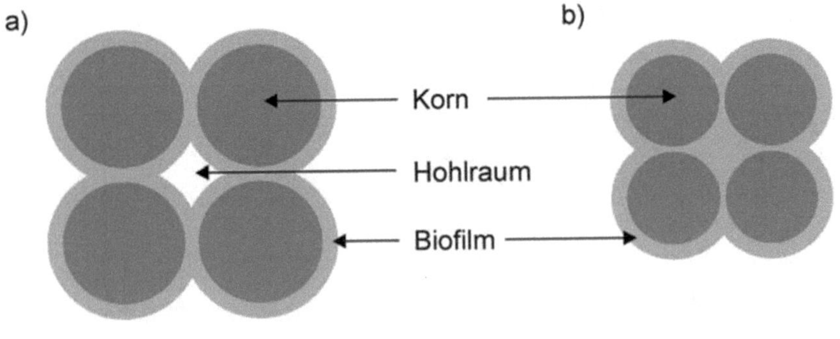

Abb. 6.2.1: Biofilm um ein Korngebilde

Diese biologische Dichtung beeinflusst die Infiltration von Wasser in den Untergrund in Anreicherungsbecken von Wasserwerken, in Flussläufen, in natürlichen und künstlichen Stillgewässern und in sog. Schluckbrunnen. Auf die Dichtung am Auslauf von Kiesteichen wurde bereits hingewiesen.

Zur Aufrechterhaltung einer gewünschten Infiltrationsleistung von Anreicherungsbecken ist die Schicht mit verminderter Durchlässigkeit von Zeit zu Zeit mechanisch zu entfernen. In Flüssen erfolgt eine Zerstörung dieser Schicht bei hohen Abflüssen, die mit einem Geschiebetrieb verbunden sind. In natürlichen und künstlichen Seen bleibt die Schicht mit geringer Durchlässigkeit bestehen. Druckkräfte können dafür verantwortlich sein, dass in größeren Hohlräumen diese Filme durch Scherkräfte, verursacht durch die Wasserströmung, daran gehindert werden, die Hohlräume zuzusetzen.

Das gleiche tritt bei influenten Verhältnissen im Mittel- und Unterlauf von Fließgewässern auf, wenn bei Niedrig- bis Mittelwasser die Schleppkraft des Wassers nicht ausreicht, den Geschiebetrieb in Gang zu setzen. Es ist bei längeren Perioden des Trockenwetterabflusses zu beobachten, wenn Uferfiltrat entnommen wird, dass die Flussbetten sich dichten. Weniger Flusswasser reichert das Grundwasser an. Da die Wassernutzer ihren Bedarf nicht an der Nachlieferung von Uferfiltrat aus dem Fluss ausrichten können, sinkt die Standrohrspiegelhöhe im Brunnenumfeld bei konstanter Entnahme ab. Der Absenkungstrichter dehnt sich in das Umfeld aus. Es wird immer mehr Grundwasser aus diesem Umfeld, das sich durch versickernden Niederschlag neugebildet hat, dem oder den Brunnen zufließen. Während nach einem Hochwasserabfluss mit Geschiebeführung und der damit verbundenen Zerstörung der Dichtungsschicht sich nur ein kleines Einzugsgebiet ausbildet (Einzugsgebiet A in Abb. 6.2.2), ist es nach der Ausbildung der Dichtungsschicht größer bei gleicher Entnahme (Einzugsgebiet B in Abb. 6.2.2).

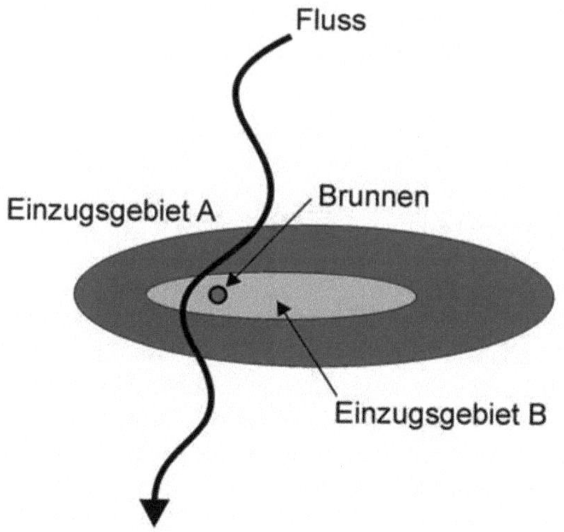

Abb. 6.2.2: Einzugsgebiete eines Brunnens bei Selbstdichtung des Flussbettes

6.3 Entwässerung durch Gräben und Dräne

Ist beabsichtigt, auf Äckern mit hoch anstehendem Grundwasser ordentliche Erträge zu erzielen, ist der Grundwasserstand abzusenken. Bei Nutzpflanzen, die in Europa angebaut werden, sollte der Grundwasserstand mindestens 0,5 m unter Geländeoberfläche liegen. Wird dieser Wert unterschritten, sind Gräben oder Dräne anzulegen, um die geforderte Absenkung des Grundwassers zu bewirken.

In Abb. 6.3.1 ist ein Grundwasserstand a) dicht unter der Geländeoberfläche (GOF) angegeben, der durch einen Graben (links im Bild) und einem Drän (rechts im Bild) in eine Lage b) abgesenkt wird. Die Stromlinien deuten die Wege an, auf denen das von oben zusickernde Wasser (Pfeile) zu den Entwässerungssy-stemen im Grundwasserleiter fließt.

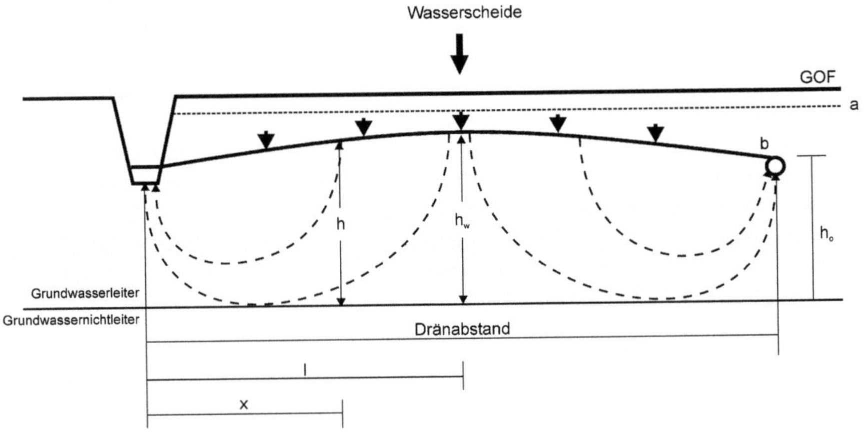

Abb. 6.3.1: Zuströmung von Grundwasser zu Entwässerungssystemen

Die Wasserstände in den Gräben und Dränrohren werden durch deren Tiefenlage und die Vorflut bestimmt. Der Dränabstand ist so zu wählen, dass das von oben zusickernde Wasser abgeführt wird und sich dabei die gewünschte Absenkung des Grundwasserstandes einstellt. An der Wasserscheide muss die Grundwasseroberfläche (bei freiem Grundwasser) mindestens 0,5 m unter der Geländeoberfläche liegen. Unter ökonomischen Gesichtspunkten ist es dabei für den Landwirt von Bedeutung, dass der Dränabstand so groß wie möglich gehalten werden kann. Wenn h_0 die Standrohrspiegelhöhe im Graben oder im Dränrohr ist, und h_w die an der Wasserscheide, so kann die Differenz h_w - h_0 berechnet werden.

Bei einer Zuströmung zu einem Graben mit praxisnaher Tiefe (1 bis max. 2 m) oder einem Dränrohr kann in der Nähe dieser Entwässerungssysteme eine radialsymmetrische Zuströmung angenommen werden. Dieser Zustand wird bis zu einem Abstand von 5 m vorausgesetzt. Für x > 5 m wird wieder eine Parallelströmung angenommen. Unter Berücksichtigung dieser Vereinfachungen ergeben sich zwei Ansätze zur Berechnung von h = f(r) und h = f(x):

$$Q = \frac{2 \cdot \pi \cdot r}{4} \cdot k_f \cdot \frac{\partial h}{\partial r} = \frac{\pi \cdot r}{2} \cdot k_f \cdot \frac{\partial h}{\partial r} \text{für } r \leq 5{,}00 \text{ m} \qquad (6.3.1)$$

Q ist der Zufluss aus dem Bereich zwischen Drän (Graben) und der Wasserscheide. Die Zustrombreite wird zu 1 m gesetzt.

$$Q = q_{gb} \cdot l \qquad (6.3.2)$$

mit: q_{gb}: Bemessungsgrundwasserneubildungsrate [m^3/s]
l: Halber Dränabstand [m]

Für den Durchfluss durch ein Segment des Grundwasserleiters im Abstand x vom Drän (Graben) folgt näherungsweise, wenn die Änderung der Standrohrspiegelhöhe durch die Entwässerungsmaßnahme gegenüber der Tiefe des Grundwasserleiters vernachlässigt wird:

$$Q = q_{gb} \cdot (l - x) = T \cdot \frac{\partial h}{dx} \quad \text{für } x > 5{,}00 \text{ m} \qquad (6.3.3)$$

Die Integration der Gl. 6.3.1 ergibt:

$$\frac{2 \cdot Q}{k_f \cdot \pi} \cdot \int_{r_0}^{r} \frac{dr}{r} = \int_{h_0}^{h_5} dh \qquad (6.3.4)$$

mit: r_o. Radius des Dräns gleich halbe Sohlbreite des Entwässerungsgrabens [m]

$$h_5 - h_o = \frac{2 \cdot q_{gb} \cdot l}{k_f \cdot \pi} \cdot \ln\left(\frac{r}{r_o}\right) = \frac{2 \cdot q_{gb} \cdot l}{k_f \cdot \pi} \cdot \ln\left(\frac{5}{r_o}\right) \text{ für } r = 5{,}00 \text{ m} \qquad (6.3.5)$$

Aus der Integration der Gl. 6.3.3 folgt:

$$q_{gb} \cdot \int_{5}^{x} (l - x)\, dx = T \cdot \int_{h_5}^{h} dh \qquad (6.3.6)$$

$$h - h_5 = \frac{q_{gb}}{T} \cdot \left(l \cdot x - \frac{1}{2} \cdot x^2\right) - \frac{q_{gb}}{T} \cdot (5 \cdot l - 12{,}5) \text{ für } x > 5{,}00 \text{ m} \qquad (6.3.7)$$

Wird h_5 durch Gl 6.3.5 ersetzt, folgt:

$$h - h_0 = \frac{q_{gb}}{T} \cdot \left(l \cdot x - \frac{1}{2} \cdot x^2\right) - \frac{q_{gb}}{T} \cdot (5 \cdot l - 12{,}5) + \frac{2 \cdot q_{gb} \cdot l}{k_f \cdot \pi} \cdot \ln\left(\frac{5}{r_o}\right) \qquad (6.3.8)$$

für h = h_w folgt aus Gl. 6.3.8

$$h_w - h_o = \frac{q_{gb}}{T} \cdot \frac{1}{2} \cdot l^2 - \frac{q_{gb}}{T} \cdot (5 \cdot l - 12{,}5) + \frac{2 \cdot q_{gb} \cdot l}{k_f \cdot \pi} \cdot \ln\left(\frac{5}{r_o}\right) \qquad (6.3.9)$$

Als Bemessungsgrundwasserneubildungsrate wird $q_{gb} = 10^{-7}$ m/s in solchen Gebieten vorgegeben, in denen die Jahresniederschlagshöhe < 1000 mm beträgt. Bei Jahresniederschlagshöhen um 2000 mm wird q_{gb} bis zu $2 \cdot 10^{-7}$ m/s angesetzt.

6.4 Infiltration aus Gräben und Flüssen

In semiariden Gebieten kann die Grundwasseroberfläche mehrere Meter bis Zehnermeter unter dem Wasserspiegel im Fluss liegen. Das dem Grundwasser zusickernde Oberflächenwasser führt zu einer Anhebung der Grundwasseroberfläche. In der Nähe des Flusses fließt das zugeführte Wasser nach beiden Seiten ab (Abb. 6.4.1).

Wird einseitig vom Fluss der Grundwasserstand gesenkt, kann Flusswasser aus einem Teil des Flussbettes austreten. In den anderen Teil tritt noch Grundwasser in den Fluss ein (Abb. 6.4.2). Bei kurzzeitigen Erhöhungen des Flusswasserspiegels z.B. durch Hochwasserführung kann über die gesamte Breite des Flussbettes Wasser austreten, dass dann im Grundwasserstrom mitgeführt wird (Abb. 6.4.3).

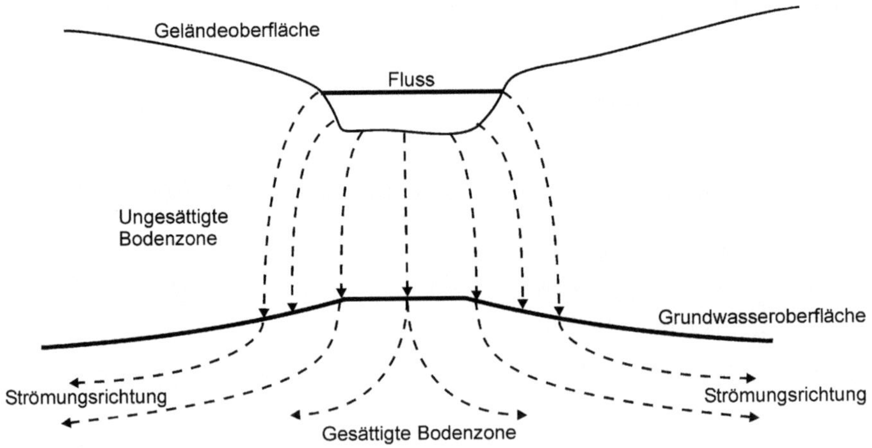

Abb. 6.4.1: Infiltration (Influenz) von Wasser in den Grundwasserleiter (semiaride Verhältnisse)

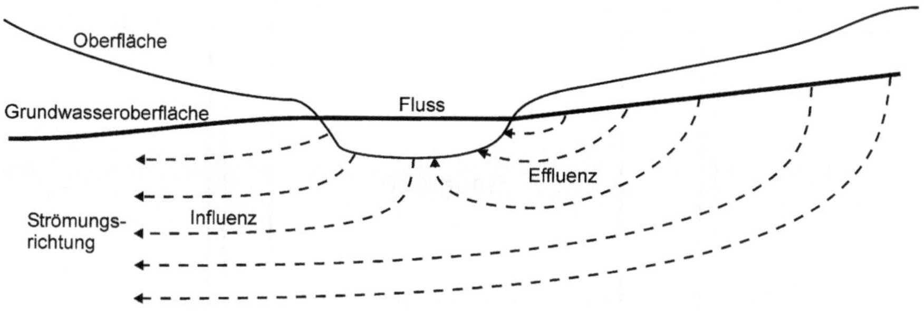

Abb. 6.4.2: Gleichzeitige Effluenz und Influenz im Bereich eines Flusses

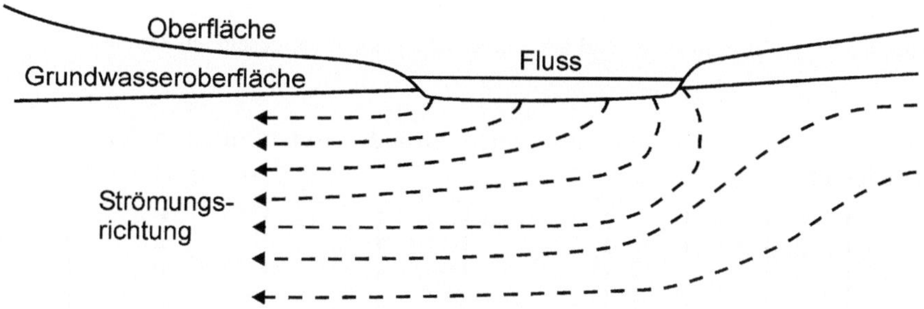

Abb. 6.4.3: Infiltration (Influenz) von Wasser in den Grundwasserleiter bei gleichzeitiger Unterströmung des Flusses

6.5 Grundwasserabsenkung an Baugruben und Tagebauen

Baugruben werden z.B. für die Gründung von Bauwerken ausgehoben. In Tagebauen werden u.a. Kohle oder Erze abgebaut.

In beiden Fällen wird angestrebt, anstehendes Grundwasser so weit abzusenken, dass in den Gruben Wasser die o.g. Tätigkeiten nicht behindert. In der Regel wird der Grundwasserstand unter die Baugrubensohle abgesenkt (Abb. 6.5.1).

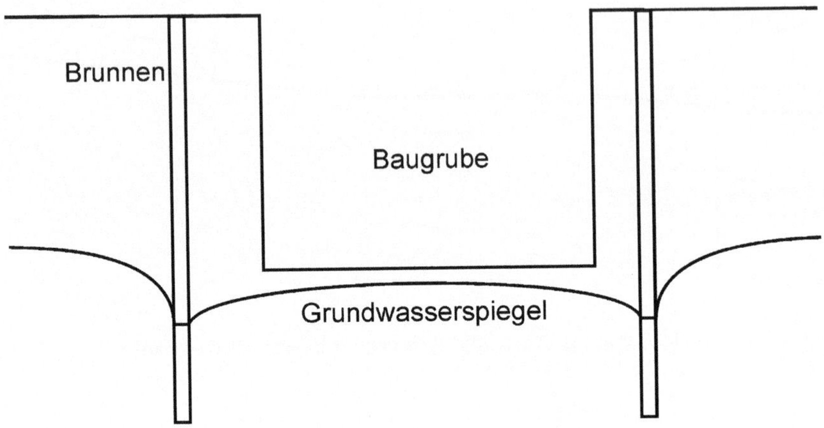

Abb. 6.5.1: Grundwasserstand unter einer Baugrube im abgesenkten Zustand

Die Zuströmung zur Baugrube in einem Grundwasserstrom ist in der Abb. 6.5.2 angedeutet:

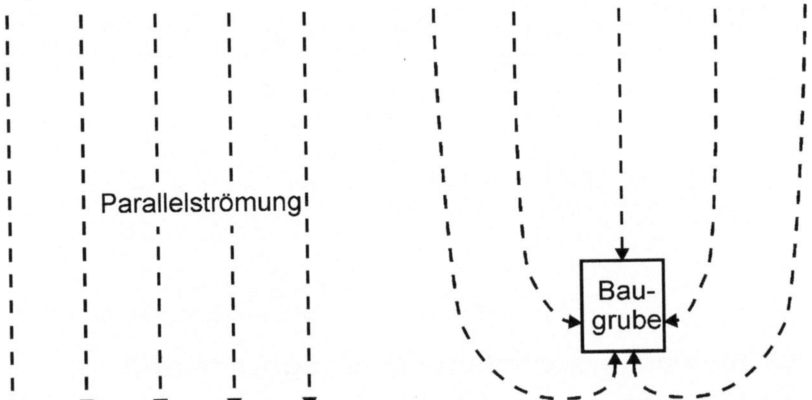

Abb. 6.5.2: Anströmung einer Baugrube in einem Grundwasserströmungsfeld (Parallelströmung)

Bei langgestreckten Baugruben ist der Zufluss zu den jeweiligen Stirnseiten besonders groß. In Abb. 6.5.3a sind die Bereiche gekennzeichnet, aus denen das Wasser den Stirnseiten zufließt. Hier ist die Zahl der Pumpbrunnen besonders dicht zu wählen, um das anfallende Wasser abzupumpen und die gewählte Absenkung in einer vorgegebenen Zeit zu erreichen.

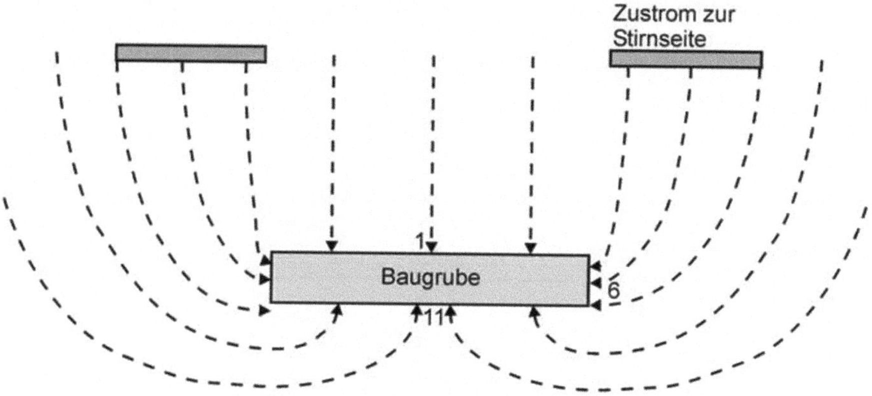

Abb. 6.5.3a: Anströmung einer langgestreckten Baugrube

In Abb. 6.5.3b ist das Wasservolumen angegeben, das pro lfd. Meter Baugrubenlänge den angegeben Bereichen zuströmt (Stromdichte). Die Baugrube wurde zum Bau eines U-Bahn-Tunnels ausgehoben. Der starke Zustrom zu der Stirnseite wird deutlich.

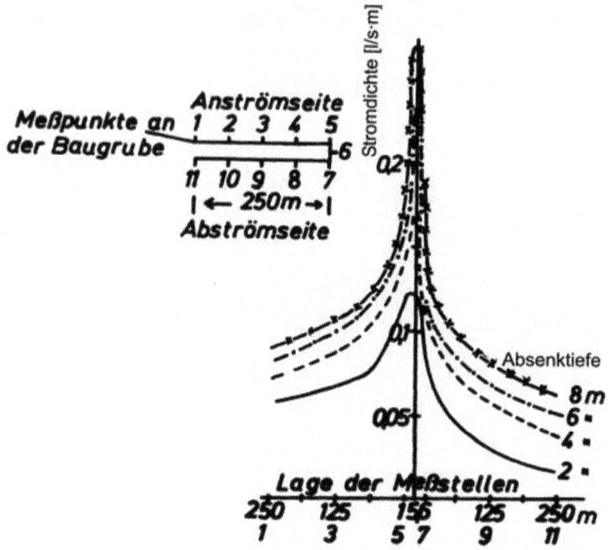

Abb. 6.5.3b: Stromdichte entlang einer langgestreckten Baugrube

Im Bereich von Braunkohlentagebauen liegen im Allgemeinen mehrere Grundwasserleiter vor. In Abb. 6.6.4 wird vereinfachend angenommen, dass zwei

Grundwasserleiter vorhanden sind, einer oberhalb des Flözes, einer unterhalb. In jeden Grundwasserleiter sind Brunnen zu bauen. Die Grundwasserentnahme aus diesen Brunnen führt in jedem Leiter zu einer Absenkung der Standrohrspiegelhöhe.

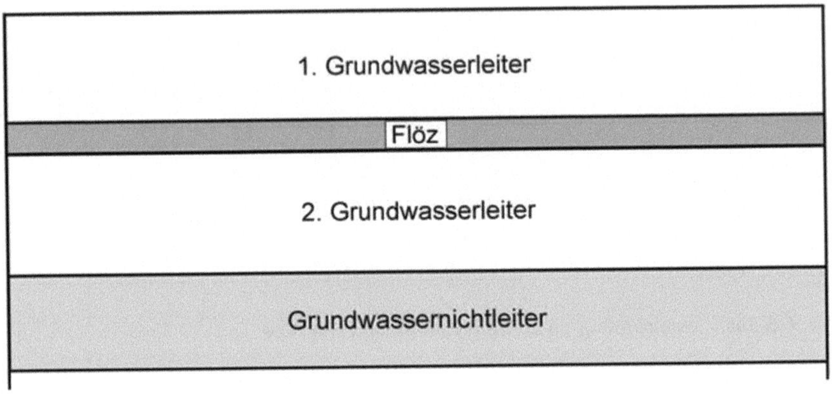

Abb. 6.5.4: Lage eines Flözes zwischen zwei Grundwasserleitern

Im 1. Grundwasserleiter kann das Grundwasser nicht vollständig bis auf die Flözoberfläche abgesenkt werden. Es muss noch ein Einlauf zu den jeweiligen Pumpbrunnen vorhanden sein. Das an der Böschung austretende Grundwasser muss innerhalb des Tagebaus gefasst und abgepumpt werden.

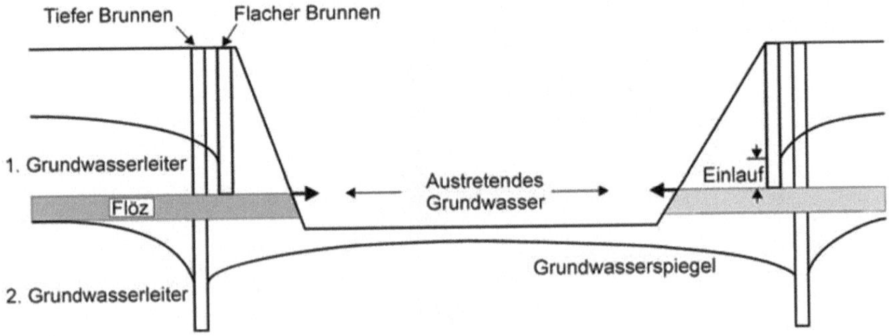

Abb. 6.5.5: Wasserhaltung im Tagebau

Im 2. Grundwasserleiter ist eine Absenkung durchzuführen, um

- den Wasserdruck von unten auf das Flöz abzubauen,
- den Zulauf von Wasser aus dem 2. Grundwasserleiter in den Tagebau zu verhindern, wenn das Flöz abgebaut wird.

7 Ungesättigte Bodenzone

7.1 Strömung im ungesättigten porösen Medium

Bei jedem Niederschlag dringt Wasser in den Boden ein. Neben dem Wasser befindet sich Luft im Hohlraum. Im Allgemeinen benetzt das Wasser die Oberfläche der Gesteine besser als die Luft. Aufgrund der bestehenden Grenzflächenspannung des Wassers gegen Luft nimmt das schlechter benetzende Fluid (Luft) bei hohen Sättigungsgraden für Wasser (kleine Sättigungsgrade für Luft) kugelförmige Gestalt im Hohlraum an.

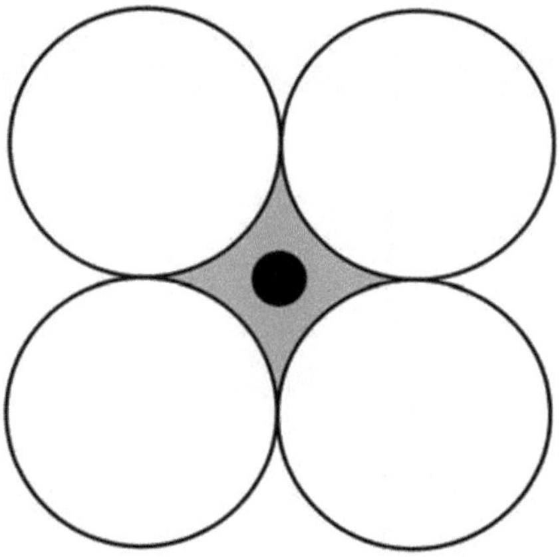

Abb. 7.1.1: Verteilung von Wasser (schraffiert) und Luft (schwarz) im Hohlraum von Lockergesteinen

Bezüglich der Bewegung von Luft und Wasser ist anzumerken:

Nach dem Hagen-Poiseuille-Gesetz ist der Durchfluss durch eine Kapillare proportional dem Radius hoch vier (r^4). Dort, wo für das Wasser der größte Durchfluss wäre - in der Mitte des Hohlraums -, befindet sich Luft. Etwas Luft im Hohlraum bedeutet also eine dramatische Verminderung des Durchflusses für Wasser, da das Wasser sich in Bereichen mit geringem Durchflussvermögen befindet. Durch die Infiltration von Wasser wird die Luft nicht vollständig aus dem Hohlraum verdrängt. Die Luftblasen können nicht durch die Engstellen des Hohlraums hindurch. Bei maximaler Infiltration ohne Druck bleibt der Hohlraum von Sand zu etwa 20 - 30% mit Luft gefüllt. Der maximale Sättigungsgrad des Hohlraums mit Wasser beträgt 70 - 80%.

Sind zwei Fluide im Hohlraum anwesend, ist die Durchlässigkeit eine Funktion des jeweiligen Sättigungsgrades, der Benetzbarkeit des Gesteins durch die jeweilige Flüssigkeit und des Gefüges des Gesteins.

Wird der k_{fu} - Wert durch die Durchlässigkeit k_f (k_{fu} bei 100% Sättigungsgrad) geteilt, ergibt sich die relative Durchlässigkeit k_r zu:

$$k_r = \frac{k_{fu}}{k_f} \tag{7.1.1}$$

Das Darcy-Gesetz für die Beschreibung der laminaren stationären Strömung eines Fluids im ungesättigten Bereich kann daher wie folgt geschrieben werden:

$$v_{fu} = k_r \cdot k_f \cdot I_o \tag{7.1.2}$$

oder

$$v_{fu} = k_r \cdot k_o \cdot \frac{\rho \cdot g}{\eta} \cdot I_o \tag{7.1.3}$$

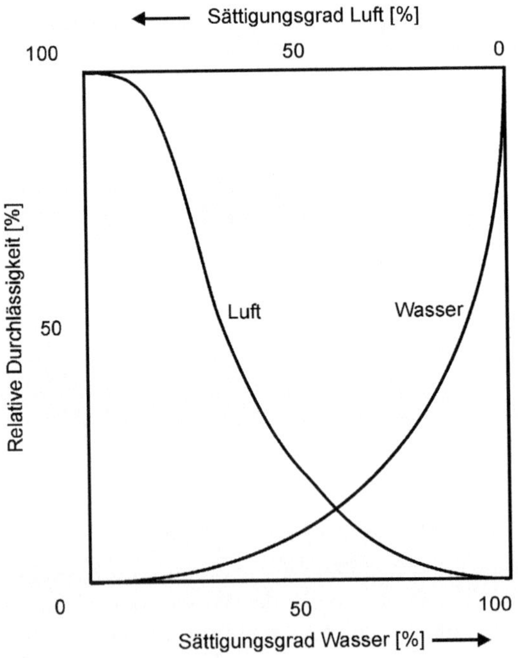

Abb. 7.1.2: Relative Durchlässigkeit für Luft und Wasser als Funktion des jeweiligen Sättigungsgrades in Mittelsand (Wyckoff u. Botset, 1936)

In Abb. 7.1.2 sind die Abhängigkeiten der relativen Durchlässigkeit des Wassers und der Luft als Funktion der jeweiligen Sättigungsgrade für Mittelsand nach Wyckoff und Botset (1936) dargestellt, in Abb. 7.1.3 für verschiedene Bodenarten.

Aus Abb. 7.1.2 wird deutlich, dass die relative Durchlässigkeit von Wasser stark fällt, wenn der Sättigungsgrad kleiner als 100% wird. Bei einem Sättigungsgrad von 80% ist die Durchlässigkeit für Wasser im Mittelsand nur noch ca. 35% des Wertes bei Vollsättigung. Bei einem Sättigungsgrad von ca. 20% ist die relative Durchlässigkeit und damit auch die Durchlässigkeit bei Null angekommen. Das Wasser wird kapillar gehalten. Es bewegt sich unter der Wirkung der Schwerkraft nicht mehr. Diesem Sättigungsgrad entspricht die Feldkapazität.

Die relative Durchlässigkeit für Luft ändert sich zwischen Sättigungsgraden von 100% bis 80% praktisch nicht. Die Luft nimmt bei hohen Sättigungsgraden nicht wahr, dass etwas Wasser in den Ecken und Zwickeln des Hohlraums vorhanden ist. Erst bei geringeren Sättigungsgraden der Luft und höheren Sättigungsgraden des Wassers sinkt die relative Durchlässigkeit für Luft stark ab. Die Beweglichkeit der Luft im Hohlraum wird eingeschränkt.

Für die Bewegung der Flüssigkeit in den Hohlräumen waren bisher Druckkräfte und die Schwerkraft verantwortlich. Im ungesättigten Boden kommt die Kapillarkraft hinzu.

Je geringer die Durchlässigkeit k_f wird, desto größer wird der Einfluss der Kapillarkraft auf das Haltevermögen des Wassers gegen die Schwerkraft, desto größer wird der Wassergehalt im Boden, der sich nicht mehr bewegt ($k_r = 0$), desto schneller wird der Abfall der Funktion $k_r = f(S)$ im Bereich hoher Sättigungen.

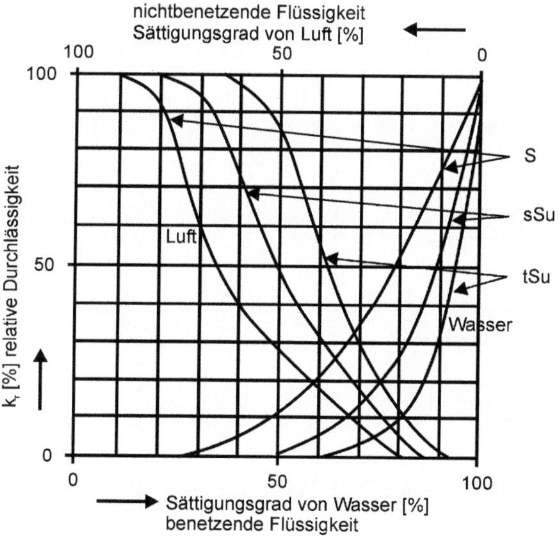

Abb. 7.1.3: Relative Durchlässigkeiten von Wasser und Luft in verschiedenen Bodenarten

7.2 Kapillarität

Wird eine Glaskapillare in ein Wasserbad gestellt, steigt in dieser Kapillare das Wasser als Folge der Kapillarkraft bis zu einer Höhe h_c. Die Kapillarkraft resultiert aus der Benetzbarkeit der Kapillare mit Wasser und der Oberflächenspannung des Wassers. Die Steighöhe h_c ergibt sich für eine Flüssigkeit, welche die Wandung vollständig benetzt, im statischen Zustand zu:

$$h_c = \frac{2 \cdot \sigma}{\rho \cdot g \cdot r} \quad (7.2.1)$$

mit: σ : Oberflächenspannung [kg/s^2]
ρ : Dichte der Flüssigkeit [kg/m^3]
g : Erdbeschleunigung [m/s^2]
r : Radius der Kapillare [m]

Die kapillare Steighöhe ist umgekehrt proportional zum Radius der Kapillare. Die Schwerkraft

$$F_2 = m \cdot g = \rho \cdot V \cdot g = \rho \cdot \pi \cdot r^2 \cdot h_c \cdot g \quad (7.2.2)$$

und die Kapillarkraft

$$F_4 = \sigma \cdot l = \sigma \cdot 2 \cdot \pi \cdot r \quad (7.2.3)$$

sind im Gleichgewicht. Daraus resultiert Gl. 7.2.1.

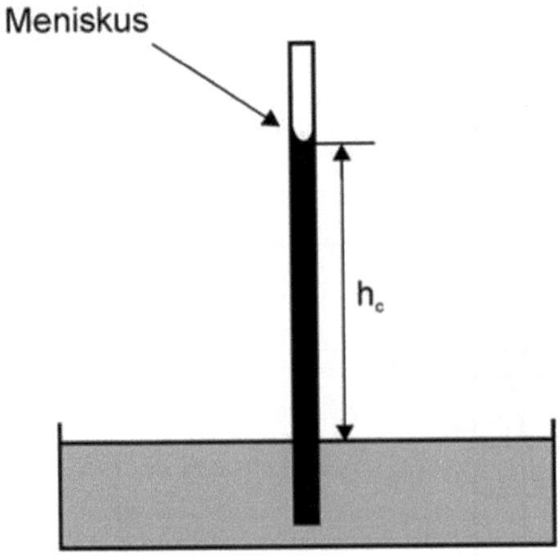

Abb. 7.2.1: Kapillarer Aufstieg

In erster Näherung kann der Boden als ein Bündel von Kapillaren mit unterschiedlich großen Durchmessern angesehen werden. In jeder Kapillare steigt das Wasser entsprechend dem Radius (Gl. 7.2.1) hoch.

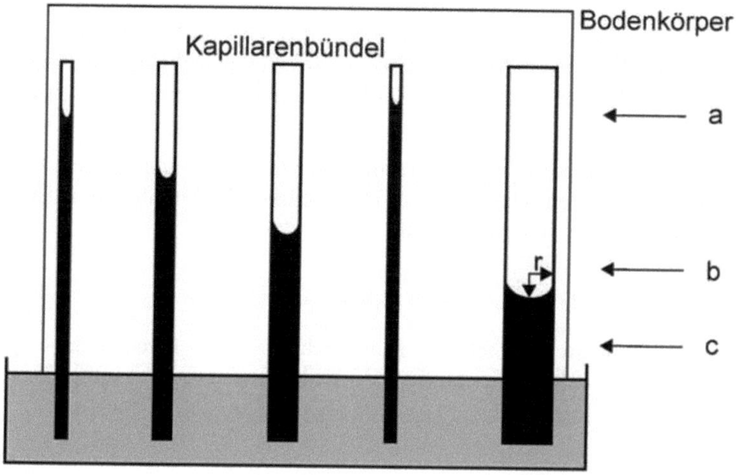

Abb. 7.2.2: Unterschiede im kapillaren Aufstieg in einem Bündel von Kapillaren

In Abbildung 7.2.2 ergibt sich in jeder Höhe ein anderer Sättigungsgrad.

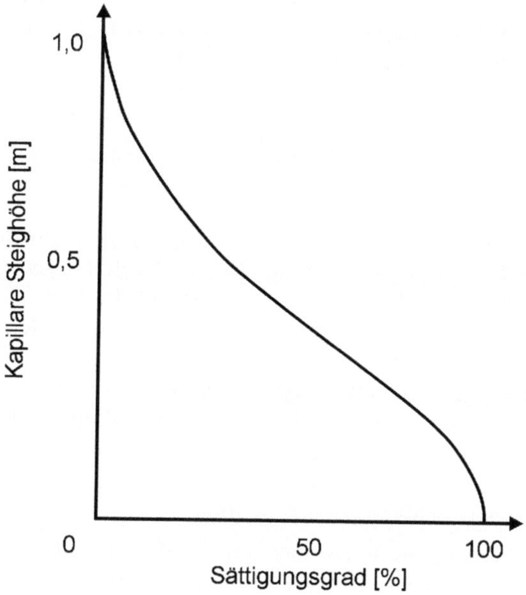

Abb. 7.2.3: Kapillare Steighöhe in Abhängigkeit des Sättigungsgrades für Feinsand

Der Sättigungsgrad in der Höhe c beträgt z.B. 100%, in der Höhe b noch 40% in a noch ca. 15 %. Steigt eine Flüssigkeit in einem trockenen Boden hoch, ergibt sich im Gleichgewicht eine Abhängigkeit der Steighöhe vom Sättigungsgrad, die in Abb. 7.2.3 dargestellt ist.

Aus der Tabelle 7.2.1 ist ersichtlich, dass die Korngrößen von Grobsand und der gröbsten Tonfraktion sich um 3 Zehnerpotenzen unterscheiden. Entsprechend ist der Unterschied in den Durchmessern der Hohlräume und damit in den kapillaren Steighöhen.

Zur Orientierung werden nachfolgend die kapillaren Steighöhen angegeben, die in Glaskapillaren erreicht würden, wenn sie den Durchmesser hätten, der im Mittel in der angegebenen Bodenarten zu erwarten ist.

Tabelle 7.2.1: Bodenarten und die zugehörigen kapillaren Steighöhen

Bodenart	Kapillare Steighöhe [m]	Korndurchmesser [m]	Porendurchmesser [m]
Grobsand	0,15	$1 \cdot 10^{-3}$	$2 \cdot 10^{-4}$
Mittelsand	0,50	$4 \cdot 10^{-4}$	$6 \cdot 10^{-5}$
Feinsand	1,50	$1 \cdot 10^{-4}$	$2 \cdot 10^{-5}$
Grobschluff	5,00	$4 \cdot 10^{-5}$	$6 \cdot 10^{-6}$

Wegen der großen Unterschiede der kapillaren Steighöhe in den angegebenen Bodenarten wird aus Gründen der Darstellung der Logarithmus der Steighöhe gegen den Sättigungsgrad aufgetragen. Der sog. pf-Wert ist der dekadische Logarithmus der kapillaren Steighöhe bezogen auf die Einheitshöhe $h_{co} = 1$ cm.

$$pf = \log \frac{h_c}{h_{co}} \qquad (7.2.4)$$

pf 2 bedeutet eine Steighöhe von 10^2 cm = 100 cm = 1 m

Die Abb. 7.2.4 zeigt die Abhängigkeit des pf-Wertes vom Sättigungsgrad für drei verschiedene Bodenarten. Durch die Gl. 7.2.1 ist der kapillaren Steighöhe der Radius einer Kapillare und damit der Radius des Meniskus zugeordnet. In Abb. 7.2.5 ist gezeigt, dass der Radius des Meniskus (= Radius der Kapillare) um so kleiner ist, je weniger Wasser sich in den Zwickeln des Korngerüstes aufhält, je geringer also der Sättigungsgrad ist. Je geringer der Sättigungsgrad desto stärker wird das Wasser durch die Kapillarkraft im Boden gehalten. Das Wasser wird am Auslaufen aus einem Bodensegment unter der Wirkung der Schwerkraft gehindert, wenn ein pf-Wert von ca. 2 erreicht ist. Dann überwiegt die Kapillarkraft die Schwerkraft. Dem pf-Wert 2 wird der Begriff Feldkapazität zugeordnet.

Pflanzen entziehen dem Boden Wasser als Folge des osmotischen Druckes, der sich in den Pflanzenwurzeln aufbaut. Die Wasserversorgung von Blättern an einem Baum von 20 m Höhe erfordert zunächst unter statischen Gesichtspunkten eine Wasserspannung, der eine Wasserhöhe von 20 m entspricht. Dieser Höhe ist ein pf-Wert von 3,3 zuzuordnen (Gl. 7.2.4). Unter dynamischen Gesichtspunkten ist der Verdunstungsverlust aus den Blättern auszugleichen. Es muss durch das Kapillarsystem ausreichend Wasser in diese Höhe transportiert werden. Das erfordert eine zusätzliche Druckdifferenz zwischen den Wurzeln und dem Baumwipfel. Pflanzen können Drucke aufbauen, die der Höhe einer Wassersäule von ca. 160 m Höhe entsprechen. Das entspricht einem pf-Wert von 4,2 (Gl. 7.2.4). Wasser, das mit einer stärkeren Spannung als diese im Boden durch die Kapillarkraft gebunden ist, kann von Pflanzen nicht aufgenommen werden. Dem pf-Wert 4,2 wird der Begriff permanenter Welkepunkt zugeordnet.

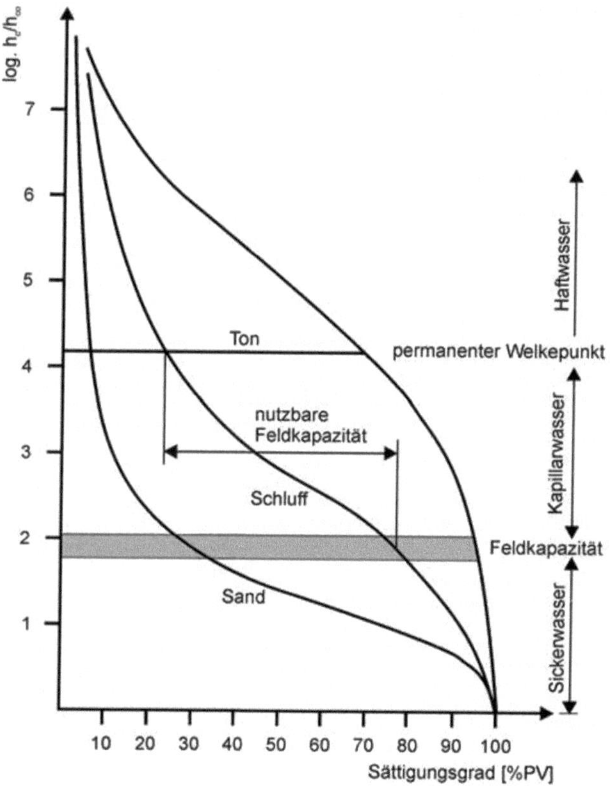

Abb. 7.2.4: Abhängigkeit des pf-Wertes vom Sättigungsgrad für drei verschiedene Bodenarten

Pflanzen können das Wasser im Boden nutzen, das zwischen pf 2 und pf 4,2 im Boden gebunden ist. Dieser Bereich wird nutzbare Feldkapazität genannt. Aus Abb. 7.2.4 geht hervor, dass diesem pf-Bereich ganz unterschiedliche Sättigungsbereiche in den verschiedenen Böden entsprechen. Abb. 7.2.4 sagt aus, das im Sand (Mittelsand) dem permanente Welkepunkt ein Sättigungsgrad von 5% zuzuordnen ist und der Feldkapazität ein Sättigungsgrad von 25%. Für die Pflanzen steht nur ein Sättigungsbereich von 20% des Hohlraumvolumens zur Verfügung. Im Schluff sind es ca. 50% und im Ton 28%. Lößböden sind als gute Wasserspeicher bekannt, während auf Sanden Pflanzen nach kurzer Trockenzeit an Wassermangel leiden. In Tabelle 7.2.2 sind Bodenarten nutzbare Feldkapazitäten bezogen auf den Sättigungsbereich zugeordnet.

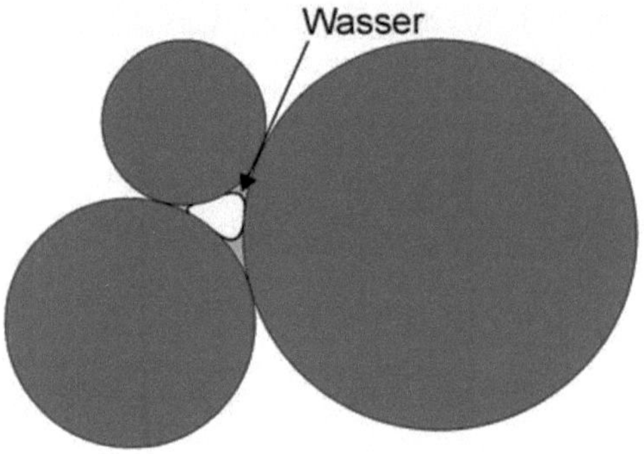

Abb. 7.2.5: Menisken in den Zwickeln zwischen Gesteinskörnern

Je geringer der Wassergehalt in den Poren, desto kleiner der Meniskus, desto größer die Kapillarkraft, mit der Wasser in den Porenzwickeln gehalten wird.

Tabelle 7.2.2: Bodenarten und zugeordnete Sättigungsgrade und Sättigungsbereiche bei Feldkapazität, permanentem Welkepunkt und für die nutzbare Feldkapazität (Orientierungswerte)

Bodenart	Sättigungsgrad [%]		Sättigungsbereich [%]
	bei Feldkapazität	beim permanenten Welkepunkt	bei nutzbarer Feldkapazität
Sand	25	5	20
Schluff	75	25	50
Ton	98	70	28

7.3 Instationäre Wasserbewegung in der ungesättigten Zone

Bei jedem Niederschlag dringt Wasser in den Boden ein. In der Stadtentwässerung wird in zunehmendem Maße Niederschlagswasser von Dach- und Hofflächen gefasst und über Mulden oder Rigolen (Sieker, 1998) in den Untergrund eingeleitet.

In Trockenzeiten wird Bewässerungswasser in den Boden infiltriert, um Pflanzen mit Wasser zu versorgen. Niederschläge und Bewässerungsgaben sind zeitlich begrenzt. Die aus diesen Einleitungen resultierenden Wasserbewegungen in der ungesättigten Zone führen an einem Beobachtungsort zu sich zeitlich ändernden Sättigungsgraden. Die Vorgänge sind instationär. Zur Beschreibung der Bewegungsvorgänge ist zu beachten:

- Neben die Druck- und die Schwerkraft tritt die Kapillarkraft.
- Die Durchlässigkeit ist eine Funktion des Sättigungsgrades des Wassers.
- Ein Fluid verdrängt ein anderes.

Zur Einführung in die Beschreibung der Vorgänge wird zunächst ein einfaches Beispiel behandelt. In Abb. 7.3.1 dringt Wasser unter der Wirkung der Kapillarkraft in einen trockenen Boden ein und verdrängt Luft. Der Einfluss der Schwerkraft ist durch die horizontale Lage der Bodensäule ausgeschaltet. Die Schwerkraft über die Höhe der Bodensäule wird vernachlässigt. Eine Druckkraft sei nicht vorhanden. Die Flüssigkeit dringt mit der Abstandsgeschwindigkeit v_a in den Boden. Es wird ein sog. Kolbenfluss vorausgesetzt. Das Feuchteprofil wird näherungsweise als rechteckig angenommen (Abb. 7.3.1).

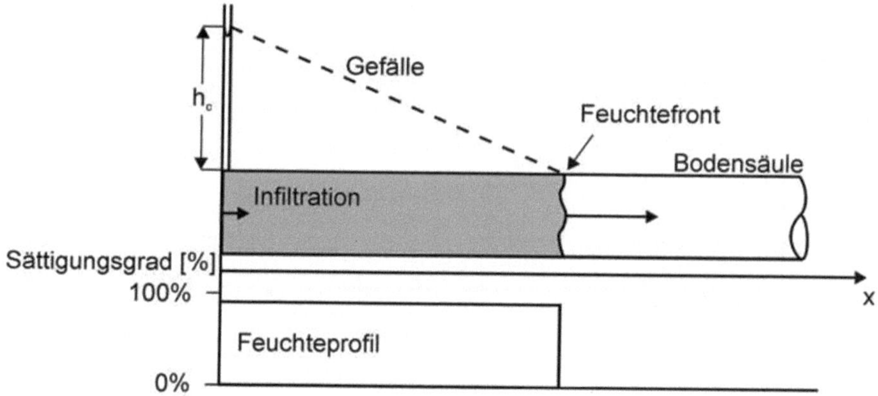

Abb. 7.3.1: Rechteckiges Feuchteprofil in einer horizontalen Bodensäule

Die Standrohrspiegelhöhe der Kapillarkraft sei h_c. Unter Vernachlässigung der Verdrängung der Luft aus den Hohlräumen durch das eindringende Wasser wäre die Abstandsgeschwindigkeit proportional dem Gefälle h_c/x mit x als Abstand der Feuchtefront von der Infiltrationsstelle.

$$v_a \sim \frac{h_c}{x} \qquad (7.3.1)$$

Für x gegen Null, also beim Eindringen des ersten Tropfens in den trockenen Boden, würde bei dieser Näherung die Abstandsgeschwindigkeit unendlich groß. Das verhindert der Verdrängungsvorgang. Für x gegen Null in Gl. 7.3.1 würde im Wesentlichen das verdrängte Fluid unter der Wirkung der eindringenden Flüssigkeit sich bewegen. Zur Beschreibung dieses Vorganges sind

- die unterschiedlichen Flüssigkeitseigenschaften der beteiligten Fluide zu berücksichtigen,
- die sich einstellenden Sättigungsgrade der Fluide und die daraus resultierenden Durchlässigkeiten zu beachten.

Abb. 7.3.5 zeigt den Sättigungsgrad des eindringenden Fluids (Wasser) in Abhängigkeit von der Eindringtiefe, wie er sich in der Natur zeigt. Am Einlauf wird die Luft nahezu aus den Hohlräumen verdrängt. Der Sättigungsgrad sinkt dann vom Einlauf ausgehend in einer Übergangszone auf Werte zwischen 70 und 80%. Dieser Wert ist in einer Durchgangszone nahezu konstant. In der Frontzone fällt der Sättigungsgrad auf Null entsprechend der Voraussetzung, dass das Wasser in einen trockenen Boden eindringt. In den theoretischen Betrachtungen wird hier der oben beschriebene Kolbenfluss vorausgesetzt. Das Feuchteprofil wird als rechteckig angesehen.

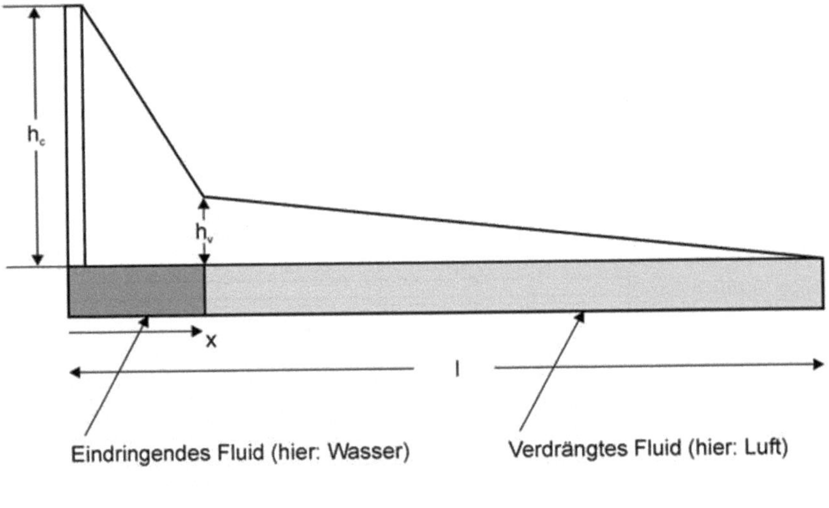

Abb. 7.3.2: Verteilung der kapillaren Standrohrspiegelhöhe in der eindringenden und der verdrängten Phase

Zur Beschreibung der Geschwindigkeit des Vorgangs sind zwei Bewegungsgleichungen aufzustellen, für jede Phase eine. Für die eindringende Phase wird der Index e verwendet, für die verdrängte Phase der Index v.

$$v_{ae} = \frac{k_o \cdot k_{re}}{n \cdot S_ä} \cdot \frac{\rho_e \cdot g}{\eta_e} \cdot \frac{h_c - h_v}{x} \qquad (7.3.2)$$

$$v_{av} = \frac{k_o}{n} \cdot \frac{\rho_v \cdot g}{\eta_v} \cdot \frac{h_v}{1 - x} \tag{7.3.3}$$

(die verdrängte Luft bewegt sich bei voller Luftsättigung)

mit: v_{ae}: Abstandsgeschwindigkeit der eindringenden Phase [m/s]
v_{av}: Abstandsgeschwindigkeit der verdrängten Phase [m/s]
k_o: Spezifische Durchlässigkeit [m^2]
k_{re}: Relative Durchlässigkeit der eindringenden Phase [-]
n: Hohlraumanteil [-]
ρ: Dichte des jeweiligen Fluids [kg/m^3]
η: Dyn. Viskosität des jeweiligen Fluids [kg/m·s]
h_c: Wirksame kapillare Steighöhe (Potenzial der Kapillarkraft) [m]
h_v: Standrohrspiegelhöhe des verdrängten Fluids [m]
l: Länge der Bodensäule [m]

Unter der Voraussetzung, dass $v_{ae} = v_{av}$ ist, ergibt sich h_v zu:

$$h_v = G_e \cdot \frac{h_c}{G_e + G_v \cdot \frac{x}{1-x}} \tag{7.3.4}$$

mit

$$G_e = \frac{k_{re}}{S_ä} \cdot \rho_e \cdot \frac{g}{\eta_e} \tag{7.3.5}$$

und

$$G_v = \rho_v \cdot \frac{g}{\eta_v} \tag{7.3.6}$$

Daraus folgt die Abstandsgeschwindigkeit zu:

a)

$$v_{ae} = \frac{k_o}{n} \cdot \frac{G_e^2 \cdot h_c \cdot (1-x) + G_e \cdot G_v \cdot h_c \cdot x}{G_e \cdot x \cdot (1-x) + G_v \cdot x^2} \tag{7.3.7}$$

b)

$$v_{av} = \frac{k_o}{n} \cdot G_v \cdot G_e \frac{h_c}{G_e \cdot (1-x) + G_v \cdot x} \tag{7.3.8}$$

Für x gegen l folgt aus Gl. 7.3.7:

$$v_{ae} = \frac{k_o}{n} \cdot G_e \cdot \frac{h_c}{l} \tag{7.3.9}$$

Für x gegen 0 ergibt sich aus Gl. 7.3.9:

$$v_{av} = \frac{k_o}{n} \cdot G_v \cdot \frac{h_c}{l} \qquad (7.3.10)$$

Für x gegen Null wirkt die gesamte Kapillarkraft auf das verdrängte Fluid (Luft). Die Geschwindigkeit des eindringenden Wassers ist gleich der, mit der die verdrängte Luft entweicht.

Beim Eindringen von Wasser in den Untergrund über die Bodenoberfläche wirkt neben der Kapillarkraft die Schwerkraft. Die aus diesen Kräften resultierenden Standrohrspiegelhöhen sind h_c (Kapillarkraft) und z (Schwerkraft). h_c ist die kapillare Steighöhe für Wasser in dem jeweiligen porösen Medium. Sie ist aus Abb. 7.2.4 für einen Sättigungsgrad von 50% zu entnehmen; z/z = 1. Ohne Berücksichtigung der Verdrängung der Luft ergibt sich die Geschwindigkeit v_a, mit der die Flüssigkeit in den Boden eindringt, zu

$$v_{ae} = \frac{k_o \cdot k_r}{n \cdot S_ä} \cdot \left(\frac{h_c}{z} + 1 \right) \qquad (7.3.11)$$

mit z als Eindringtiefe des Wassers in den Boden, wenn an der Oberfläche gerade so viel Wasser zur Verfügung steht, wie in den Boden eindringen kann.

Für z gegen Null wird die Geschwindigkeit wieder unendlich groß. Das verhindert die Verdrängung der Luft. Wird x sehr groß, geht h_c/z gegen Null. Die Kapillarkraft verliert auf die Geschwindigkeit der Wasserbewegung an Einfluss, je tiefer das Wasser in den Boden eindringt. Qualitativ ist die Abhängigkeit der Geschwindigkeit v_{ae} von der Tiefe in Abb. 7.3.3 durch den Kurvenverlauf a) dargestellt.

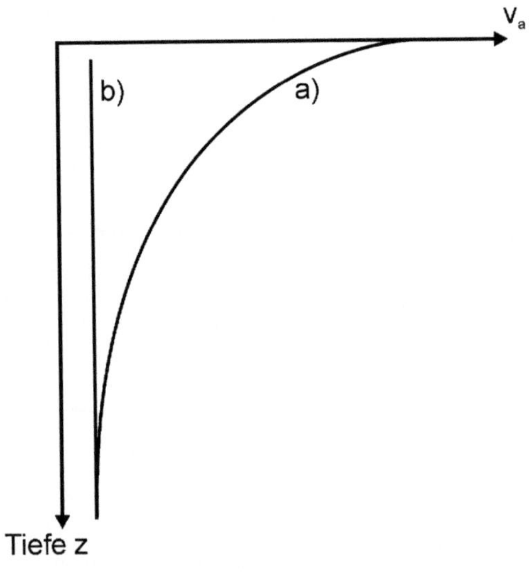

Abb. 7.3.3: Abhängigkeit der Geschwindigkeit des in den Boden infiltrierenden Wassers von der Eindringtiefe z a) Infiltration in einen trockenen Boden, b) Infiltration in einen zu 80% gesättigten Boden

Infiltriert das Wasser in einen zu 80% gesättigten Boden, ist keine Änderung des Sättigungsgrades vom eindringenden Wasser ausgehend in die Tiefe vorhanden. Damit ist auch die Wirkung der Kapillarkraft ausgeschaltet. Das Wasser fließt unter der alleinigen Wirkung der Schwerkraft. Dabei wird vorausgesetzt, dass an der Bodenoberfläche kein Überstau herrscht. Die Geschwindigkeit ist über die Tiefe konstant (Verlauf b) in Abb. 7.3.3. Zwischen diesen beiden Zuständen gibt es fließende Übergänge.

Der Unterschied zwischen der Aufnahmefähigkeit eines zu 80% trockenen und eines gesättigten Bodens wird an einem Beispiel demonstriert. Zunächst ergibt sich die Geschwindigkeit v_{au}, mit der sich die Wasserfront von der Bodenoberfläche nach unten bewegt, zu:

a) für 80% Sättigungsgrad

$$v_{au} = \frac{k_f \cdot k_r}{n \cdot S_ä} \cdot 1 \qquad (7.3.12)$$

b) für den ungesättigten Fall

$$v_{au} = \frac{k_f \cdot k_r}{n \cdot S_ä} \cdot \left(1 + \frac{h_c}{z}\right) \qquad (7.3.13)$$

Die Abhängigkeit der Zeit von der Eindringtiefe z der Feuchtefront in den Boden ergibt sich zu:

a)

$$t = z \cdot \frac{n \cdot S_ä}{k_f \cdot k_r} \qquad (7.3.14)$$

b)

$$t = \frac{n \cdot S_ä}{k_r \cdot k_f} \cdot \left(z + h_c \cdot \ln\left(\frac{h_c}{h_c + z} \right) \right) \qquad (7.3.15)$$

Folgende Werte werden für die einflussnehmenden Parameter in einem Beispiel gewählt:

n : 0,30
k_f : $1 \cdot 10^{-6}$ m/s
k_r: 0,4
$S_ä$: 0,8
h_c: 1,5 m

Die Abb. 7.3.4 zeigt die Zeit t, in Abhängigkeit von der Eindringtiefe z für die beiden Fälle des zu 80% gesättigten (durchgezogene Linie) und des ungesättigten Bodens (gestrichelte Linie).

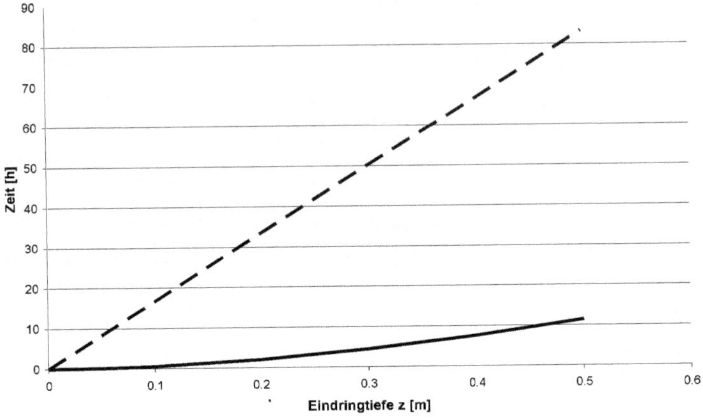

Abb. 7.3.4: Zeit als Funktion der Eindringtiefe z

Dieser Sachverhalt hat u.a. für das Zustandekommen von Hochwässern eine große Bedeutung. Hohe Niederschlagsintensitäten treffen besonders im Sommer auf den Boden. Eine hohe Verdunstung führt vor dem Niederschlagsereignis dazu, dass der Wassergehalt im oberflächennahen Bereich des Bodens gering ist. Die Kapillarkraft bewirkt ein schnelles Eindringen des aus dem Niederschlag resultierenden Wassers. Es kommt relativ wenig Wasser zum oberirdischen Abfluss.

Im ausgehenden Winter und dem beginnenden Frühjahr hingegen ist die Verdunstung gering, der Wassergehalt in den Böden hoch. Bei hohen Niederschlägen wird wenig Wasser in den Untergrund eindringen. Viel fließt an der Oberfläche ab. Es kann daher eher zu Hochwasserabflüssen in den Fließgewässern kommen.

Die Voraussetzung, dass von der Oberfläche so viel Wasser nachgeführt wird, wie in den Untergrund eindringen kann, wird nun aufgegeben. Es wird der Fall betrachtet, dass das Aufnahmevermögen des Untergrundes höher ist als das Dargebot an der Oberfläche. Entsprechend Abb. 7.3.5 stellt sich dann im Boden ein Sättigungsgrad ein, bei dem die zugeordnete relative Durchlässigkeit gerade das Wasser absinken lässt, das von oben zugeführt wird.

Steht mehr Wasser an der Oberfläche zur Verfügung als in den Untergrund eindringen kann, kommt es a) zum Oberflächenabfluss, b) zur Pfützenbildung. In beiden Fällen entsteht ein Überstau h_p an der Oberfläche, der einen Druck ausübt. In Gl. 7.3.13 tritt an die Stelle des Gefälles $h_c/z + 1$ der Ausdruck $h_p/z + h_c/z + 1$. Im Allgemeinen ist $h_p/z \ll h_c/z + 1$. Der Einfluss des Überstaus auf die Geschwindigkeit v_a ist vernachlässigbar klein.

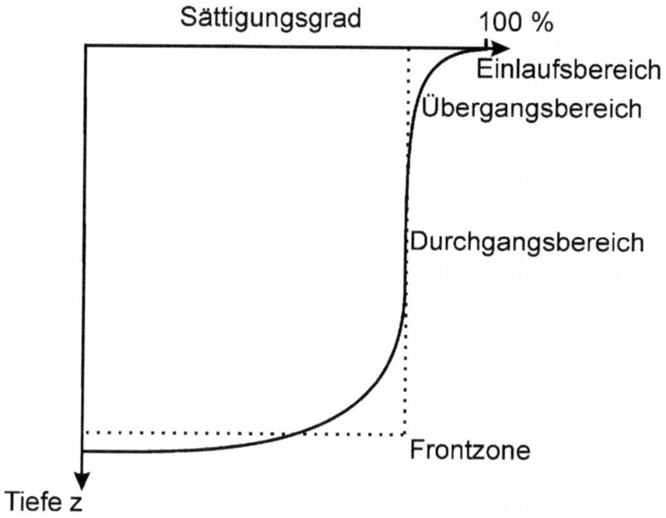

Abb. 7.3.5: Feuchteprofil im Boden bei maximaler Infiltration in einem trockenen Boden

Während eines Niederschlagsereignisses dringt im Allgemeinen eine endliche Menge Wasser in den Boden ein. Unter der Voraussetzung, dass sich der maximale Sättigungsgrad einstellt, d.h. immer genügend Wasser über die Oberfläche nachgeführt wird, ergibt sich ein Sättigungsprofil entsprechend Abb. 7.3.5. Für die theoretischen Betrachtungen wird aber zur Vereinfachung ein Kolbenfluss angenommen (gestrichelter Verlauf in Abb. 7.3.5).

Nach Beendigung der Infiltration beginnt der sog. Wiederverteilungsvorgang. Die Wasserfront dringt weiter vor. Der Sättigungsgrad in der Durchgangszone wird geringer, damit die relative Durchlässigkeit und damit die Geschwindigkeit der Wasserfront. Während der Wiederverteilungsphase ergeben sich unter der Voraussetzung, dass kein Wasser durch Verdunstung oder Aufnahme durch Pflanzen aus dem Bodenprofil entweicht und ein homogener Boden vorliegt, die in Abb. 7.3.6 dargestellten Feuchteprofile.

Wenn keine Verdunstung oder Wasseraufnahme durch Pflanzen die Wiederverteilung beeinflusst, würde sich für $t \rightarrow \infty$ ein Sättigungsgrad einstellen, der der Feldkapazität entspricht. Für eine näherungsweise Beschreibung des Fließvorganges kann wieder ein Kolbenfluss angesetzt werden (gestrichelter Verlauf des Feuchteprofils).

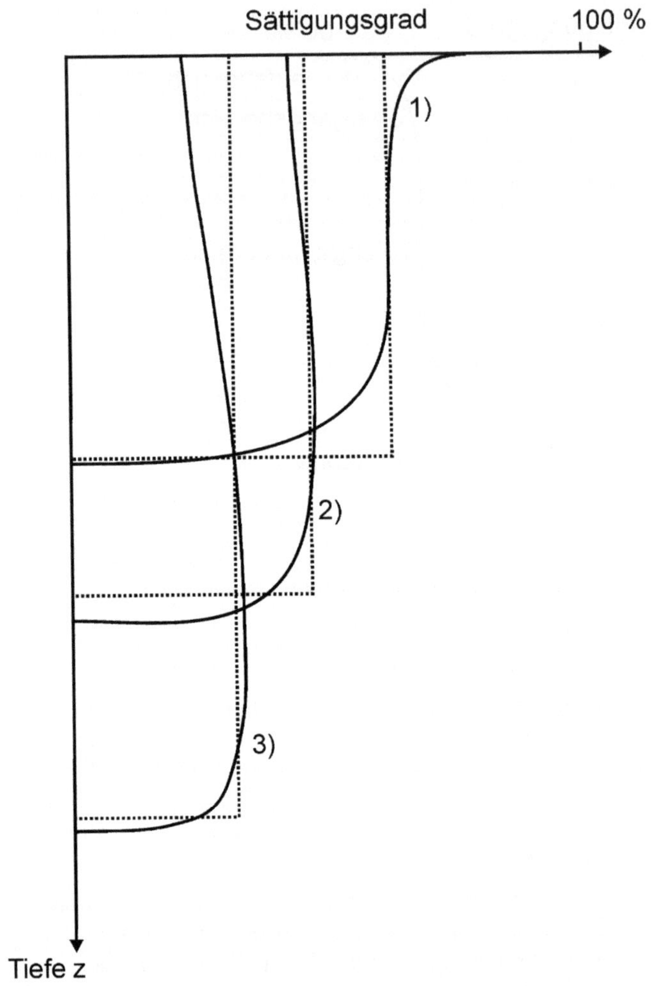

Abb. 7.3.6: Sättigungsverteilungen während der Wiederverteilungsphase

Die jeweilige Abstandsgeschwindigkeit beträgt

$$v_a = \frac{k_f \cdot k_r}{S_ä \cdot n} \cdot \left(\frac{h_{cu}}{z} + 1 \right) \qquad (7.3.16)$$

Die relative Durchlässigkeit und das Kapillarpotenzial sind jeweils abhängig vom Sättigungsgrad des Wassers.

7.4 Kapillarer Aufstieg und Aufstiegsrate

Das Phänomen des kapillaren Aufstiegs von Wasser aus dem Grundwasser in die ungesättigte Zone wird zunächst an einer Glaskapillare erläutert. Nach Gl. 7.3.1 ist der Aufstieg von Wasser aus einem Speicher gegen die Schwerkraft umgekehrt proportional dem Radius der Kapillare. Die Aufstiegsrate q_c bis in eine Höhe z über dem Wasserspiegel ergibt sich wie folgt:

$$q_c = \frac{r^2}{8} \cdot \frac{\rho \cdot g}{\eta} \cdot \left(\frac{h_c}{z} - 1 \right) \qquad (7.4.1)$$

Wird mit Gl. 7.3.1 h_c durch r ausgedrückt, ergibt sich nach einigen Umformungen aus Gl. 7.4.1 für eine vorgegebene Aufstiegsrate die Aufstiegshöhe z als Funktion des Radius.

$$z = a \cdot b \frac{r}{q_c + a \cdot r^2} \qquad (7.4.2)$$

mit

$$a = \frac{\rho \cdot g}{8 \cdot \eta} \left[\frac{1}{m \cdot s} \right] \qquad (7.4.3)$$

und

$$b = \frac{2 \cdot \sigma}{\rho \cdot g} \left[m^2 \right] \qquad (7.4.4)$$

In Abb. 7.4.1 sind diese Funktionen für Aufstiegsraten von 5mm/Tag, 2 mm/Tag, 1mm/Tag, 0,5 mm/Tag und 0,2 mm/Tag angegeben.

Für sehr große r geht z in Gl. 7.4.2 gegen Null, ebenso für sehr kleine r. Dazwischen liegt ein Maximum.

Die in Abb. 7.4.1 dargestellten Funktionen zeigen zwar Anstiegshöhen von bis zu 120 m im Maximum, die jedoch in Böden nicht erreicht werden. Wichtig ist jedoch zunächst einmal zu verstehen, dass die Steighöhe umgekehrt proportional zum Radius, die Aufstiegsrate aber proportional zum Quadrat des Radius ist. Einer praktisch unbegrenzten Aufstiegshöhe nach Gl. 7.4.2 steht eine begrenzte Aufstiegsrate entgegen.

Die angegebenen Aufstiegsraten sind im Zusammenhang mit dem Wasserbedarf von Pflanzen zu sehen und der Frage, in welchem Umfang dieser Bedarf durch aufsteigendes Wasser aus dem Grundwasser gedeckt werden kann. Die oben genannten Aufstiegraten sind auf mitteleuropäische Verhältnisse bezogen. Ein Wasserbedarf von 5 mm/Tag ist in dieser Klimazone das Maximum. Bei 0,2 mm/Tag ist der kapillare Aufstieg von Wasser für die Pflanzenversorgung unbedeutend. Dazwischen liegt der Bereich, der für die Pflanzenwasserversorgung aus dem Grundwasser wichtig ist.

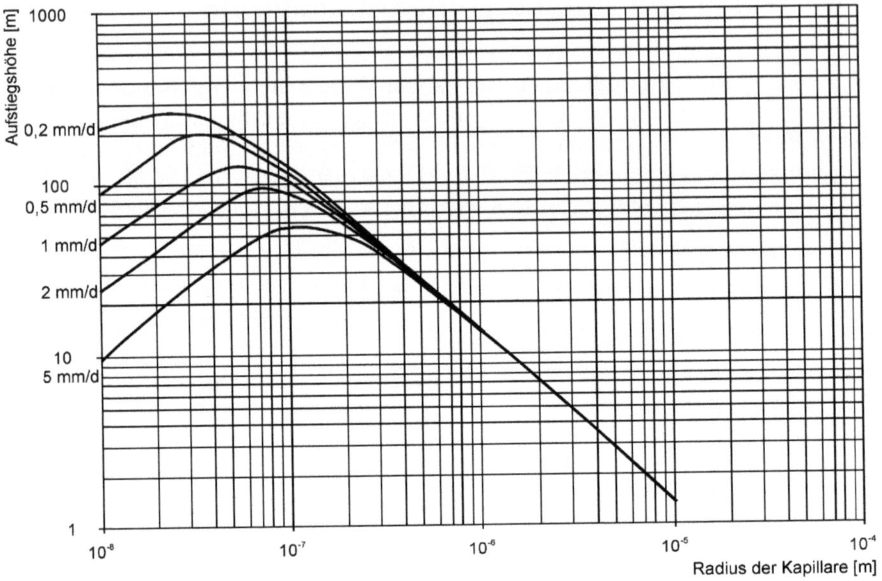

Abb. 7.4.1: Aufstiegshöhe als Funktion des Radius der Kapillare; Parameter: Aufstiegsrate [mm/d]

In Abb. 7.4.2 sind praxisrelevante Aufstiegshöhen als Funktion der Aufstiegsrate dargestellt. Im Gegensatz zu den Aufstiegshöhen im Idealfall steigt das Wasser mit den vorgenannten Aufstiegsraten in verschiedenen Böden nur bis maximal 2 m hoch. Diese Differenz zwischen dem Idealfall und der Praxis ist wie folgt zu erklären. Im sog. Idealfall ist die Aufstiegsrate auf die offene Fläche der betrachteten Kapillare bezogen. In der Natur wird das Wasservolumen, das bis zu einer bestimmten Höhe steigt, auf die Gesamtfläche bezogen einschließlich der Gesteinskörner. Vergleichsrechnungen zeigen, dass nur wenige Kapillaren im Lockergestein zum Aufstieg des Wassers beitragen. Das Verhältnis von offener Fläche der Kapillaren im Idealfall zu der Gesamtfläche in der Natur liegt im Sand bei ca. 1/200. Im Löss kann dieser Wert bis zu 1/100 ansteigen und im Ton bis zu 1/1000 abfallen. Mit anderen Worten, im Sand trägt nur 0,5% der Gesamtfläche zum Aufstieg des Wassers bei, das für Pflanzen interessant ist. Im Ton sind es nur 0,1%.

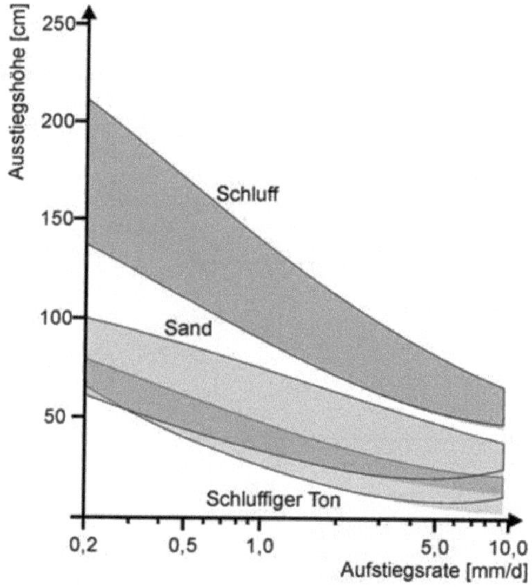

Abb. 7.4.2: Beziehung zwischen kapillarer Aufstiegshöhe und Aufstiegsrate aus dem Grundwasser für verschiedene Böden

7.5 Effektive Wurzelzone

Pflanzen nehmen Wasser auf, das die Wurzeln berührt. In unmittelbarer Nähe der Wurzeln wird durch diese Wasseraufnahme der Wassergehalt im Boden vermindert. Durch Kapillarwirkung fließt auch gegen die Schwerkraft Wasser auf die Wurzeln zu. Das entnommene Wasser wird ergänzt. Unter effektiver Wurzelzone wird der Bereich bezeichnet, aus dem Wasser von unten kommend den Wurzeln in merklicher Menge zufließt. Dieser Bereich kann wie folgt quantifiziert werden:

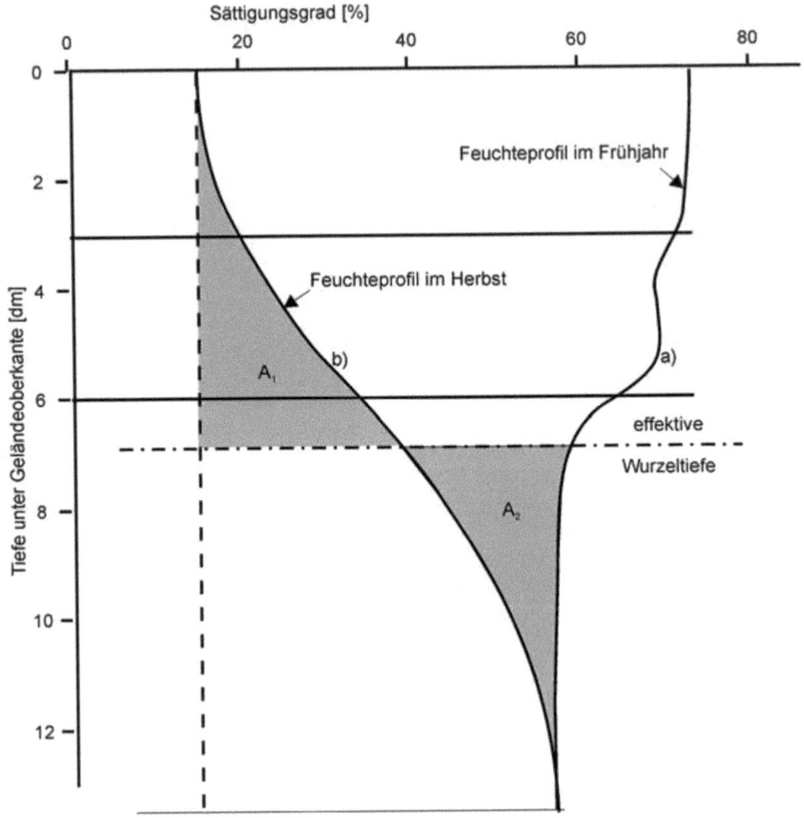

Abb. 7.5.1: Zur Festlegung der effektiven Wurzeltiefe

Im Frühjahr (Profil a) in Abb. 7.5.1 ist der Boden mit Wasser bis mindestens zur Feldkapazität gefüllt. Die Feuchte ist über das Profil nahezu gleichförmig verteilt. Im Herbst (Profil b) hat die Vegetation aus dem Wurzelbereich mehr Wasser entfernt als zugeflossen ist. Erst in größerer Tiefe ist das Wasser dem Zugriff der Pflanzen entzogen. Wasser aus dem Frühjahr ist dort noch z.T. gespeichert. Es wird gegen die Schwerkraft kapillar gehalten und fließt daher nicht nach unten ab. Im Übergangsbereich zwischen geringerem und höherem Sättigungsgrad (Abb. 7.5.1) wird eine Linie derart gezogen, dass zwei Flächen A_1 und A_2 entstehen, die beide gleiche Größe haben sollten. Dem Abstand dieser Linie von der Geländeoberfläche entspricht die effektive Wurzeltiefe (BGR, 1996).

7.6 Wechselwirkung zwischen Pflanzen und Grundwasser

Es gibt Pflanzen, die im Wasser gedeihen. Die Nutzpflanze Reis ist ein Beispiel dafür. Andere Pflanzen brauchen neben dem Wasser Luft im Wurzelraum. Zu diesen gehören nahezu alle Nutzpflanzen, die im mitteleuropäischen Raum angebaut werden. Hier sollte die Grundwasseroberfläche ca. 0,5 m unter Geländeoberfläche stehen, damit die vorgenannte Vorbedingung für das Gedeihen solcher Kulturen erfüllt werden kann. Qualitativ ergeben sich die Ernteerträge als Funktion des Flurabstandes (Abstand zwischen Gelände- und Grundwasseroberfläche) wie in Abb. 7.6.1 dargestellt.

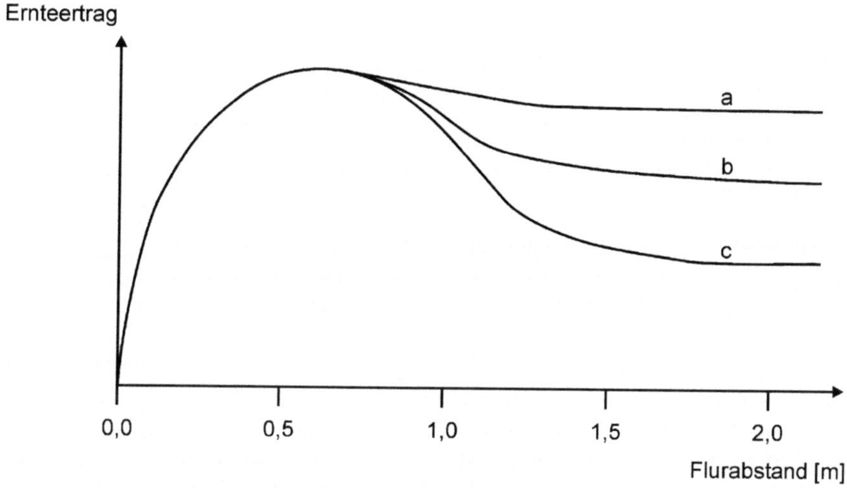

Abb. 7.6.1: Ernteerträge als Funktion des Flurabstandes

Steht das Grundwasser bis zur Geländeoberfläche an, kann keine Luft in den Porenraum des Bereiches eindringen, in dem die Pflanzen ihre Wurzeln ausbreiten möchten. Die Nutzpflanzen können sich nicht entwickeln. Der Ernteertrag ist Null. Mit zunehmendem Flurabstand steigt der Ernteertrag an. Es wird ein Maximum erreicht, nach dem der Ernteertrag mit wachsendem Flurabstand wieder bis zu einem Wert abfällt, bei dem der kapillare Aufstieg von Wasser so gering ist, dass er nur noch einen vernachlässigbar kleinen Beitrag zur Versorgung der Pflanzen leistet. Die Pflanzen ernähren sich ausschließlich vom Bodenwasser unabhängig von der Größe des Flurabstandes. Der Bodenwassergehalt ist u.a. von der Bodenart, der Niederschlagshäufigkeit und der Verdunstung abhängig. Fehlender Niederschlag kann durch Bewässerungsgaben ersetzt werden. Je nach Wasserversorgung des Standortes bei hohen Flurabständen ergibt sich der entsprechende Ernteertrag.

Ohne Bewässerungsgabe wird ein hoher Erntertrag bei großen Flurabständen erwirtschaftet, wenn die Niederschlagshöhe in der Vegetationszeit bei leichten Böden 300 mm übersteigt (Kurve a in Abb. 7.6.1). Bei Niederschlagshöhen um 200 mm in dieser Zeit sind in leichten Böden Ertragseinbußen zu erwarten (Kurve b), die sich steigern, wenn die Niederschlagshöhe unter diesen Wert fällt (Kurve c).

Der Flurabstand, bei dem das Maximum erreicht wird, ist von der Bodenart und der Pflanze abhängig. Die Bodenart hat bei mitteleuropäischen Nutzpflanzen die weitaus größte Bedeutung. Unter mitteleuropäischen Verhältnissen sind in Tabelle 7.6.1 optimale Flurabstände angegeben, bei denen maximale Erträge zu erwarten sind.

Tabelle 7.6.1: Optimaler Flurabstand in dm in der Vegetationszeit unter Grünland und Acker

Bodenart	Wiese	Weide	Acker
Mineralboden	6,5	8,5	10,5
gut durchlässig	5,0 - 7,0	7,0 - 9,0	8,0 - 10,0
schwach durchlässig	6,0 - 8,0	8,0 - 10,0	10,0 - 12,0
Moorboden	5,5	7,5	9,5
unbesandet	4,0 - 7,0	6,0 - 9,0	7,0 - 10,0
besandet	5,0 - 8,5	6,0 - 10,0	8,0 - 12,0

Auf Waldstandorten kann der "Ernteertrag" erst in wesentlich längeren Zeiträumen festgelegt werden. Wachstumsdauern bis zum Fällen der Bäume liegen in folgenden Zeiträumen: Fichte 80 und 100 Jahre, Kiefer 100 und 120 Jahre, Buchen 120 bis 140 Jahre und Eiche: 140 bis 150 Jahre. Grundsätzlich bilden Bäume ihr Wurzelwerk so weit aus, dass der Wasserbedarf im Mittel gedeckt wird. Besteht Grundwasseranschluss (Flurabstände < 4 m), wird das Wurzelwerk weniger weit horizontal ausgebreitet als bei hohen Flurabständen (> 4 m). Bei langfristigen Änderungen der Flurabstände reagieren Bäume etwa bis zur Hälfte der angegebenen Alter durch Anpassung des Wurzelwerkes auf die jeweilige Situation. Wird durch Absenkung des Grundwasserstandes der Flurabstand erhöht, wird das Wurzelwerk in der ungesättigten Zone weiter ausgebreitet. Alte Bäume sind dazu kaum noch in der Lage. Bei Grundwasserabsenkungen kommt es zu Trockenschäden, die in Wäldern sich als Bestandsschaden zeigen.

Bei steigenden Grundwasserständen (Flurabstand < 1 m) vor allem während der Vegetationszeit kann das bei jungen Bäumen u.a. zu Krüppelwuchs, bei alten Bäumen zum Absterben der genannten Baumarten und damit zu ökonomischen Einbußen der Waldbesitzer führen.

8 Grundwasserhaushalt

8.1 Haushaltskomponenten

Der Untergrund wird als Wasserspeicher angesehen. In diesen Speicher fließt Wasser hinein und heraus. Die Summe aller Zu- und Abflüsse einschließlich der Änderung des Speicherinhaltes gibt den Wasserhaushalt eines Speichers. Nach Abb. 2.1.1 wird zwischen der ungesättigten und der gesättigten Zone im Untergrund unterschieden. Hier wird die gesättigte Zone betrachtet. Dabei ist zu berücksichtigen, dass bei freiem Grundwasser die Grundwasseroberfläche schwanken kann. Die Wasserhaushaltsgleichung zur Quantifizierung des Wasserhaushaltes lautet:

$$\sum Q_i + \frac{\Delta V_{ws}}{\Delta t} = 0 \qquad (8.1.1)$$

mit: Q_i: Zu- und Abflüsse

$\frac{\Delta V_{ws}}{\Delta t}$: Änderung des Wasservolumens im Speicher pro Zeiteinheit

Die Abb. 8.1.1 zeigt unterirdische Zu- und Abflüsse zu und von einem Projektgebiet. Insgesamt sind jedoch die in Tabelle 8.1.1 aufgelisteten Haushaltskomponenten zu berücksichtigen.

Tabelle 8.1.1: Zu- und Abflüsse zu und von einem Projektgebiet

Zuflüsse	Abflüsse
Unterirdischer Zufluss	Unterirdischer Abfluss
Zusickerung des Niederschlagswassers	Abfluss zu Brunnen
Uferfiltrat	Abfluss zu Oberflächengewässern und Quellen
Zusickerung aus defekten Leitungen	Kapillarer Aufstieg
Künstliche Grundwasseranreicherung (z. B. durch Bewässerung, Sickerschlitze, etc.)	Abfluss in Feuchtgebiete Eintritt in Leitungen (Abwasserleitungen)

In Abb. 8.1.1 ist ein Projektgebiet im Einzugsgebiet eines Flusses skizziert. Dieses Projektgebiet ist nicht an Grenzen des Grundwasserleiters orientiert. In das Gebiet strömt Wasser unterirdisch hinein und verlässt es auch unterirdisch wieder (Abfluss). In Abb. 2.3.1 ist dieser Zu- und Abfluss für den unteren Grundwasserleiter angegeben.

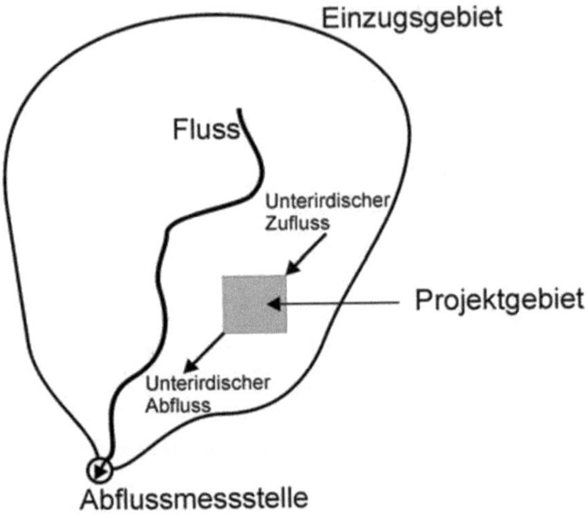

Abb. 8.1.1: Projektgebiet in einem Einzugsgebiet mit unterirdischem Zu- und Abfluss

8.2 Grundwasserneubildung

Das Wasservolumen V_w, das pro Zeiteinheit auf eine vorgegebene Fläche A_g der Grundwasseroberfläche trifft, wird als Grundwasserneubildung Q_g bezeichnet.

$$Q_g = \frac{V_w}{t} \tag{8.2.1}$$

Die Neubildungsrate q_g ergibt sich zu:

$$q_g = \frac{Q_g}{A_g} \tag{8.2.2}$$

Zur Ermittlung der Einflussfaktoren auf die Grundwasserneubildung werden u.a. Lysimeter verwendet (Abb. 8.2.1). Niederschlag fällt auf die Oberfläche eines Bodenkörpers. Das infiltrierende Wasser wird anschließend verdunsten oder fließt durch den Bodenkörper. Das durch den Boden sickernde Wasser fließt aus dem

Auslauf, wird aufgefangen und daraus unter Bezug auf die Oberfläche die Neubildungsrate ermittelt.

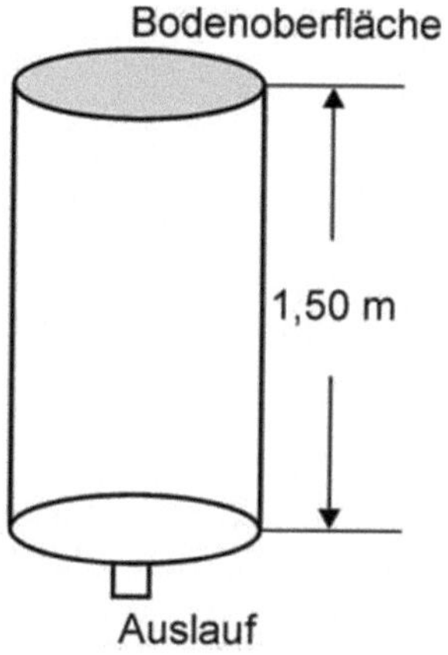

Abb. 8.2.1: Lysimeter zur Ermittlung der Grundwasserneubildung (Schemaskizze)

Bezogen auf Deutschland ergeben sich zur Orientierung folgende Abhängigkeiten der Jahreswerte der Grundwasserneubildungsrate von den Jahreswerten der Niederschlagshöhe bezogen auf Lysimeter:

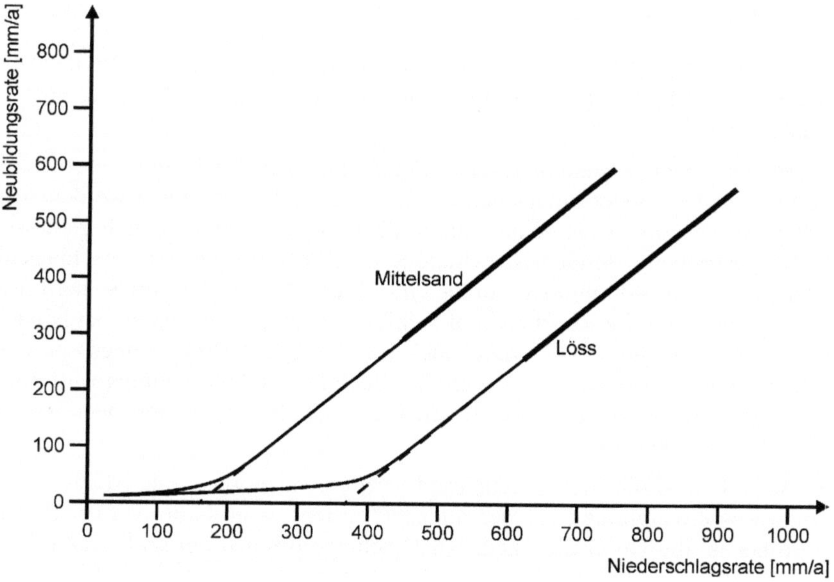

Abb. 8.2.2: Grundwasserneubildungsraten

Bei diesen Untersuchungen findet kein Oberflächenabfluss statt. Der gesamte Niederschlag dringt in den Boden ein.

Die Lysimetergeraden gehorchen etwa folgenden Gleichungen

Sand:

$$q_g = q_N - 200 \quad (8.2.3)$$

Löss:

$$q_g = q_N - 400 \quad (8.2.4)$$

mit: q_g: Grundwasserneubildungsrate [mm/a]
q_N: Niederschlagsrate [mm/a]

Bei diesen Beziehungen geht es um Orientierungswerte. Zwischen Sand und Löss gibt es bezüglich der Kornverteilung und der Lagerungsdichte stetige Übergänge. Darüber hinaus haben die folgenden Gleichungen zur Ermittlung der Grundwasserneubildung in der Natur einen Oberflächenabfluss zu berücksichtigen. Hier wird zwischen Lockergestein und Festgestein unterschieden. Sie beziehen sich auf das gesamte Gebiet der Bundesrepublik:

Lockergestein:

$$q_g = 0{,}5 \cdot q_N - 160 \quad (8.2.5)$$

Festgestein:

$$q_g = 0{,}5 \cdot q_N - 220 \quad (8.2.6)$$

Auch hier handelt es sich um orientierende Beziehungen. Auf Sandböden kann ein Zuschlag von ca. 10% gegeben werden, auf Lössböden ist ein Abschlag von ca. 10% anzusetzen.

Es zeigen sich in erster Näherung lineare Abhängigkeiten der Grundwasserneubildungsrate von der Niederschlagsrate, wenn Jahreswerte verglichen werden. Anzumerken ist, dass im Allgemeinen nur in dem ausgezogenen Bereich gemessen wird. Der gestrichelte Bereich ist extrapoliert. Jahreswerte der Niederschlagshöhen von weniger als 400 mm sind in vielen Gebieten sehr selten. Im Süden Europas konzentriert sich die Regenzeit auf wenige Monate. Hier können bei Niederschlagshöhen um die 300 mm/a auch in bindigen Böden noch geringe Neubildungsraten auftreten. Eine lineare Extrapolation ist hier nicht gerechtfertigt. Eine nichtlineare Beziehung im Bereich kleiner Niederschlagshöhen ist in Abb. 8.2.2 angedeutet.

Die in Abb. 8.2.2 skizzierten Ergebnisse lassen erkennen, dass eine Abhängigkeit der Grundwasserneubildung von der Bodenart besteht. Je grobkörniger der Boden, desto größer ist die Durchlässigkeit. Niederschläge dringen bei großer Durchlässigkeit schneller in tiefere Bereiche vor. Je größer die Eindringtiefe desto geringer die Verdunstung. In bindigen Böden wird das Wasser stärker im oberflächennahen Bereich gespeichert. Durch die Verdunstung geht Wasser als Wasserdampf wieder in die Atmosphäre zurück. Dieser Effekt wird durch eine Vegetationsdecke an der

Oberfläche verstärkt. Die Wurzeln der Pflanzen nehmen Bodenwasser auf, lagern einen Teil davon in die Pflanzenmasse ein, der größere Anteil wird über die Blätter oder Nadeln an die Atmosphäre abgegeben (Transpiration). Der Einfluss der Vegetation hängt bei den Jahreswerten der Grundwasserneubildung von den Pflanzen selbst und von der Dauer der Vegetationszeit ab. Nutzpflanzen auf Ackerstandorten nehmen während der Reifezeit kaum noch Wasser auf. Nach der Ernte ist der Wasserentzug aus dem Untergrund ganz unterbunden, da die Pflanzen von der Oberfläche entfernt sind. Wald hat demgegenüber eine längere Vegetationszeit und eine größere effektive Wurzelzone als Ackerpflanzen. Er nimmt entsprechend den klimatischen Bedingungen eine lange Zeit im Jahr Wasser auf und transportiert damit mehr Wasser aus dem Boden in die Atmosphäre als z.B. Weizen. Entsprechend ist die Grundwasserneubildung unter Ackerstandorten größer als unter Waldstandorten bei gleicher Bodenart. Grünland ist dazwischen einzuordnen.

Festgesteine haben in der Regel eine geringere Durchlässigkeit als die betrachteten Lockergesteine. Darüber hinaus sind die Festgesteine im Allgemeinen mit Wald bedeckt. Beide Faktoren führen zu einer geringeren Grundwasserneubildung. Dieser Effekt wird jedoch überprägt durch höhere Niederschläge in hohen Lagen der Mittelgebirge.

Diesen standortspezifischen Untersuchungen an Lysimetern wird die großräumige Ermittlung der Grundwasserneubildung gegenübergestellt. In Abb. 8.1.1 ist der Abflussmessstelle an einem Fluss ein Einzugsgebiet zugeordnet. Zunächst ist zu beachten, dass in diesem Einzugsgebiet nach einem Niederschlag Wasser an der Oberfläche (Oberflächenabfluss) und auf wenig durchlässigen Schichten oberhalb der Grundwasseroberfläche (Zwischenabfluss) zufließt. Wenn über mehrere Tage kein Niederschlag fällt oder z.B. im Schnee gespeichert wird, kann angenommen werden, dass der Abfluss in einem Fließgewässer aus dem Grundwasser gespeist wird.

Zur Groborientierung: Bezogen auf ganz Deutschland resultiert der Abfluss in den Fließgewässern zu ca. 75% aus dem Grundwasser einschließlich Zwischenabfluss, zu 25% aus dem Oberflächenabfluss.

Wenn also von den täglich durchgeführten Abflussmessungen in jedem Monat der niedrigste Abfluss genommen wird, diese Werte über das Jahr gemittelt werden, ergibt sich die mittlere Grundwasserneubildung über das Jahr. Dabei wird der Zwischenabfluss dem Grundwasserzufluss zugeordnet. Der Abfluss nach einer Trockenperiode wird auch als Trockenwetterabfluss bezeichnet.

Bei diesen Betrachtungen ist jedoch zu ermitteln, ob beträchtliche Wassermengen im Einzugsgebiet

- aus dem Grundwasser entnommen, zur Bewässerung verwendet und damit im Wesentlichen zur Verdunstung gebracht werden,
- Grundwasser entnommen und in andere Einzugsgebiete geleitet wird,
- Wasser aus anderen Einzugsgebieten zugeleitet wird, das direkt oder über Kläranlagen dem Gewässer zufließt.

Die Grundwasserneubildungsrate q_g ergibt sich dann zu:

$$q_g = \frac{1}{A_e}\left(Q_f - Q_a + Q_z\right) \qquad (8.2.7)$$

mit: Q_f: Abfluss an der Messstelle [m^3/s]
Q_a: Aus dem Einzugsgebiet abgeleiteter Abfluss [m^3/s]
Q_z: Dem Einzugsgebiet von außen zugeführter Zufluss [m^3/s]
A_e: Fläche des Einzugsgebietes [m^2]

In Abb. 8.2.3 sind Trockenwetterabflüsse als Ganglinie dargestellt. Es wird deutlich, dass die Grundwasserneubildung einen Jahresgang hat. Die wesentliche Neubildung erfolgt in Deutschland in den Monaten Februar, März, April. Die geringste Neubildung ergibt sich in der Zeit August, September, Oktober. Im Spätwinter und den ersten Frühlingswochen ist der Boden bis mindestens zur Feldkapazität gesättigt. Die Verdunstung und die Wasseraufnahme durch die Vegetation ist noch gering. Niederschlagswasser oder solches aus der Schneeschmelze sickern in den Boden ein und dringt zur Grundwasseroberfläche vor. In den drei genannten Monaten wird ca. 60% der jährlichen Grundwasserneubildung dem Grundwasser zugeführt.

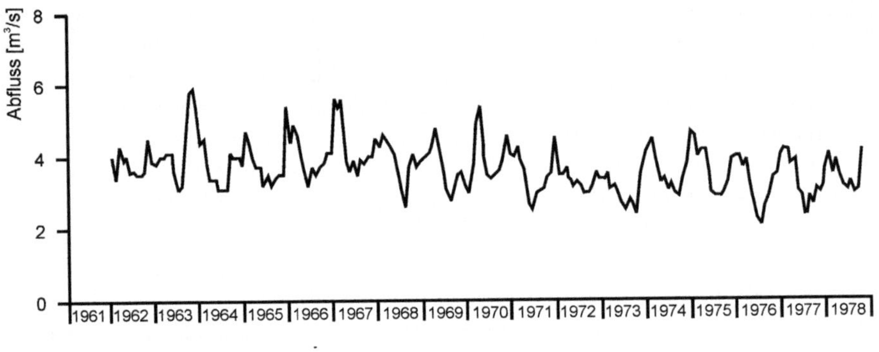

Abb. 8.2.3: Ganglinien der Seeve bei Jehrden

Im Spätsommer hat die Vegetation dem Boden viel Wasser entzogen. Niederschlagswasser wird im Boden gespeichert und gelangt nicht in dieser Zeit zum Grundwasser.

Als weitere Einflussfaktoren sind zu nennen: Versiegelungsgrad des Bodens und das Gefälle der Bodenoberfläche. Je stärker die Versiegelung durch Gebäude, Straßen, gepflasterte Hofflächen etc., desto höher der Oberflächenabfluss, desto geringer die Infiltration von Wasser in den Boden und damit die Grundwasserneubildung.

Mit zunehmendem Gefälle der Bodenoberfläche verringert sich das Wasservolumen, das auf die Flächeneinheit der Bodenoberfläche fällt und vergrößert sich der

Oberflächenabfluss. Damit verringert sich die Infiltration und die Grundwasserneubildung.

Die wesentlichen einflussnehmenden Faktoren auf die Grundwasserneubildung sind: Niederschlag, Verdunstung, Bodenart, Vegetation, Versiegelungsgrad und Neigung der Bodenoberfläche.

Wenn die Grundwasseroberfläche nahe der Geländeoberfläche ansteht, kann kapillar aus dem Grundwasser aufsteigendes Grundwasser die effektive Wurzelzone erreichen. Pflanzen nehmen das Wasser auf. Es wird in die Pflanzenmasse eingelagert oder zur Transpiration gebracht. Darüber hinaus kann das Wasser aus dem Boden verdunsten. Dieser Abfluss aus dem Grundwasser kann gesondert erfasst werden. Bei langfristigen Betrachtungen ist es jedoch die Differenz q_{ge} aus Neubildungsrate q_g und kapillarer Aufstiegsrate q_c, welche in Bilanzbetrachtungen eingeht.

$$q_{ge} = q_g - q_c \tag{8.2.8}$$

Diese Differenz wird als effektive Grundwasserneubildung q_{ge} bezeichnet. Prinzipiell ist die effektive Grundwasserneubildung eine Funktion des Flurabstandes (Abb. 8.2.4). Bei hohen Flurabständen kann kein Grundwasser die Wurzelzone erreichen. Bei sehr kleinen Werten dieser Größe kann mehr Wasser kapillar aufsteigen als durch Niederschlag zugeführt wird. Die effektive Grundwasserneubildung wird negativ. Der Verlauf dieser Funktion wird u.a. beeinflusst durch klimatische Gegebenheiten, Bodenart und Vegetation.

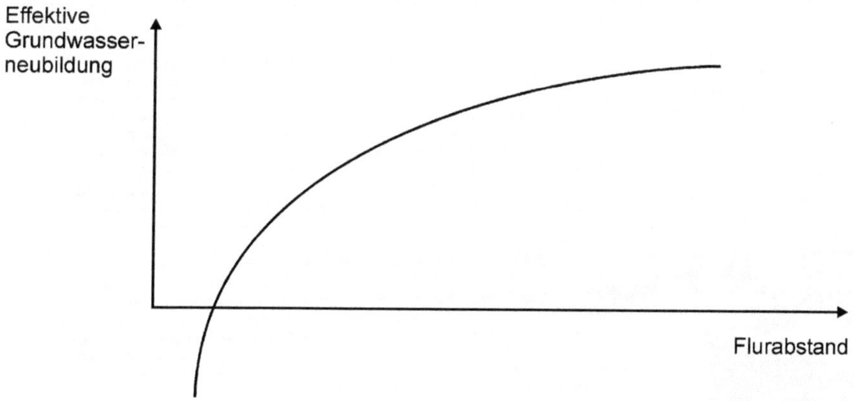

Abb. 8.2.4: Effektive Grundwasserneubildung in Abhängigkeit des Flurabstandes

In urbanen Gebieten fließt Wasser aus defekten Wasserleitungen (Trinkwasser, Abwasser) dem Grundwasser zu. Beim Abwasser ist das dann der Fall, wenn die Abwasserkanäle oberhalb des Grundwassers liegen. Trinkwasser steht in den Leitungen unter hohem Druck und tritt an defekten Stellen immer nach außen hin aus.

Unter der Voraussetzung, dass Abwasserleitungen oberhalb des Grundwassers liegen, wird nachfolgend eine Abschätzung über den Beitrag dieser "Quellen" zur Grundwasserneubildung gemacht. Es werden exemplarisch Situationen in urbanen Gebieten in zwei Ländern verglichen (Spanien und Deutschland).

Tabelle 8.2.1: Wasserbedarf und Neubildungsrate aus defekten Wasserversorgungs- und Abwasserleitungen von Spanien und Deutschland im Vergleich

	Spanien	Deutschland
Spezifischer Wasserbedarf [l/E·d]	250	150
Prozentuale Verluste [%]	50	20
Neubildungshöhe [mm/a]	114	27

Bei dieser Abschätzung wurde angenommen, dass 500.000 Menschen auf 200 km^2 wohnen.

In Deutschland liegt der Wert bei ca. 13% der mittleren Grundwasserneubildung. Die Verringerung der Grundwasserneubildung in urbanen Gebieten durch die Versiegelung wird nur zum Teil kompensiert. In trockenen Gebieten bei hohem Wassergebrauch trägt die Versickerung von Wasser aus defekten Leitungen ganz wesentlich zur Grundwasserneubildung bei. In vielen Städten des Nahen und Mittleren Ostens sind Grundwasserstände unter Städten deutlich erhöht als Folge der Grundwasserneubildung aus dieser Quelle. Abb. 8.2.5 zeigt, dass die Grundwasseroberfläche auch in ariden Gebieten bis zur Geländeoberfläche ansteigen kann.

Abb. 8.2.5: Grundwasser füllt Geländesenken in ariden urbanen Gebieten

8.3 Grundwasserganglinien und Speicherinhalt

Übersteigt der Zufluss zum Grundwasserspeicher den Abfluss, vermehrt sich der Speicherinhalt. Im anderen Fall vermindert er sich (Kap. 8 Abschn. 1). Diese Vermehrung oder Abminderung wird durch eine Änderung der Standrohrspiegelhöhe in Grundwasserbeobachtungsbrunnen angezeigt.

Abb. 8.3.1 zeigt den Gang einer Standrohrspiegelhöhe über mehrere Jahre in einem System, in dem freies Grundwasser nahe der Oberfläche im Norden Deutschlands ansteht. In Abb. 8.3.2 ist eine Ganglinie dargestellt, die in einem Grundwasserleiter mit hoher Überdeckung aufgenommen wurde. Eine hohe Überdeckung entspricht einer mächtigen ungesättigten Zone. In beiden Fällen handelt es sich um Porengrundwasserleiter.

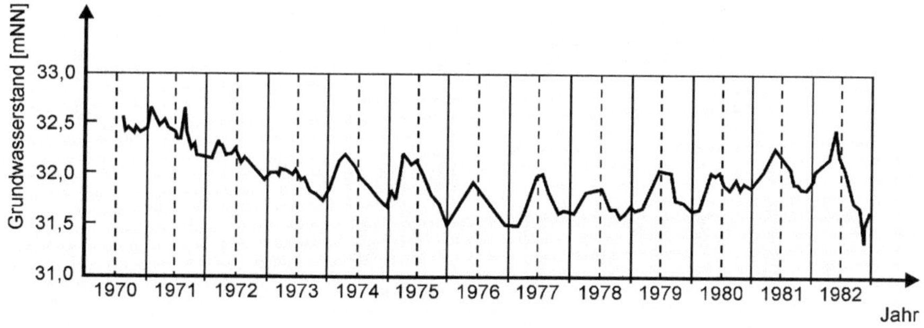

Abb. 8.3.1: Grundwasserganglinie bei freiem Grundwasser im Norden Deutschlands

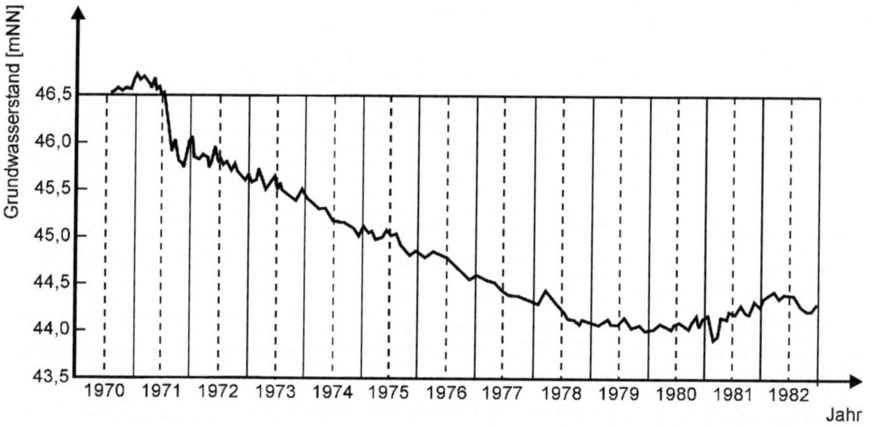

Abb. 8.3.2: Grundwasserganglinie in einem Grundwasserleiter mit hoher Überdeckung

In Abb. 8.3.1 ist innerhalb eines Jahres eine periodische Schwankung deutlich ausgeprägt, die in Abb. 8.3.2 nur angedeutet ist. Beide Ganglinien zeigen auch einen längerfristigen Trend, der in Abb. 8.3.1 von 1970 bis 1976 abwärts gerichtet ist. In Abb. 8.3.2 geht diese Abwärtsbewegung bis in das Jahr 1979 hinein. Die Gründe für dieses Verhalten sind zu suchen

- in der klimatischen Wasserbilanz,
- in der Höhe der Überdeckung des Grundwassers,
- im speichernutzbaren Hohlraumvolumen.

Unter der klimatischen Wasserbilanz wird hier die Differenz aus Niederschlagshöhe und der Höhe der potenziellen Verdunstung verstanden. Monatswerte der klimatischen Wasserbilanz sind für den Bereich in Norddeutschland in Abb. 8.3.3 angegeben, aus dem die Ganglinien stammen.

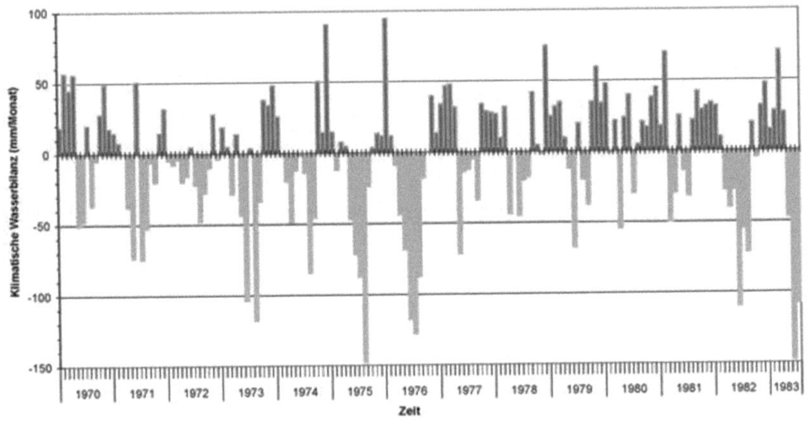

Abb. 8.3.3: Klimatische Wasserbilanz als Monatswerte zwischen 1970 und 1983 im norddeutschen Raum

Im Winterhalbjahr (Oktober bis einschließlich März) ist generell in ganz Mitteleuropa die Niederschlagshöhe größer als die potenzielle Verdunstungshöhe. Die klimatische Wasserbilanz ist positiv. In den Sommermonaten von April bis September ergibt sich vorherrschend eine negative klimatische Wasserbilanz. In den Wintermonaten sickert viel Wasser zur Grundwasseroberfläche bei hoch anstehendem Grundwasser. Dieser Zufluss übersteigt den Abfluss von Grundwasser zu Oberflächengewässern und Entnahmebrunnen. Die Standrohrspiegelhöhen steigen an. In den Sommermonaten verdunstet das Niederschlagswasser weitgehend. Zur Grundwasseroberfläche dringt wenig Wasser vor. Der Abfluss aus dem Grundwasserspeicher übersteigt den Zufluss. Grundwasserstände fallen. Dadurch ergibt sich die jahreszeitliche Schwankung der Standrohrspiegelhöhen.

Bei hohen Überdeckungen (größer 10 m) ist das Sickerwasser von der Geländeoberfläche bis zur Grundwasseroberfläche in bindigen Böden mehrere Jahre unterwegs. Der Sickerwasserzufluss zur Grundwasseroberfläche vergleichmäßigt sich über das Jahr. Dieses Phänomen wurde in Abb. 7.3.6 dargestellt und in Kap. 7 Abschn. 3 diskutiert. Die jahreszeitlich bedingten Schwankungen der Standrohrspiegelhöhen sind kaum zu erkennen.

Der über mehrere Jahre abwärts gerichtete Trend der Standrohrspiegelhöhen ist zunächst darauf zurückzuführen, dass in den Jahren 1971 bis 1974 geringe Winterniederschläge eine nur geringe positive klimatische Wasserbilanz und damit einer geringe Grundwasserneubildung verursacht haben. In den Jahren 1975 und 1976 haben heiße und trockene Sommer zu einer außergewöhnlich hohen negativen klimatischen Wasserbilanz geführt. Das hatte vermehrte Grundwasserabflüssen zur Folge und damit eine starke Entleerung der Grundwasserspeicher, angezeigt durch fallende Standrohrspiegelhöhen.

Bei oberflächennahem Grundwasser hat sich der unterirdische Speicher schnell wieder gefüllt, als in den Jahren nach 1976 die klimatische Wasserbilanz wieder normales Verhalten zeigte. Die Standrohrspiegelhöhen stiegen wieder an. Bei hoher Überdeckung diente zunächst das Sickerwasser nach 1976 zur Auffüllung des Bodenspeichers in der ungesättigten Zone. Dieser Vorgang hat mehrere Jahre gedauert, bis bei größeren Sättigungsgraden in der ungesättigten Zone wieder mehr Sickerwasser zum Grundwasser abgeflossen ist und auch dort die Standrohrspiegelhöhen wieder anstiegen.

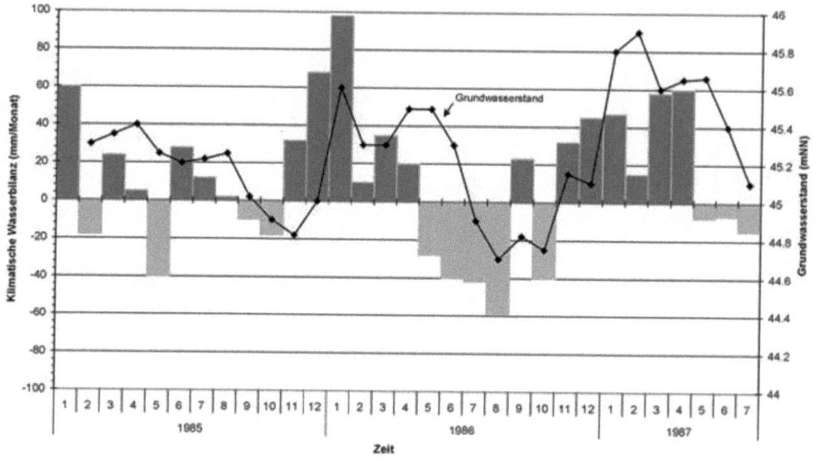

Abb. 8.3.4: Grundwasserstandsganglinie in einem Porengrundwasserleiter mit geringem Flurabstand und mit zugehöriger klimatischer Wasserbilanz

In Abb. 8.3.4 sind mit größerer zeitlicher Auflösung eine Grundwasserstandsganglinie über einen Zeitraum von ca. 3 Jahren und die für die Region zuständige klimatische Wasserbilanz dargestellt. Es handelt sich um einen Porengrundwasserleiter mit geringem Flurabstand. Als Folge des kleinen Flurabstandes reagiert der Grundwasserstand auf jede Veränderung der klimatischen Wasserbilanz innerhalb eines Monats.

In Abb. 8.3.5 wird eine Grundwasserstandsganglinie in einem Festgesteinsgrundwasserleiter mit hoher Überdeckung dargestellt und die zugehörige klimatische Wasserbilanz. Als Folge des geringen speichernutzbaren Hohlraumanteils von ca. 1% sind die Schwankungen der Standrohrspiegelhöhe wesentlich größer als in einem Porengrundwasserleiter mit ca. 10% speichernutzbarem Hohlraumanteil. Die Reaktion der Standrohrspiegelhöhe auf eine sich ändernde klimatische Wasserbilanz ist wesentlich länger als bei geringer Überdeckung. In diesem Fall muss das Niederschlagswasser in den ersten Monaten des Winterhalbjahres zunächst eine ca. 2 m mächtige Deckschicht aus bindigem Boden durchfließen, bevor es in Klüften abwärts fließt und nach weiteren ca. 15m Tiefe auf die Grundwasseroberfläche trifft. Die Standrohrspiegelhöhe beginnt erst zu Beginn eines jeden Jahres wieder zu steigen und reagiert damit etwa 3 bis 4 Monate später als die Standrohrspiegelhöhe in einem Grundwasser mit geringem Flurabstand. Im Gegensatz zum Fall in Abb. 8.3.2 erfolgt hier jedoch trotz hoher Überdeckung und geringem speichernutzbaren Hohlraumanteil im Festgestein die Wasserbewegung in der ungesättigten Zone relativ schnell. Wenn die oberflächennahe bindige Bodenschicht sich aufgesättigt hat - der Bodenspeicher ist gefüllt -, gelangt dann das durchfließende Wasser schnell in den Klüften zur Grundwasseroberfläche.

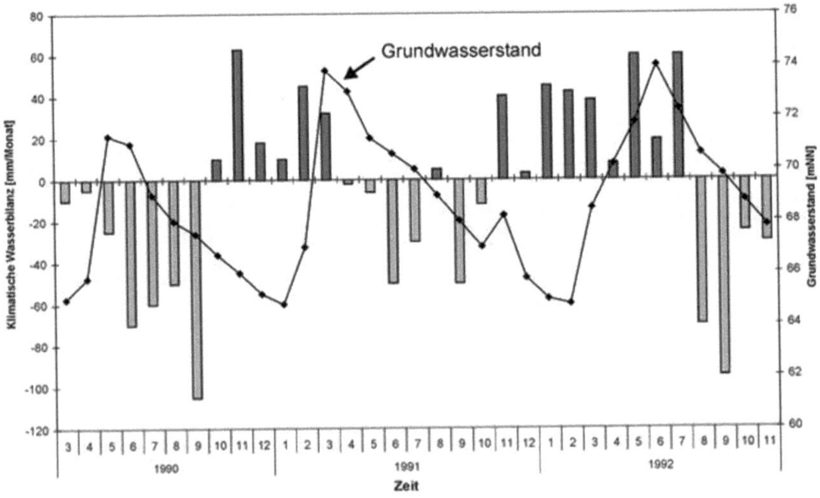

Abb. 8.3.5: Grundwasserstandganglinie in einem Festgesteinsgrundwasserleiter mit großem Flurabstand und mit zugehöriger klimatischer Wasserbilanz

Beispiel zur Berechnung des speichernutzbaren Hohlraumanteils:

Grundwasserneubildung:	150 mm/3Monaten (Februar – April)
Abfluss von Grundwasser in dieser Zeit:	50 mm
Anstieg des Grundwasserstandes im Lockergestein:	1 m
Ansteig des Grundwasserstandes Im Festgestein:	8 m

Speichernutzbarer Hohraumanteil:

Lockergestein:

$$n_{sp} = \frac{0,15 - 0,05}{1,00} = 0,10 \quad (10\%)$$

Festgestein:

$$n_{sp} = \frac{0,15 - 0,05}{8} = 0,0125 \quad (1,25\%)$$

Dieser Zusammenhang zwischen klimatischer Wasserbilanz und der Lage der Standrohrspiegelhöhe ist dann von Bedeutung, wenn anthropogene Einflüsse auf das Grundwasser die Standrohrspiegelhöhen verändern. Häufig ist die Veränderung durch menschliche Eingriffe in das Grundwasserregime von dem natürlichen Einfluss zu separieren. Korrelationsrechnungen unter Berücksichtigung der zeitlichen Verschiebung der Reaktion der Standrohrspiegelhöhe auf die Veränderung der klimatischen Wasserbilanz können hilfreich sein bei der Quantifizierung der Auswirkungen anthropogener Eingriffe in das Grundwasserregime auf die Standrohrspiegelhöhen.

8.4 Abfluss zu Entnahmegebieten

8.4.1 Abfluss zu Brunnen, Quellen und Oberflächengewässern

Unter dem Gesichtspunkt des Grundwasserhaushalts ist anzumerken, dass in Deutschland im Jahre 2000 ca. 3.3 Milliarden m^3 Wasser jährlich für die öffentliche Wasserversorgung aus dem Untergrund entnommen wurden. Etwa derselbe Betrag ist für die Wasserversorgung von Industriebetrieben anzusetzen. Darüber hinaus kann der Landwirtschaft für die Bewässerung noch einmal rund 0,6 Milliarden m^3 zugerechnet werden. Insgesamt werden ca. 20 mm/a dem Grundwasser entnommen. Das entspricht etwa 10 % der Grundwasserneubildung. 88 % der Grundwasserneubildung fließt Oberflächengewässern zu. Der direkte Abfluss von Grundwasser zum Meer (4 mm/a entsprechend 2 %) ist vernachlässigbar gering.

8.4.2 Abfluss zu Feuchtgebieten

Der Abfluss zu Oberflächengewässern ist bereits behandelt. Durch Abb. 11.1.2 wird jedoch deutlich, dass Grundwasser, das aus der Geest kommend einem Oberflächengewässer zufließt, dieses Oberflächengewässer nicht unterirdisch erreichen muss. In der Regel liegt in der Talaue ein geringes Gefälle vor. Unter diesem kleinen Gefälle kann das ankommende Wasser nicht im Untergrund weiterfließen. Es kommt unter der Wirkung des Druckes, der sich im Geestgebiet aufgebaut hat, an die Oberfläche. Seit vielen Jahren werden diese aufsteigenden Wasser vielerorts oberirdisch in Entwässerungssystemen gefasst und dem Vorfluter zugeleitet. Vor diesen Entwässerungsmaßnahmen hat das aufsteigende Wasser die Talauen vernässt. In Teilen der Elbaue oder an der Schwalm bei Mönchengladbach sind diese Verhältnisse noch erhalten geblieben.

Unter der Berücksichtigung, dass im Sommer das aufsteigende Grundwasser durch die Evapotranspiration aufgezehrt werden kann, ist ein zeitweiliges Absinken der Grundwasseroberfläche unter die Geländeoberfläche nicht auszuschließen. Niederschlag kann zur Grundwasseroberfläche vordringen und zu einer zeitweiligen Neubildung beitragen. Bei der Betrachtung von Jahreswerten ist aber wieder auf eine effektive Neubildung zurückzugreifen. In diesem Fall wird die effektive Neubildungsrate negativ sein. Mehr Wasser steigt aus dem Untergrund an die Oberfläche als Niederschlagswasser zu einer nur kurzzeitig unter der Geländeoberfläche liegenden Grundwasseroberfläche vordringt.

8.5 Künstliche Anreicherung

Zur Hebung der Grundwasseroberfläche, zur Stabilisierung deren Höhe oder zur Vermehrung von Grundwasser im Bereich von Entnahmebrunnen wird Grundwasser künstlich angereichert. Dazu dienen Versicherungsbecken oder Sickerschlitze. Die Becken können Ausmaße von 50 x 500 m erreichen. Die Sickerschlitze haben eine Breite von ca. 1 m, eine Tiefe bis zu 10 m. Die Längen können zwischen 10 und 50 m variieren. Der Boden der Sickerbecken wird mit Sand aufgefüllt. Die Sickerschlitze haben Kies als Füllmaterial.

Vorwiegend an der Oberfläche des Sandes im Versickerungsbecken bildet sich ein Biofilm. Dieser führt zu einer ständig zunehmenden Verringerung der Durchlässigkeit auf dem ersten cm der Sandschicht. Zur Wiederherstellung einer ausreichenden Sickerleistung der Becken ist von Zeit zu Zeit der obere Teil der Sandschichten zu räumen und durch neue zu ersetzen.

Die Sickerschlitze haben gegenüber Becken den Vorteil eines kleineren Platzbedarfes. Durch die Tiefe der Schlitze dringt Wasser mehr horizontal in den Untergrund ein. In horizontaler Richtung liegt im Allgemeinen eine größere Durchlässigkeit vor als in senkrechter Richtung. Die Oberfläche ist klein. Biofilme können mit geringem Aufwand mechanisch entfernt werden. Als Folge der hohen Infiltrationsleistung wird im Allgemeinen ein Überstau vermieden. Bei intermittierendem

Beschicken des Sickerschlitzes mit Wasser wird der Aufbau eines Biofilms fast unterbunden.

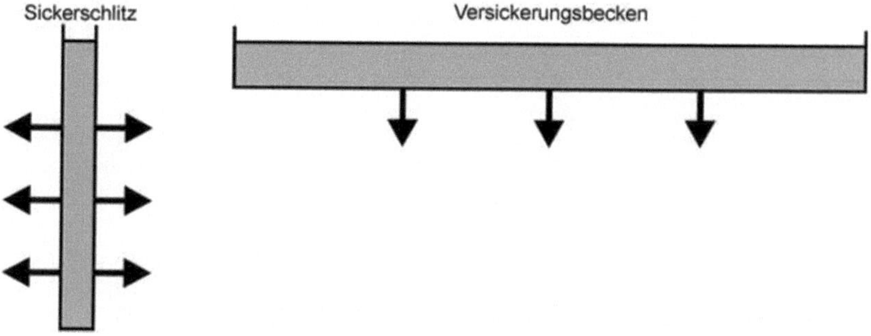

Abb. 8.5.1: Sickerschlitz und Versickerungsbecken mit vorherrschender Fließrichtung des Sickerwassers

9 Schutzzonenkonzept

9.1 Zielsetzung von Trinkwasserschutzgebieten

Zur Trinkwassernutzung wird Grundwasser aus dem Untergrund abgepumpt, oder es wird in Quellen gefasst. In Deutschland und angrenzenden Ländern wie Österreich und der Schweiz wird dieses Grundwasser gegen Verunreinigungen besonders geschützt.

Entnahmebrunnen und Quellen kann in vielen Fällen ein Einzugsgebiet zugeordnet werden. In diesen Einzugsgebieten werden solche Nutzungen verboten, von denen Verunreinigungen ausgehen können. Diese Flächen werden als Wasserschutzgebiete bezeichnet.

Besondere Aufmerksamkeit wird der Verunreinigung durch Bakterien und Viren beigemessen. Sie können Krankheiten verursachen, die sich mit diesen biologischen Stoffen über das Grundwasser ausbreiten.

In Deutschland sind bereits ca. 17.500 Wasserschutzgebiete mit ca. 41.900 km^2 ausgewiesen. Das sind etwa 11,7% der Fläche der Bundesrepublik Deutschland. (Umweltbundesamt, 2000).

9.2 Bezeichnung der Schutzzonen und deren Aufgaben

Das Wasserschutzgebiet gliedert sich in folgende Schutzzonen:

- Fassungsbereich: Zone I
- "Engere Schutzzone": Zone II
- "Weitere Schutzzone": Zone III

Letztere ist nach dem DVGW-Arbeitsblatt W 101 bei größeren Einzugsgebieten unterteilt in:

- "Weitere Schutzzone A": Zone III A bis zu 2 km ab Fassung
- "Weitere Schutzzone B": Zone III B bis zur Grenze des Einzugsgebietes

In Abb. 9.2.1 sind prinzipiell die Schutzzonen bezogen auf einen Brunnen dargestellt. Die Grenzen werden durch hydrologische und hydraulische Verfahren ermittelt. Die Festlegung erfolgt im Rahmen einer Verordnung. Da in den einzelnen Zonen Nutzungseinschränkungen festgelegt werden, kann das juristische Verfahren mehrere Jahre in Anspruch nehmen.

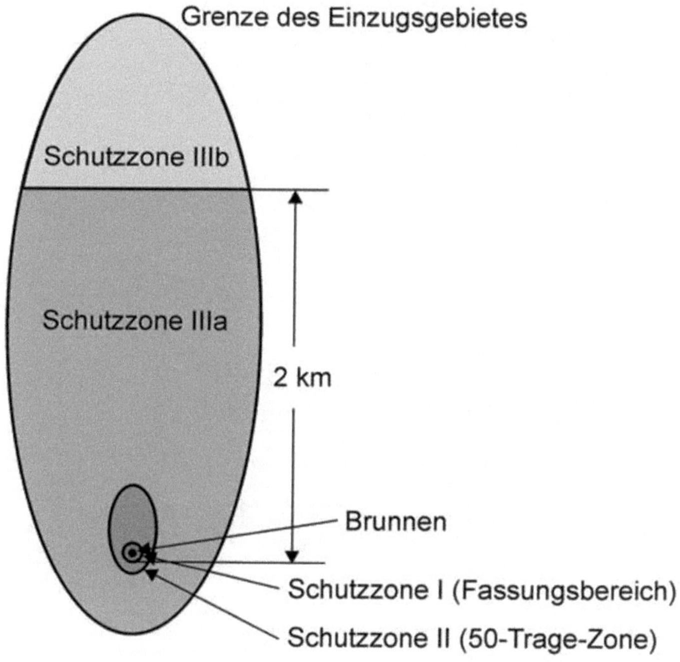

Abb. 9.2.1: Prinzipielle Aufteilung der Schutzzonen um einen Brunnen

Der Fassungsbereich (Zone I) soll den Schutz der unmittelbaren Umgebung der Fassungsanlage vor jeder Verunreinigung und sonstigen Beeinträchtigungen gewährleisten.

Die "engere Schutzzonen" (Zone II, 50-Tage-Zone) dient dem Schutz vor mikrobiellen Verunreinigungen und sonstigen Beeinträchtigungen, die von den verschiedenen menschlichen Tätigkeiten und Einrichtungen ausgehen oder mit der Zerstörung der belebten Bodenzone oder der Deckschichten verbunden sind. Es wird von der Annahme ausgegangen, dass biologische Stoffe (Viren, Bakterien) nach einer Aufenthaltsdauer von 50 Tagen im Grundwasser abgestorben sind.

Abb. 9.2.2: Einzugsgebiete von Einzelbrunnen in einer Brunnengruppe

Die "weitere Schutzzone" (Zone III) soll den Schutz vor weitergehenden Beeinträchtigungen, insbesondere vor nicht oder schwer abbaubaren chemischen, radioaktiven oder massiven organischen Verunreinigungen gewährleisten. Die Grenzen der Schutzzonen sind an der Oberfläche durch Schilder angezeigt.

Die in diesen Schutzzonen allgemein gültigen Auflagen und Nutzungseinschränkungen sind im Einzelnen im DVGW-Arbeitsblatt W 101 (1975) aufgeführt; es sind die in den jeweiligen Musterverordnungen der Länder festgelegten Verbote maßgebend. Sie sind den jeweiligen örtlichen Verhältnissen anzupassen. In begründeten Fällen können Ausnahmen zugelassen werden.

Das Trinkwasserschutzgebiet verfolgt nicht nur den Schutz der Beschaffenheit des Grundwassers sondern dient auch der Erhaltung des nutzbaren Grundwasserdargebots (z.B. Erhaltung der Deckschichten bei gespannten Grundwässern; Verhinderung von Absenkungen infolge Grundwasserfreilegung). Außerdem können quantitative Eingriffe in den Wasserhaushalt qualitative Beeinträchtigungen zur Folge haben (z.B. bei Vergrößerung der Abstandsgeschwindigkeit durch Gefälleänderung infolge Grundwasserabsenkung).

Bezogen auf einen Einzelbrunnen stellen sich die Schutzzonen wie in Abb. 9.2.1 angegeben dar. In der Regel wird aus mehreren Brunnen Wasser entnommen, deren Einzugsgebiete z.B. durch Modellrechnungen zu finden sind (Abb. 9.2.2).

9.3 Ermittlung der Schutzzonen unter geohydrologischen Gesichtspunkten

9.3.1 Fassungsbereich

Für diesen Bereich wird im Allgemeinen ein Kreis mit einem Radius von ca. 10 m um eine Fassungsanlage gezogen und zur Zone I erklärt. Der Fassungsbereich ist normalerweise eingezäunt und so vor Betreten gesichert.

9.3.2 Schutzzone II

Zur Ermittlung der Schutzzone II muss zunächst eine Bemessungsentnahme vorgegeben werden. Bei dieser Entnahme wird der Abstand vom Brunnen festgelegt, von dem aus in 50 Tagen das Grundwasser den Brunnen im Mittel erreicht. Bei radialsymmetrischer Zuströmung zum Brunnen kann die daraus resultierende Entfernung R berechnet werden. Aus der Kontinuitätsbeziehung folgt für einen homogenen Grundwasserleiter mit vollkommenem Brunnen:

$$v_a = \frac{dr}{dt} = \frac{Q}{A} = \frac{Q}{2 \cdot \pi \cdot r \cdot M \cdot n_e} \tag{9.3.1}$$

mit: M: Mächtigkeit des Grundwasserleiters [m]
n_e: Durchflusswirksamer Hohlraumanteil [-]

Weiter ist

$$\int_{r_B}^{R} r \cdot dr = \frac{Q}{2 \cdot \pi \cdot M \cdot n_e} \cdot \int_{0}^{t_{50}} dt \tag{9.3.2}$$

mit: R: Radius, von dem aus das Wasser in 50 Tagen zum Brunnen fließt [m]
r_B: Brunnenradius (gegen R vernachlässigbar klein) [m]

Mit $r_B = 0$ folgt:

$$0{,}5 \cdot R^2 = \frac{Q \cdot t_{50}}{2 \cdot \pi \cdot M \cdot n_e} \tag{9.3.3}$$

oder

$$R = \sqrt{\frac{Q \cdot t_{50}}{\pi \cdot M \cdot n_e}} \tag{9.3.4}$$

Um ein Gefühl für die Ausdehnung der Schutzzone II zu bekommen, werden in einer Beispielrechnung folgende Vorgaben gemacht:

$Q = 8$ l/s
$M = 40$ m
$n_a = 0{,}2$

Daraus folgt:

$R = 37$m

Für die Ermittlung des Abstandes R von den Brunnen in einem Brunnenfeld kann auf die Messung der Abstandsgeschwindigkeit durch Tracer zurückgegriffen werden. Dazu wird auf Spezialliteratur verwiesen (DVWK, 1982). Weiter ist zu berücksichtigen, dass im Allgemeinen keine vollkommenen Brunnen vorliegen und der Grundwasserleiter nicht homogen ist. Bei der Verwendung von Tracerverfahren wird dieses berücksichtigt. Bei Abschätzungen ist für M die Mächtigkeit der Schicht im Grundwasserleiter zu wählen, in welcher die größte Durchlässigkeit vorliegt und die an den Brunnenfilter angeschlossen ist.

Darüber hinaus ist zu berücksichtigen, dass der radialen Strömung zum Brunnen die natürliche Strömung zu überlagern ist. Es ist folgende Differenzialgleichung zu lösen, um zwei Punkte auf der y-Achse zu finden.

$$\frac{dy}{dt} = \frac{Q}{2 \cdot \pi \cdot M \cdot n_e} \cdot \frac{1}{y} + k_f \cdot \frac{I_{oa}}{n_e} \tag{9.3.5}$$

Die Lösung dieser Gleichung ist:

$$t = \frac{y}{c_1} - \frac{c_2}{c_1^2} \cdot \ln\left(\frac{c_1}{c_2} \cdot y + 1\right) \tag{9.3.6}$$

mit

$$c_1 = k_f \cdot \frac{I_{oa}}{n_e} \tag{9.3.7}$$

und

$$c_2 = \frac{Q}{2 \cdot \pi \cdot M \cdot n_e} \tag{9.3.8}$$

Die Gl. 9.3.6 hat zwei Lösungen y_1 und y_2, die iterativ gefunden werden müssen.

Beispiel:

$k_f = 10^{-3}$ m/s
$I_{oa} = 10^{-3}$

$n_e = 0{,}2$
$Q = 4 \cdot 10^{-3}\ m^3/s$
$M = 20\ m$

Es ergeben sich mit:

$c_1 = 5 \cdot 10^{-6}\ m/s$
$c_2 = 1{,}6 \cdot 10^{-4}\ m/s$

$y_1 = 52\ m$
$y_2 = -24{,}5\ m$

Die Schnittpunkte der sog. 50-Tage-Zone mit der x-Achse folgen aus Gl. 9.3.4

$x_1 = 37\ m$
$x_2 = -37\ m$

Damit ergäbe sich eine Form der Schutzzone II, die in Abb. 9.3.1 skizziert ist.

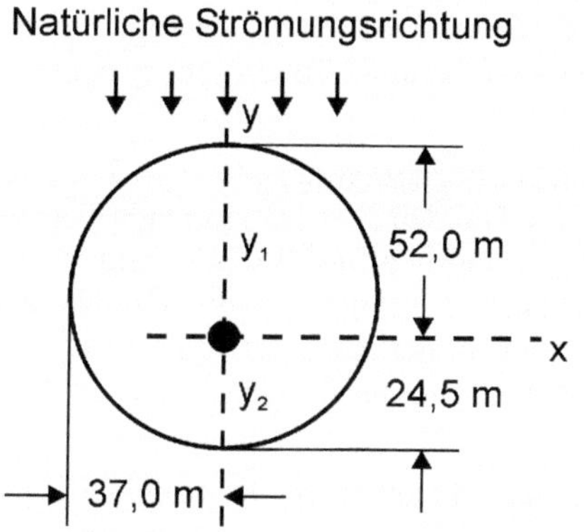

Abb. 9.3.1: Form einer Schutzzone II bei einem Brunnen in einem Strömungsfeld mit Parallelströmung

Je nach den örtlichen Verhältnissen, der Entnahme und der Lage der Pumpbrunnen im natürlichen Strömungsfeld ergeben sich recht unterschiedliche Formen der Einzugsgebiete. Abb. 9.2.1 zeigt das Einzugsgebiet eines Brunnens. In Abb. 9.2.2 sind die Einzugsgebiete von mehreren Brunnen in der Nähe eines Flusses angegeben. Die Form des Gebietes wird durch die Form der Grundwassergleichen bestimmt. Die Größe des Gebietes ergibt sich aus einer einfachen Haushaltsbetrachtung. Die Grundwasserentnahme Q aus dem Brunnen geteilt durch die für die Bemessung festgesetzte Grundwasserneubildung q_g ergibt die Fläche A_e des Einzuggebietes (Gl. 9.3.9).

Als Bemessungsgrundwasserneubildungrate q_{gb} sollte ca. 70% des mittleren Wertes gewählt werden. Damit ergibt sich auch in Jahren mit geringer Neubildung eine ausreichend große Fläche für das Schutzgebiet.

$$A_e = \frac{Q}{q_g} \tag{9.3.9}$$

9.4 Kritische Anmerkungen

Nach der DVGW-Richtlinie 111 wird zur Ermittlung der 50-Tage-Linien (Schutzzone II) die mittlere Abstandsgeschwindigkeit verwendet und damit die Dispersion (Kap. 13 Abschn. 2) ignoriert. In der Theorie legt damit bei einem konservativen Tracer die Hälfte aller Teilchen den Weg von der 50-Tage-Linie zum Brunnen in weniger als 50 Tagen zurück. In der Praxis hat sich dieses Verfahren jedoch dadurch bewährt, dass potenzielle Schadstoffeinträge in der Regel an der Oberfläche erfolgen. Bei der Festlegung der 50-Tage-Linie wird jedoch die Passage durch die ungesättigte Zone nicht beachtet. Diese Passage kann erheblich länger dauern als 50 Tage.

Darüber hinaus kann die Schutzzonenstrategie bezüglich der 50-Tage-Zone nicht auf tropische Verhältnisse übertragen werden. Bei den dort vorhandenen Temperaturen sind die Sterberaten für die meisten biologischen Stoffe viel geringer als unter deutschen Verhältnissen. Die oberflächennahe Temperatur des Grundwassers entspricht etwa der mittleren Jahrestemperatur an der Erdoberfläche. In Deutschland sind dafür 9 bis 11 Grad Celsius anzusetzen, in den Tropen zwischen 25 und 30 Grad Celsius.

Unter Berücksichtigung dieser Gesichtspunkte bietet der in Deutschland praktizierte Schutz des Grundwassers, welches zu Trinkwasserzwecken verwendet wird, einen relativen, keinen absoluten Schutz. Die Praxis zeigt jedoch, dass seit Einführung der Schutzzonen keine ansteckenden Krankheiten sich über den Wasserweg ausgebreitet haben, wie das in der Vergangenheit der Fall war.

10 Entwässerung von Deponieoberflächen

10.1 Berechnungsgrundlagen

Nach der Verfüllung von Deponien ist nach TA Abfall (Technische Anleitung Abfall) der Deponiekörper gegen eindringendes Wasser zu schützen. Das auf der Dichtung anfallende Sickerwasser muss abgeführt werden. Die Anleitung (Schmeken, 1993) sieht vor, dass über der Dichtung eine Entwässerungsschicht mit folgenden Vorgaben aufgebracht wird:

Mächtigkeit M: > 0,3 m
Durchlässigkeit k_f: > 10^{-3} m
Gefälle I_o: > 5 %

Von diesen Anforderungen kann abgewichen werden, wenn nachgewiesen wird, dass das Alternativsystem gleichwertig ist. In der Anleitung fehlen Kriterien für die Gleichwertigkeit. Sinn des Entwässerungssystems ist, das Sickerwasser schadlos abzuführen. Schäden können dann entstehen, wenn Wasser in die über der Entwässerungsschicht liegende Rekultivierungsschicht einstaut. Staunässe kann u.a. zu vermindertem Pflanzenwachstum führen. In Abb. 10.1.1 ist der prinzipielle Aufbau des Deckels einer Deponie skizziert.

In Abb. 10.1.2 ist die Entwässerungsschicht mit einer Neigung dargestellt. Die Darstellung umfasst den Bereich des Firstes des Dachprofils. Die Pfeile deuten den zusickernden Anteil am Niederschlagswasser an. Die Höhe h der Wasserschicht, die sich in der Entwässerungsschicht bildet, berechnet sich zu

$$h = \frac{q_{gb} \cdot x}{I_o \cdot k_f} \qquad (10.1.1)$$

mit: q_{gb}: Bemessungsneubildungsrate [m/s]
x: Entfernung vom First [m]
I_o: Gefälle der Entwässerungsschicht [-]

Aus dieser einfachen Gl. 10.1.1 ist ersichtlich, dass bei hinreichender Länge x h gleich der Mächtigkeit der Entwässerungsschicht wird. Damit beginnt der Einstau und damit eine potenzielle Gefährdung der Pflanzen, die auf der Rekultivierungsschicht gedeihen sollen. In der o.g. TA Abfall ist keine Vorgabe für die Bemessungsneubildung q_{gb} gegeben. Im folgenden Beispiel wird die Neubildungsrate mit

q_{gb} = 50 l/s·km^2 = 5·10^{-8} m/s vorgegeben. Später wird diese Vorgabe diskutiert. Mit den oben genannten Werten für die Mindestmächtigkeit der Entwässerungsschicht und die Durchlässigkeit ergibt sich, dass h = 0,3 m erreicht wird für x = 300 m.

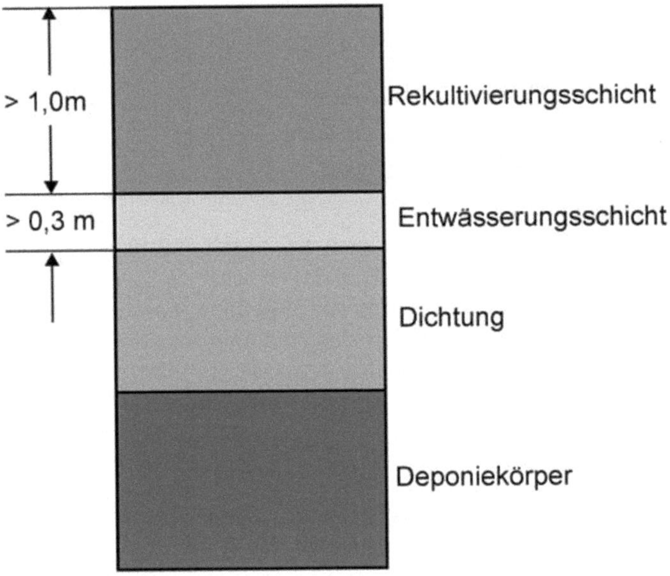

Abb. 10.1.1: Prinzipieller Aufbau des Deckels einer Deponie

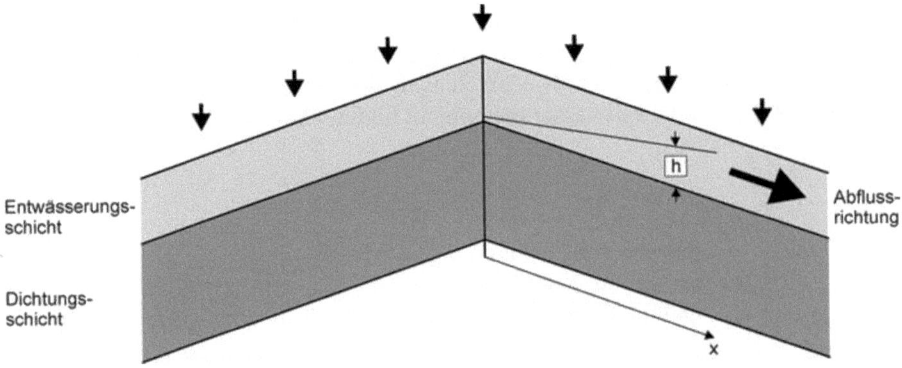

Abb. 10.1.2: Wasserabfluss in der Entwässerungsschicht eines Deponiedeckels

Wird diese Länge überschritten und soll ein Einstau vermieden werden, gibt es mehrere Möglichkeiten:

- Erhöhung der Durchlässigkeit der Entwässerungsschicht,
- Vergrößerung der Mächtigkeit der Dränschicht,
- Verkleinerung der Bemessungsneubildung,
- Verwendung eines Dräns am Auslauf.

Bei der letztgenannten Möglichkeit ergibt sich ein Kurvenverlauf der Grundwasseroberfläche, der in Abb. 10.1.3 ausgewiesen ist. Dieser Verlauf ist iterativ zu berechnen. Bei dieser Berechnung wird die Breite B des Stromstreifens zu 1 m gesetzt.

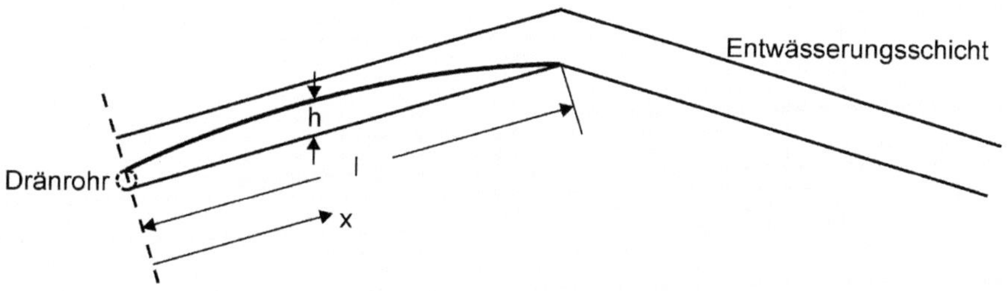

Abb. 10.1.3: Verlauf der Grundwasseroberfläche in der Entwässerungsschicht bei Verwendung eines Dränrohres am Auslauf

Das Darcy-Gesetz zur Berechnung des Durchflusses Q durch einen willkürlich gewählten Querschnitt von der Höhe h lautet:

$$Q = k_f \cdot h \cdot \left(\frac{dh}{dx} + I_o \right) \qquad (10.1.2)$$

$$q_{gb} \cdot (l - x) = k_f \cdot h \left(\frac{dh}{dx} + I_o \right) \qquad (10.1.3)$$

mit: x: Abstand vom Dränrohr [m]
l: Länge der Entwässerungschicht [m]
I_o Gefälle [-]

Gl. 10.1.3 ist numerisch (iterativ) zu lösen. Die Entwässerungsschicht wird in n Intervalle mit gleicher Länge Δx unterteilt. Im ersten Schritt wird das Gefälle der Entwässerungsschicht in Gl. 10.1.3 gleich Null gesetzt. Durch Integration und unter Vernachlässigung der Wasserhöhe h am Drän ergibt sich:

$$h_{i,1} = \sqrt{\frac{2 \cdot q_{gb}}{k_f} \cdot \left(l \cdot x_i - \frac{x_i^2}{2} \right)} \qquad (10.1.4)$$

Im ersten Index zeigt i das i-te Intervall an mit i= 1 bis n. Im zweiten Index gibt die 1 den ersten Iterationsschritt.

Es folgt dann im zweiten Iterationsschritt

$$q_{gbi} \cdot (1 - x_i) = k_f \cdot h_{i,2} \cdot (C_{i,1} + I_o) \qquad (10.1.5)$$

mit

$$C_{i,1} = \frac{h_{i+1,1} - h_{i,1}}{\Delta x} \qquad (10.1.6)$$

aus dem ersten Iterationsschritt:

$$h_{i,2} = \frac{q_{gbi} \cdot (1 - x_i)}{k_f \cdot (C_{i,1} + I_o)} \qquad (10.1.7)$$

Im m-ten Iterationsschritt folgt:

$$h_{i,m} = \frac{q_{gbi} \cdot (1 - x_i)}{k_f (C_{i,m-1} + I_o)} \qquad (10.1.8)$$

mit

$$C_{i,m-1} = \frac{h_{i+1,m-1} - h_{i,m-1}}{\Delta x} \qquad (10.1.9)$$

Die Iteration ist so lange durchzuführen, bis eine ausreichende Konvergenz erreicht ist. Diese ist erreicht, wenn die Lagen der Grundwasseroberfläche in zwei aufeinander folgenden Iterationsschritten weniger als 1 cm voneinander abweichen.

10.2 Diskussion der Bemessungsgrößen

10.2.1 Sickerrate

In der DIN 1185 ist für die Bemessung von Dränabständen eine Bemessungssickerrate von mindestens 80 $l/(s \cdot km^2)$ vorgegeben. Das entspricht etwa dem 13fachen der mittleren Neubildungsrate bezogen auf ganz Deutschland. Für die Entwässerung von Deponieoberflächen sollte eine Bemessungssickerrate von 50 $l/(s \cdot km^2)$ ausreichen. Diese Vorgabe setzt voraus, dass eine Wasserhöhe von ca. 600 mm in 3 Monaten der Entwässerungsschicht zusickert. An Orten mit mittleren Niederschlagshöhen von über 1000 mm/a kann dieser Bemessungswert auf 70 $(l/s \cdot km^2)$ erhöht werden.

Gegenüber den Vorgaben der DIN 1185 von mindestens 80 $l/s \cdot km^2$ ist zu berücksichtigen, dass die Entwässerung vernässter Flächen und die Verhinderung einer Vernässung zwei unterschiedliche Vorgänge sind. Im ersten Fall ist Wasser aus einer gesättigten Bodenzone zu entfernen. Im zweiten Fall sind zunächst ca. 30 mm in der Entwässerungsschicht zu speichern, bevor es zu einem Einstau kommt. Es wird daher eine Bemessungssickerrate von 50 $l/s \cdot km^2$ für Gebiete mit Jahreswerten der Niederschlagshöhe unter 1000 mm für angemessen gehalten.

10.2.2 Durchlässigkeit

Die Durchlässigkeit kann geringer sein als $k_f = 10^{-3}$ m/s, wenn bei kurzen Fließstrecken in der Entwässerungsschicht kein Einstau in die Rekultivierungsschicht zu besorgen ist. Es besteht die Möglichkeit, die Entwässerungsschicht mächtiger als 0,30 m zu gestalten. Diese Maßnahme wird aus folgendem Grund empfohlen. Bei geringen Mächtigkeiten besteht in Trockenphasen die Möglichkeit der Austrocknung des Tons in der Dichtungsschicht. In der unter der Entwässerungsschicht liegenden Tonschicht können Schrumpfrisse auftreten, welche die Durchlässigkeit stark erhöhen. Damit ist die Funktionstüchtigkeit der Tonschicht nicht mehr gegeben, für das Sickerwasser als Sperre zu dienen. Je mächtiger Entwässerungs- und Rekultivierungsschicht sind, desto geringer ist die Gefahr dieses Effektes.

10.2.3 Gefälle

Große Gefälle führen bei vorgegebenen Firsthöhen zu verminderter Raumnutzung. Unter den gegebenen Kriterien können auch hier geringere Gefälle gewählt werden.

11 Grundwasserentnahmen und Sekundäreffekte

11.1 Grundwasserstand und Feuchtgebiete

11.1.1 Gefahren, die von einer Übernutzung des Grundwassers ausgehen

Die Entnahme von Grundwasser aus Brunnen führt immer zu einer Absenkung der Standrohrspiegelhöhe in der Nähe der Brunnen. Diese Absenkung kann zur Folge haben:

- Zerstörung von grundwasserabhängigen Feuchtgebieten
- Verminderung von Ernteerträgen
- Bodensetzungen
- Influente Verhältnisse in der Nähe von Oberflächengewässern, insbesondere Salzwasserintrusionen in der Nähe von Küsten oder salzigen Binnenseen.
- Aufstieg von versalztem Tiefengrundwasser.

11.1.2 Grundwasserabhängige Feuchtgebiete

Diese Gebiete sind vornehmlich dort entstanden, wo

- Grundwasser breiteren Talauen zugeflossen ist, (Abb. 11.1.2.1)
- Versickerndes Niederschlagswasser als Folge geringen Gefälles in ebenen Bereichen nicht ausreichend abgeführt wird. (Abb. 11.1.2.2)

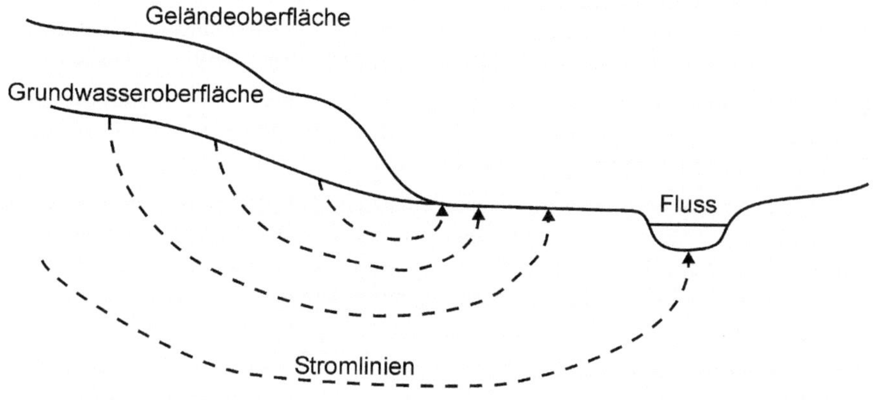

Abb. 11.1.2.1: Aufsteigendes Grundwasser in Talauen von Flüssen (grundwasserabhängige Feuchtgebiete)

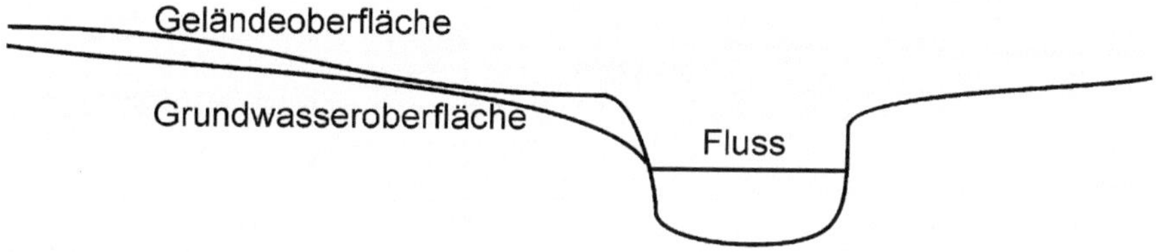

Abb. 11.1.2.2: Grundwasseroberfläche im flachen Gelände nahe der Geländeoberfläche

Ein großer Teil der Feuchtgebiete in Deutschland ist aber nicht durch Grundwasserentnahmen aus Brunnen zerstört worden, sondern durch Entwässerungsmaßnahmen (Dräne, Gräben (Kap. 6 Abschn. 3)) zur Schaffung von Standorten, die für die Viehzucht und den Ackerbau geeignet sind. In Niedersachsen sind z.B. auf ca. 5% der Fläche Grundwasserabsenkungen durch Grundwasserentnahmen für die öffentliche Wasserversorgung, Industrie und Landwirtschaft zu veranschlagen. Auf ca. 35% der Fläche wird das Grundwasser durch Gräben und Dräne abgesenkt, um der Landwirtschaft die Produktion von Nahrungsmitteln zu erlauben.

11.2 Grundwasserabsenkungen und Bodensenkungen

Bei feinkörnigen Böden treten Setzungen durch Schrumpfungen auf. Schrumpfrisse an der Oberfläche sind ein Hinweis auf diesen Prozess. Die Schrumpfung wird durch die Kapillarkraft verursacht, die den Zwischenraum zwischen den Körnern verkleinert. Je weniger Wasser im Hohlraum, desto stärker sind die Krümmungen der Menisken, desto stärker die Kräfte, die auf die Körner ausgeübt werden.

Organische Böden (z. B. Torf) verwittern bei Sauerstoffzufuhr. Durch die Grundwasserabsenkung kann Luft in die Hohlräume eindringen. Es treten Setzungen als Folge der Verwitterung auf.

Durch die Absenkung des Grundwassers tritt ein Teil des Bodenkörpers aus dem Wasser heraus (Abb. 11.2.1). Für diesen Teil entfällt der Auftrieb, den das Wasser auf die Körper ausübt. Die Last auf dem darunter liegenden Bereich wird größer. Es tritt eine Druckerhöhung auf. Kompressible Böden sacken oder konsolidieren. Es senkt sich die Bodenoberfläche.

Anzumerken ist, dass Setzungen von lockeren Sanden nahezu zeitgleich mit der Druckänderung auftreten und als Sackungen bezeichnet werden. Aus tonigen Sedimenten muss erst das Wasser entweichen, damit das kompressible Korngerüst zusammengedrückt werden kann. Da Tone eine geringe Durchlässigkeit haben, ist dieser Entwässerungsvorgang zeitabhängig. Diese Setzung wird als Konsolidierung bezeichnet. In Abb. 12.2.1 ist die Druckänderung bei Grundwasserstandsabsenkung qualitativ erläutert.

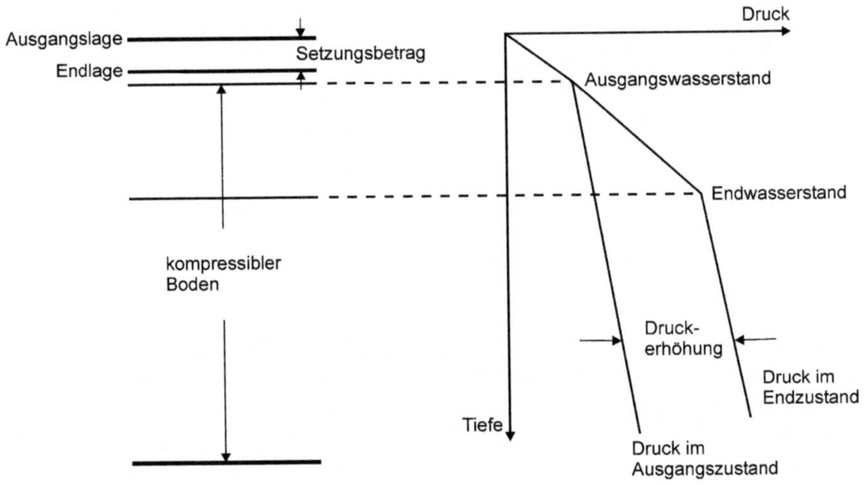

Abb. 11.2.1: Bodensetzung als Folge der Druckerhöhung durch Grundwasserabsenkung

Setzungsempfindlich (kompressibel) sind organische Böden, fluviatile und äolische Ablagerungen von tonigen und schluffigen Sedimenten und solche vulkanischen Ursprungs. Die Grundwasserleiter in Norddeutschland waren z.B. dem Druck des Eises während der Eiszeit ausgesetzt. Daher sind in diesem Bereich die mineralischen Ablagerungen wenig setzungsempfindlich (kompressibel), da die Setzung während dieser Zeit stattgefunden hat.

11.3 Grundwasserentnahmen und Salzwasserintrusion

Salzwasser in Grundwasserleitern liegt in der Nähe von Küsten und auf Inseln vor. Hier handelt es sich um Meerwasser, das in den Untergrund eingedrungen ist. Im Binnenland sind in geologischen Zeiten Salzstöcke entstanden, die in Grundwasserleiter hineinragen. Grundwasser umfließt diese Salzstöcke. Salze lösen sich im Wasser und werden abtransportiert. Im Abstrombereich (Abb. 11.3.1) fließt in der Tiefe Salzwasser ab. Auf diese Weise sind z. B. in der Lüneburger Heide tiefe Grundwässer in weiten Bereichen versalzen (in den sog. Unteren Braunkohlensanden).

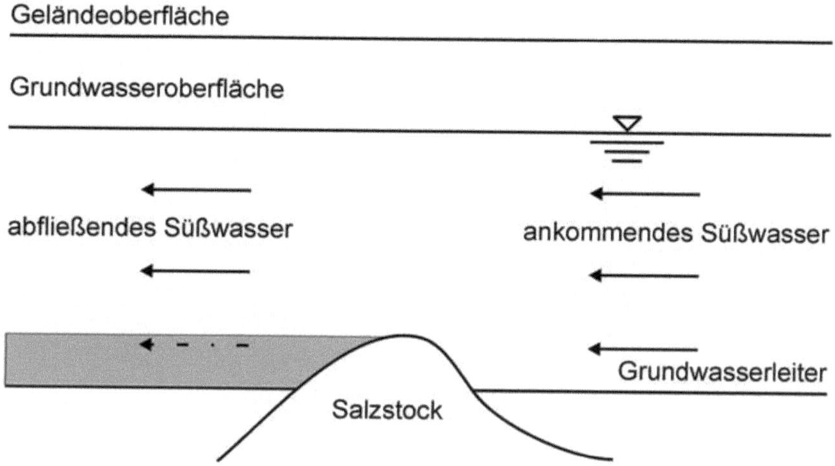

Abb. 11.3.1: Salzwasser in tiefen Bereichen von Grundwasserleitern verursacht durch Salzstöcke

In Abb. 5.2.4.1 wurde gezeigt, dass auf Inseln der Grundwasserspiegel zur Mitte hin ansteigt, wenn Grundwasserneubildung vorhanden ist. Wenn diese Insel von Meerwasser umgeben ist, schwimmt im Gleichgewichtszustand das leichtere Süßwasser einem Eisberg vergleichbar im schwereren Meerwasser. Unterhalb der Insel befindet sich ein Süßwasservorkommen (Abb. 11.3.2).

An der Küste dringt Meerwasser unter der Wirkung der Schwere in den tiefen Bereich des Grundwassers ein. Darüber fließt das Süßwasser dem Meer zu (Abb. 11.3.3). Auch hier bildet sich ein stationärer Zustand aus, wenn keine menschlichen Einwirkungen den Süßwasserfluss beeinträchtigen.

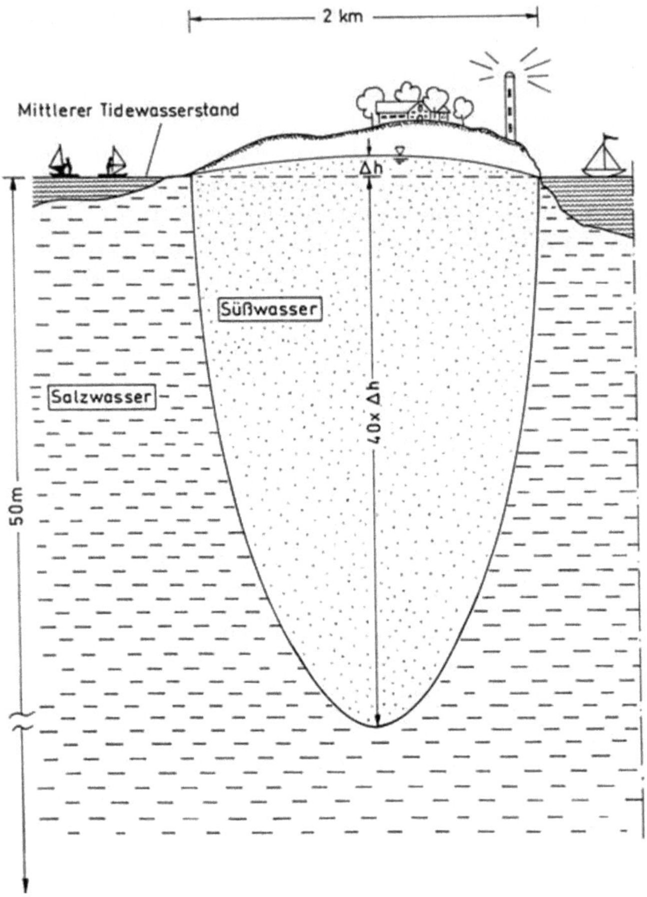

Abb. 11.3.2: Salz- Süßwasserverteilung im ungestörten Zustand unter einer Insel

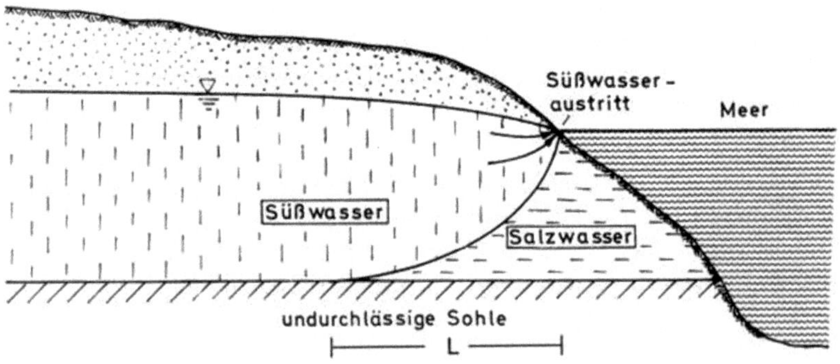

Abb. 11.3.3: Salz-Süßwasserverteilung im ungestörten Zustand an der Küste

Die Verteilung von Salz- und Süßwasser im Gleichgewichtszustand ergibt sich aus der unterschiedlichen Dichte der beiden Flüssigkeiten. Nachfolgend wird diese Verteilung unter der Voraussetzung beschrieben, dass es eine scharfe Grenze zwischen Salz- und Süßwasser gibt.

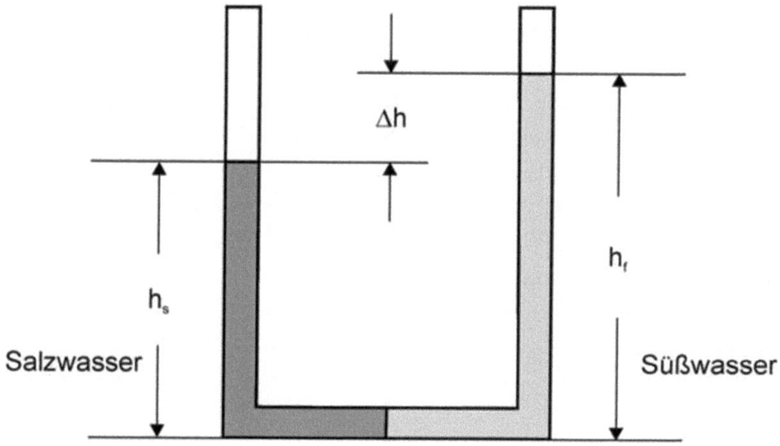

Abb. 11.3.4: Salz- und Süßwasser in kommunizierenden Röhren

In Abb. 11.3.4 ist eine Süß- und eine Salzwassersäule in kommunizierenden Röhren im Gleichgewicht. Die Massen von Salz- m_s und Süßwasser m_f müssen gleich sein.

$$m_s = m_f \tag{11.3.1}$$

oder unter Berücksichtigung der Dichten beider Flüssigkeiten

$$\rho_{sa} \cdot h_s = \rho_f \cdot h_f \tag{11.3.2}$$

Die Höhendifferenz Δh ergibt sich zu:

$$\Delta h = h_s \cdot \frac{\rho_{sa} - \rho_f}{\rho_f} \tag{11.3.3}$$

h_s kann als Länge der Süßwassersäule h_{fu} unter dem Meeresspiegel gedeutet werden.

$$h_s = h_{fu} \tag{11.3.4}$$

Die Tiefe dieser Süßwasserlinse ist abhängig von der Wasserhöhe Δh über dem Meerwasserspiegel. Aus Gl. 11.3.3 folgt für die Tiefe der Süßwasserlinse (Abb.11.3.2) unter dem Meeresspiegel:

$$h_{fu} = \frac{\rho_f}{\rho_{sa} - \rho_f} \cdot \Delta h \qquad (11.3.5)$$

Dieses ist die sog. Ghyben-Herzberg-Beziehung.

Aus dem Dichteunterschied zwischen Meer- und Süßwasser von ca. 25 kg/m^3 folgt:

$$h_{fu} = 40 \cdot \Delta h \qquad (11.3.6)$$

Im ungestörten Zustand ist die Tiefe der Süßwasserlinse unter dem Meeresspiegel 40-mal so groß wie die Standrohrspiegelhöhe über dem Meeresspiegel.

Unter Berücksichtigung des Darcy-Gesetzes und der Ghyben-Herzberg-Beziehung lässt sich die Länge L der Salzwasserzunge berechnen, die im ungestörten Zustand in den unteren Bereich des Grundwasserleiters (Abb. 11.3.3) eindringt.

Nach Darcy ist (Breite des Stromstreifens = 1m):

$$Q_a = k_f \cdot M \cdot \frac{dh}{dx} \qquad (11.3.7)$$

mit

$$M = h_{fo} + h_{fu} \qquad (11.3.8)$$

und

Q_a: Süßwasserabfluss pro m Breite.

Aus Gl. 11.3.5/6 und der Voraussetzung $h_{fo} << h_{fu}$ folgt:

$$Q_a = k_f \cdot h_{fu} \cdot \frac{\rho_{sa} - \rho_f}{\rho_f} \cdot \frac{dh}{dx} \qquad (11.3.9)$$

Durch Umordnung von Gl. 11.3.9 ergibt sich:

$$\int_0^L Q_a \cdot dx = k_f \cdot \frac{\rho_{sa} - \rho_f}{\rho_f} \cdot \int_0^M h_{fu} \cdot dh_{fu} \qquad (11.3.10)$$

Daraus folgt

$$L = \frac{k_f}{2 \cdot Q_a} \cdot \frac{\rho_{sa} - \rho_f}{\rho_f} \cdot M^2 \qquad (11.3.11)$$

mit M als Mächtigkeit des Grundwasserleiters.

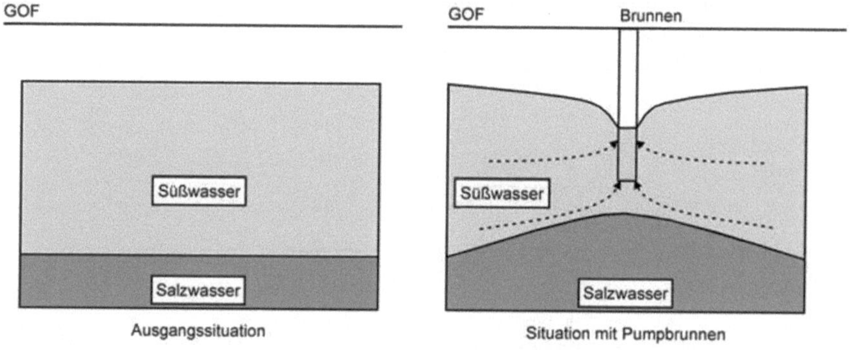

Abb. 11.3.5: Tiefensalzwasser steigt auf unter Pumpbrunnen

Zum Verständnis des Aufstiegs von tiefenversalzenem Grundwasser bei Grundwasserentnahmen aus dem obenliegenden Süßwasser wird zunächst von einem statischen Zustand ausgegangen. In das dem Salzwasser überlagernde Grundwasser wird in einem Gedankenexperiment ein Zylinder eingeführt (Abb. 11.3.6). Innerhalb des Zylinders wird das Süßwasser um den Betrag Δh_f abgesenkt. Im Zylinder steigt dann das Salzwasser um den Betrag Δh_s an.

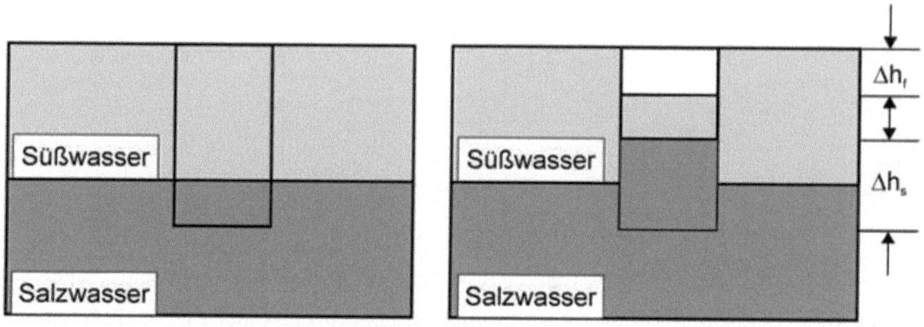

Abb. 11.3.6: Gedankenmodell: Süßwasser – Salzwasser

Es ist:

$$\Delta h_s = \frac{\Delta h_f \cdot \rho_f}{\rho_s} \tag{11.3.12}$$

Wird Süßwasser oberhalb tiefliegender Salzwasser abgepumpt, kann auch tiefliegendes Grundwasser zu dem obenliegenden Brunnenfilter aufsteigen. Es wird ein nach oben gerichtetes Grundwassergefälle erzeugt. In diesem Strömungsfeld kann im begrenztem Maße Salzwasser aufsteigen, bis der nach oben gerichtete Gradient durch den Gradienten, der durch das schwerere Salzwasser nach unten weisend aufgebaut wird, kompensiert wird (Abb. 11.3.5).

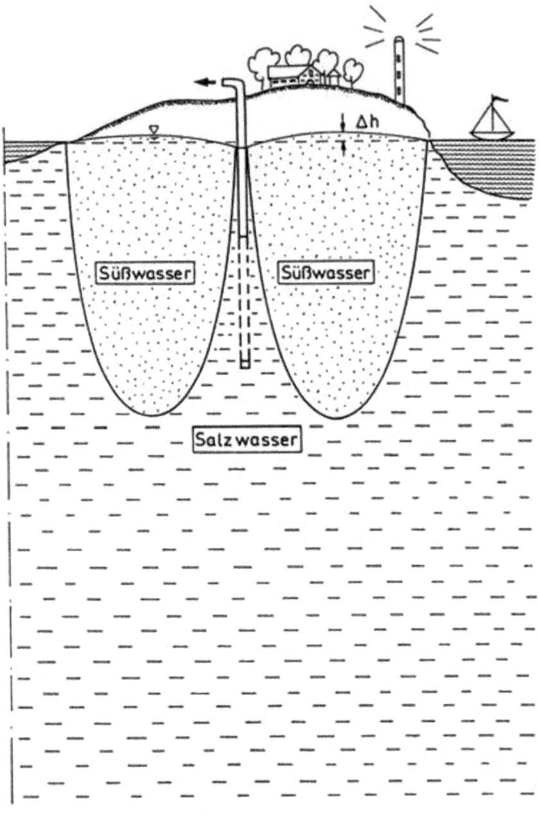

Abb. 11.3.7: Salz- und Süßwasserverteilung im Untergrund einer Insel bei zu hoher Entnahme von Grundwasser

Bezüglich der Aufhöhung des Salzwassers im Absenkungsbereich des Brunnens ist hier die Standrohrspiegelhöhe im Süßwasser an der Salz-Süßwassergrenze unterhalb des Brunnens, nicht die Standrohrspiegelhöhe im Brunnen für die Berechnung von h_f anzusetzen. Die Standrohrspiegelhöhe an der Salz-Süßwassergrenze ist höher als die im Brunnen. Die Differenz ist u.a. von der Tiefe des Grundwasserleiters und dessen Durchlässigkeit, von der Tiefe des Brunnens und der Grundwasserentnahme abhängig.

Wird durch Grundwasserentnahme auf Inseln der Grundwasserstand abgesenkt, steigt Salzwasser in die Höhe. Das folgt aus der Ghyben-Herzberg-Beziehung. Ist die Absenkung derart, dass die Standrohrspiegelhöhe unter den Meeresspiegel absinkt, tritt von unten Meerwasser in die Brunnen ein (Abb. 11.3.7). Der Wasserbedarf auf den meisten Ostfriesischen Inseln kann z.B. aus der Süßwasserlinse nicht mehr gedeckt werden.

Wird in der Nähe der Küste Grundwasser entnommen, kann ein Gefälle vom Meer ins Binnenland geschaffen werden. Meerwasser dringt in küstennahe Grundwasserleiter ein. Es kommt zu Versalzungen küstennaher Grundwasserleiter (Abb. 11.3.8).

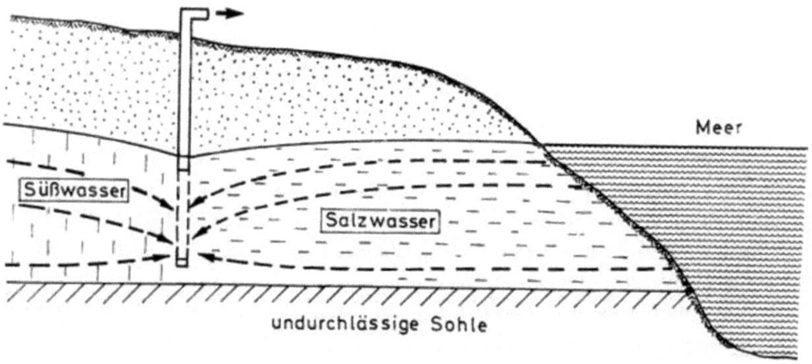

Abb. 11.3.8: Eindringen von Salzwasser in einen küstennahen Grundwasserleiter

12 Mehrphasenströmungen

12.1 Bewegung von drei mobilen Phasen im Hohlraum

Dringen z.B. Mineralöle oder chlorierte Kohlenwasserstoffe als Flüssigkeiten in den Boden ein, liegen im Allgemeinen drei bewegliche Phasen vor (Helmig, 1997). Neben dem Wasser und der Luft sind auch solche Flüssigkeiten im Hohlraum vorhanden. Die Durchlässigkeiten dieser Flüssigkeiten hängen von deren Verteilung im Hohlraum des Gesteins ab, die Verteilung wiederum von der Benetzbarkeit der Gesteine mit diesem Fluid. Als Maß für die Benetzbarkeit kann die Wärmemenge dienen, die abgegeben wird, wenn ein Fluid mit der trockenen Oberfläche eines Gesteinskörpers in Kontakt kommt. Bei der quantitativen Bestimmung ist die Wärmemenge auf die Masseneinheit des Festkörpers zu beziehen. Es wird dann die Energie frei, die aufgewendet werden muss, um das Fluid von der Oberfläche zu entfernen. Diese Zufuhr von Energie kann z.B. in einem Trockenofen erfolgen.

In Abb. 12.1.1 ist eine solche idealisierte Verteilung angegeben. Es wird angenommen, dass z.B. Heizöl in den Boden eindringt.

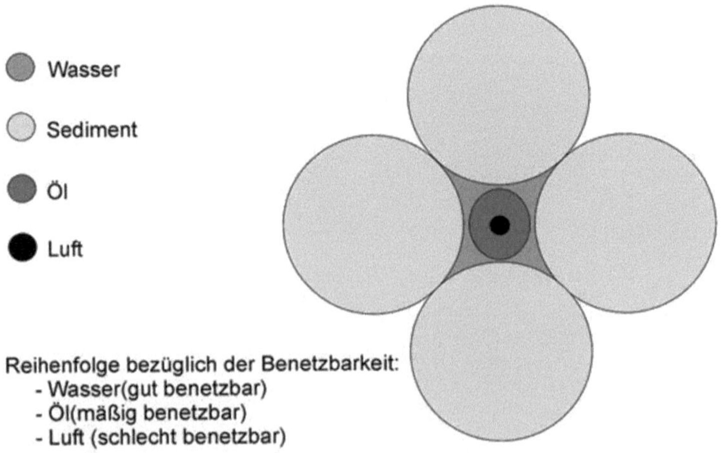

Abb.12.1.1: Verteilung von drei Fluiden im Porenraum entsprechend der Benetzbarkeit des Gesteins durch die Fluide

Gegenüber Luft und Heizöl ist das Wasser das das Gestein am besten benetzende Fluid. Das Wasser benetzt die Oberfläche der Gesteinskörner und besetzt die Zwickel und Winkel zwischen den Körnern. Hier hat das Wasser pro Volumeneinheit die größte Kontaktfläche zum Gestein. Die geringste Benetzbarkeit hat das Gestein gegenüber Luft. Die Luft besetzt den Zentralbereich des Hohlraums mit geringster spezifischer Oberfläche. Dazwischen ist die organische Flüssigkeit eingeschlossen.

In Erdöllagestätten kann eine solche Verteilung anders aussehen, wenn als Folge der Entölung Luft und Wasser in die Lagerstätte eindringen. Über Millionen von Jahren hat das Erdöl die Oberfläche der Gesteine benetzt. Eindringendes Wasser wird diesen Zustand nicht verändern. Das Wasser ist dort gegenüber dem Erdöl das das Gestein schlechter benetzende Fluid. An die Stelle des Wassers tritt in Abb. 12.1.1 das Erdöl und an die Stelle des Öls das Wasser.

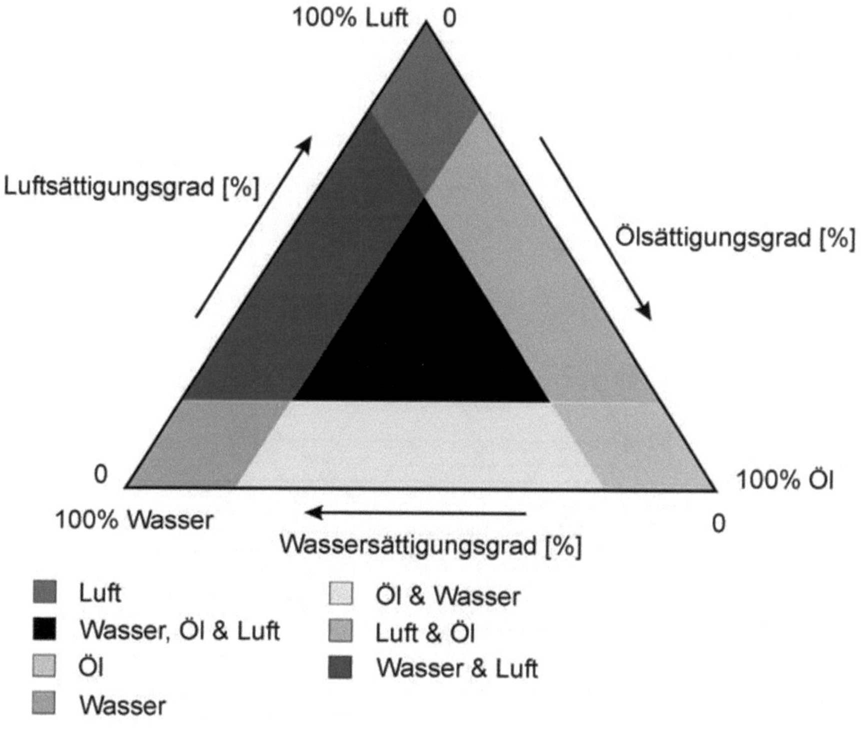

Abb. 12.1.2: Bereiche unterschiedlicher Mobilität verschiedener Fluide

Hier werden jedoch Mehrphasenströmungen unter dem Gesichtspunkt der Grundwassergefährdung betrachtet. Organische Flüssigkeiten sind solche Gefahrenstoffe. In diesen Fällen ist Wasser die das Gestein am besten benetzende Phase.

Die Abhängigkeit der relativen Durchlässigkeit der jeweiligen Phase vom Sättigungsgrad des Fluids in einem Mittelsand ist in Abb. 12.1.2 dargestellt. In diesem Dreiecksdiagramm sind auf den Achsen die jeweiligen Sättigungsgrade der drei Fluide Wasser, Öl und Luft dargestellt.

Nur in dem dunklen mittleren Dreieck sind die relativen Durchlässigkeiten aller drei Phasen größer als Null. Damit sind sie alle drei beweglich. In den anderen Bereichen entlang der Achsen sind in den jeweiligen Mittelabschnitten nur jeweils zwei Phasen, in den Spitzen nur eine Phase beweglich.

In Abb. 12.1.3 sind Linien gleicher relativer Durchlässigkeit für einen Mittelsand dargestellt. Für Wasser und Luft verlaufen diese Linien parallel zu den Seitenlinien des Dreiecks. Für die organische Flüssigkeit (z.B. Öl) ist das nicht der Fall. Das ist eine Folge der Verteilung der Fluide im Hohlraum. Wenn Öl und Luft im Hohlraum sind, ist Öl das gegenüber Luft das Gestein besser benetzende Fluid. Wenn Öl und Wasser zusammen vorkommen, ist es das Wasser, welches das Gestein besser benetzt als Öl. Je nach Partner ist das Öl die besser oder schlechter benetzende Phase.

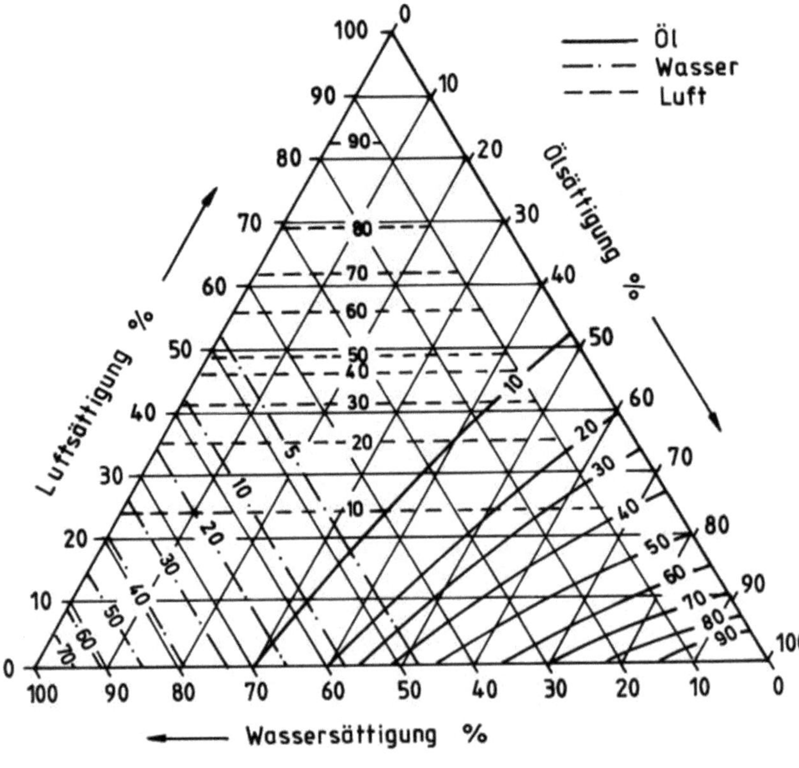

Abb. 12.1.3: Linien gleicher relativer Durchlässigkeit für drei Fluide als Phasen in Mittelsand

12.2 Ausbreitung von Flüssigkeiten im Grundwasser mit größerer Dichte als Wasser

In den Grundwasserleiter können Flüssigkeiten eindringen, die eine größere oder eine kleinere Dichte besitzen als Wasser. Chlorierte Kohlenwasserstoffe haben z.B. eine größere Dichte als Wasser, eine kleinere Dichte Mineralöle (Benzin, Heizöl). Im Fall höherer Dichte durchströmen die eindringenden Flüssigkeiten das Grundwasser, im Fall geringerer Dichte schwimmen sie auf der Grundwasseroberfläche.

Es wird vorausgesetzt, dass die Flüssigkeit mit größerer Dichte als Wasser sich wie ein Kolben in einem homogenen Medium bewegt (Abb. 12.2.1). Bei der Berechnung der Geschwindigkeit der vertikal nach unten gerichteten Bewegung im Grundwasserbereich werden die Strömung des verdrängten Wassers und Grenzflächenkräfte vernachlässigt. Die Geschwindigkeit berechnet sich dann zu:

$$v_{ai} = \frac{(\rho_e - \rho_v) \cdot g \cdot k_r \cdot k_o}{\eta_e \cdot n \cdot S_ä} \cdot I \qquad (12.2.1)$$

ρ_e : Dichte des eindringenden Fluids [kg/m^3]
ρ_v : Dichte der verdrängten Flüssigkeit
η_e : dynamische Viskosität des eindringenden Fluids

Im ungesättigten Bereich ergäbe sich die Abstandsgeschwindigkeit zu:

$$v_a = \frac{\rho_e \cdot g \cdot k_r \cdot k_o}{\eta_e \cdot n \cdot S_ä} \cdot I \qquad (12.2.2)$$

Dringt z.B. ein chlorierter Kohlenwasserstoff (Trichlorethylen) in das Grundwasser ein, ist davon auszugehen, dass Wasser die das Gestein besser benetzende Flüssigkeit ist. In Abb. 7.1.2 ist für die Zuordnung von k_r zu $S_ä$ die entsprechende Funktion für das schlechter benetzende Fluid zu wählen. Bei diesen Verdrängungsvorgängen wird im Allgemeinen von der infiltrierenden Flüssigkeit nur ein Sättigungsgrad von 50% erreicht. k_r ist dann mit etwa 0,4 anzusetzen.

Das Gefälle I ist in diesem Fall 1. Für eine Flüssigkeitsbewegung im Grundwasser in einem Mittelsand ergibt sich mit folgenden Vorgaben eine Abstandsgeschwindigkeit von ca. 10 m pro Tag im Grundwasserbereich unter der Voraussetzung, dass an der Grundwasseroberfläche so viel Flüssigkeit zur Verfügung steht wie im Grundwasserbereich absickern kann.

Beispiel:

ρ_e : $1{,}5 \cdot 10^3$ kg/m^3
ρ_v : $1{,}0 \cdot 10^3$ kg/m^3
n : 0,3
$S_ä$: 0,5
k_r : 0,4

k_o : $1 \cdot 10^{-11}$ m^2
η_e : $1{,}4 \cdot 10^{-3}$ kg/(s·m)

$v_{ae} = 9{,}5 \cdot 10^{-5}$ m/s = 8,2 m/d (im Grundwasser)

Bei der Bewegung der Flüssigkeit in der ungesättigten Zone ergäbe sich im trockenen Sand ein Sättigungsgrad von $S_ä = 0{,}7$. In diesem Fall wäre das eindringende Fluid gegenüber der Luft die das Gestein besser benetzende Phase. Die relative Durchlässigkeit wäre aber nur ca. $k_r = 0{,}3$.

$v_{ae} = 1{,}5 \cdot 10^{-4}$ m/s = 13,2 m/d (in der ungesättigten Zone)

In diesem Beispiel wäre die Abstandsgeschwindigkeit in der ungesättigten Zone etwas größer als in der gesättigten Zone. Es würde mehr Flüssigkeit zur Grundwasseroberfläche gelangen als in der gesättigten Zone abfließen kann. Aus Gründen der Kontinuität würde im Grundwasser der Abfluss auf einer etwas größeren Fläche erfolgen als in der gesättigten Zone (Abb. 12.2.1). Oberhalb der Basis des Grundwasserleiters breitet sich die Flüssigkeit horizontal aus.

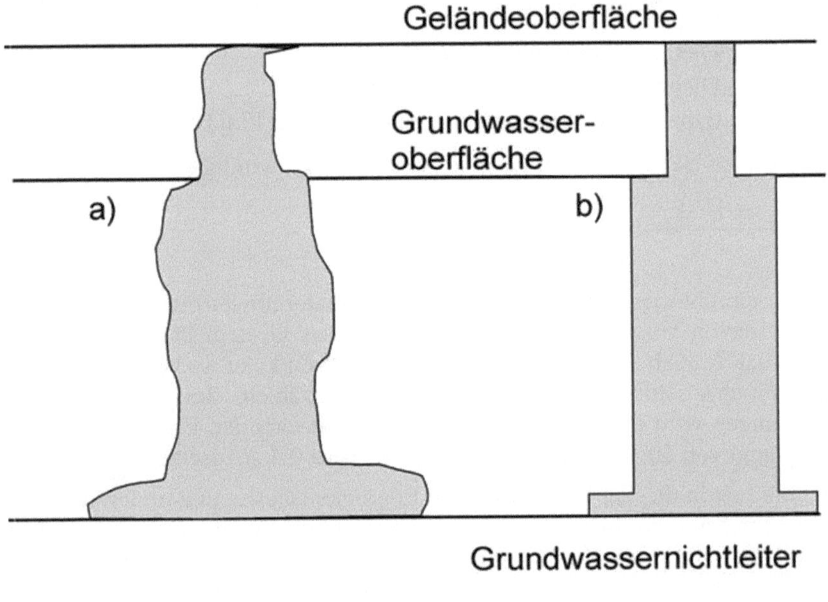

Abb. 12.2.1: Konturen der Körper der infiltrierten Flüssigkeit im Grundwasserbereich a) real, b) idealisiert

12.3 Ausbreitung von Flüssigkeiten mit geringerer Dichte als Wasser

Zu diesen Flüssigkeiten gehören z.B. Mineralölprodukte wie Heizöl (Diesel) oder Benzin. Wenn sie in den Boden eindringen und zur Grundwasseroberfläche gelangen, schwimmen sie auf dem Grundwasser (Abb. 12.3.1). Als Folge des Dichteunterschiedes dringen sie etwas ins Grundwasser ein. Die Ausbreitung erfolgt im Kapillarraum vornehmlich in horizontaler Richtung. In diesem Bereich liegt neben der betreffenden Flüssigkeit auch Luft und Wasser vor. Die Benetzbarkeit des Gesteins ist für Wasser am höchsten, dann folgt die organische Flüssigkeit, dann Luft. Für ein solches Dreiphasengemisch gelten relative Durchlässigkeiten für das jeweilige Fluid, die aus der Abb. 12.1.3 zu entnehmen sind. Als Folge des geringen Gefälles in horizontaler Richtung ist die Ausbreitungsgeschwindigkeit langsam. Die Geschwindigkeit berechnet sich nach Gl. 12.2.2. Hier ist jedoch zu beachten, dass für das Gefälle I das der Grundwasseroberfläche anzusetzen ist.

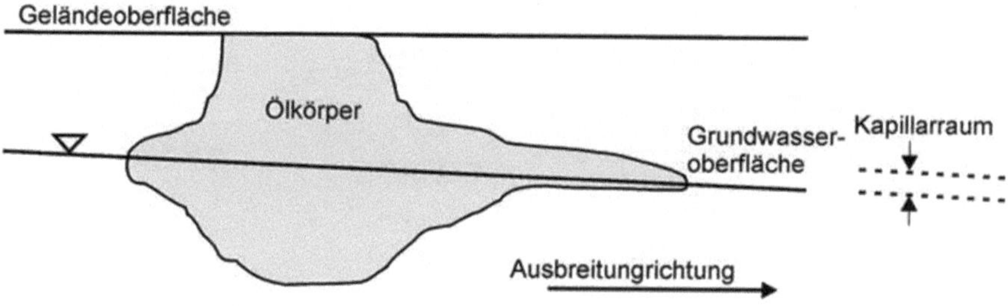

Abb. 12.3.1: Verteilung von Öl im Bereich der Grundwasseroberfläche

Zur beispielhaften Berechnung der Geschwindigkeit, mit der sich z. B. Heizöl horizontal ausbreitet, werden folgende Vorgaben gemacht:

ρ_e	: $0{,}8 \cdot 10^3$ kg/m^3
η_e	: $5 \cdot 10^{-3}$ kg/(s·m)
k_o	: $1 \cdot 10^{-11}$ m^2
k_r	: 0,2
n	: 0,3
$S_ä$	: 0,5
I	: $2 \cdot 10^{-3}$

Der Versickerungsvorgang ist abgeschlossen. Das Fluid in der ungesättigten Zone übt keinen Druck mehr auf die Flüssigkeit aus, die sich im Bereich der Grundwasseroberfläche befindet. Ein solcher Druck ist während der Versickerung und nach dem Auftreffen des Öls auf die Grundwasseroberfläche vorhanden. Während dieser Zeit ist das Gefälle und damit die Geschwindigkeit größer als angegeben. Es ist:

$$v_a = 4{,}3 \cdot 10^{-8}\ \mathrm{m/s} = 1{,}3\ \mathrm{m/a}$$

Es ist ein sehr langsamer Ausbreitungsvorgang im Untergrund. Bei dieser Betrachtung wurde eine Bewegung der Grundwasseroberfläche ausgeschlossen. In der Praxis hebt und senkt sich die Grundwasseroberfläche im Laufe eines Jahres. Damit wird das Öl in dem Bereich verschmiert, in dem diese Bewegung stattfindet. Der Sättigungsgrad wird damit verringert, damit die relative Durchlässigkeit und damit die Ausbreitungsgeschwindigkeit in horizontaler Richtung.

Abb. 12.3.2 zeigt die Kontur eines Ölkörpers in der Draufsicht, der sich über ca. 12 Jahre gebildet hat. Das Öl ist aus einer defekten Leitung ausgetreten, die von einem Öllager zur Heizungsanlage eines Krankenhauses geführt hat. In der Vertikalen war das Öl über eine Mächtigkeit von ca. 2 m verschmiert. Das war im Wesentlichen die Folge der Fluktuation der Grundwasseroberfläche.

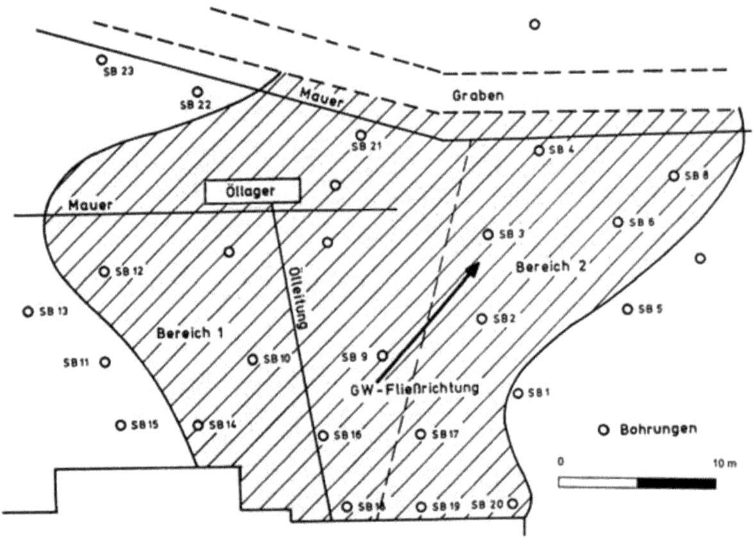

Abb. 12.3.2: Konturen eines Ölkörpers in der Draufsicht

12.4 Anmerkungen zum Abpumpen solcher Flüssigkeiten als Phase

Chlorierte Kohlenwasserstoffe haben im Allgemeinen eine hohe Löslichkeit (Tabelle 14.3.1) im Wasser. Die Flüssigkeiten sind als Phase im Grundwasserleiter nicht lange existent. Anders sieht es aus, wenn die Phase in Grundwasserhemmschichten eindringt. Hier findet nur ein geringer Wasseraustausch mit Grundwasserleitern statt. Im vorhandenen Wasser wird bald die maximale Löslichkeit erreicht. Auch hochlösliche Flüssigkeiten können sich dort über Jahrzehnte halten. Als Folge der geringen Durchlässigkeit in den Hemmschichten dauert das Abpumpen der flüssigen Phase lange.

Bei Flüssigkeiten, die leichter als Wasser sind, macht das Abpumpen dann einen Sinn, wenn Sättigungsgrade im Bereich von 50% vorliegen. Bei Dauerbetrieb von Brunnen, aus denen solche Flüssigkeiten abgepumpt werden, verringert sich der Sättigungsgrad in der Nähe der Brunnen. Der Zufluss der abzupumpenden Flüssigkeit wird wegen geringer relativer Durchlässigkeiten klein. Um das Verhältnis von abgepumpter organischer Flüssigkeit zu Wasser günstig zu gestalten, ist ein Intervallpumpen zu empfehlen. Die abzupumpende Flüssigkeit benötigt Zeit, zum Brunnen zu fließen und sich dort anzureichern. Während dieser Zeit (im Bereich von Tagen) kann die Pumpe abgeschaltet werden.

Bei Sättigungsgraden zwischen 20% und 30% ist die relative Durchlässigkeit so gering, dass dieses Sanierungsverfahren aus Zeit- und Kostengründen auszuschließen ist.

13 Transport von im Wasser gelösten Stoffen

Feststoffe, Flüssigkeiten und Gase sind im Wasser mehr oder weniger löslich. Die gelösten Stoffe können die physikalischen Eigenschaften Dichte, Viskosität und Oberflächenspannung verändern. In dieser Einführung in den Stofftransport im Grundwasser wird von so geringen Konzentrationen ausgegangen, dass die physikalischen Eigenschaften des Wassers nicht verändert werden. Wird davon abgewichen, erfolgt ein besonderer Hinweis.

13.1 Diffusion

Die Diffusion ist eine Folge der Brownschen Molekularbewegung. Bei gleichförmiger Konzentration von Teilchen in einem Lösungsmittel bewegen sich diese Teilchen ungeordnet Bei dieser Bewegung erfolgen Stöße untereinander. Der Weg, den die Teilchen zwischen zwei Stößen zurücklegen, wird als freie Weglänge bezeichnet. Bei gleichförmiger Konzentration ist die Bewegungsrichtung der Teilchen nach dem Stoß ebenfalls ungeordnet. Tritt jedoch ein Konzentrationsgefälle auf, erhält diese Bewegung eine Vorzugsrichtung zu Bereichen mit geringerer Konzentration hin. Die Zahl der Stöße untereinander wird in Richtung geringerer Konzentration kleiner. Die freie Weglänge wird in Richtung kleinerer Konzentration größer. Damit ergibt sich eine bevorzugte Komponente der Geschwindigkeit in Richtung kleinerer Konzentration. Der Transport in diese bevorzugte Richtung wird als Diffusion bezeichnet.

Der Massentransport in einem Konzentrationsgefälle (nur Diffusion) wird im stationären Fall durch das 1. Ficksche Gesetz beschrieben. Im eindimensionalen Fall lautet dieses Gesetz:

$$j = -D \cdot \frac{dc}{dx} \qquad (13.1.1)$$

j ist die Masse, die pro Zeiteinheit und Flächeneinheit durch eine Fläche transportiert wird (Gl. 3.2.1.2).

Der Diffusionskoeffizient D für Ionen im Wasser liegt bei ca. $2 \cdot 10^{-9}$ m^2/s. Im Gestein ist zu beachten, dass der Stofftransport nur im Hohlraum erfolgt. Es ergibt sich daher:

$$j_n = -D \cdot n \cdot \frac{dc}{dx} \qquad (13.1.2)$$

mit n als Hohlraumanteil.

Unter Berücksichtigung der Massenerhaltung (Kontinuitätsgesetz) ergibt sich als 2. Ficksches Gesetz:

$$\frac{dc}{dt} = D \cdot \frac{d^2c}{dx^2} \qquad (13.1.3)$$

Nachfolgend wird das 1. Ficksche Gesetz auf ein Beispiel aus der Praxis angewendet

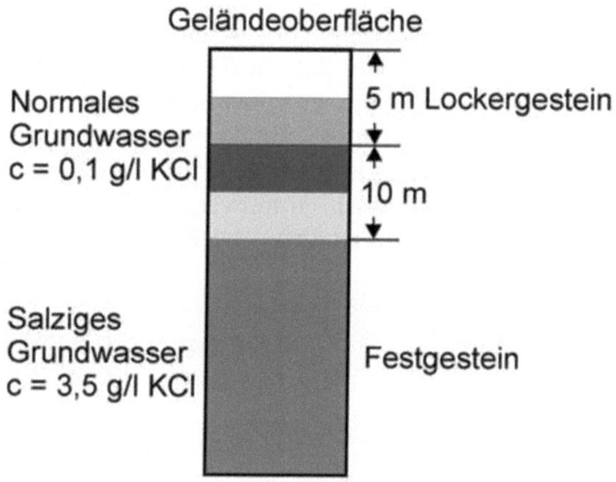

Abb. 13.1.1: Szenarium zur Erläuterung des Salztransports durch Diffusion

In Abb. 13.1.1 ist angedeutet, dass in einem Festgestein in 15 m Tiefe Salzwasser angetroffen wird. Die Konzentration von Kaliumchlorid betrug KCl 3,5 kg/m^3. In einer Tiefe bis zu 5 m überdecken Lockergesteine das Festgestein. Das darin befindliche Grundwasser ist Teil des hydrologischen Kreislaufes. Es wird durch versickernden Niederschlag erneuert und fließt zu Vorflutern ab. Das Salzwasser bleibt als Folge seiner Schwere unten im Festgestein. Das Festgestein hatte eine geringe Durchlässigkeit. Das Salwasser bewegt sich praktisch nicht unter der Wirkung der Schwerkraft. Durch Diffusion steigt jedoch Salz in die Höhe in das süße Grundwasser hinein. Die Frage ist, wie groß die Menge ist, die jährlich pro Quadratmeter zum normalen Grundwasser gelangt. Unter der Voraussetzung eines linearen Konzentrationsgefälles wird die Massenstromdichte j_n berechnet.

Es ist:

D : $2 \cdot 10^{-9}$ m^2/s
dc/dx : $3{,}4 \cdot 10^{-1}$ kg/m^3m
n : 0,3

Es ergibt sich:

$$j_n = 2{,}0 \cdot 10^{-10}\, kg/s = 6{,}3\; g/a$$

In geologischen Zeiten verringert sich die Konzentration des Salzes in der Tiefe. Als Folge des Salztransports nach oben sinkt die Salz-Süßwassergrenze nach unten. Je tiefer sie absinkt, desto geringer wird das Konzentrationsgefälle, desto geringer die Masse Salz, die pro Zeiteinheit nach oben transportiert wird, desto geringer die Absinkgeschwindigkeit der Salz-Süßwassergrenze.

Dieser Vorgang ist bei versalztem Tiefengrundwasser in solchen Gebieten zu beachten, wo durch das Umströmen von Salzstöcken Salz in das Grundwasser hineingelöst wird oder bei Überflutungen mit Meerwasser salzhaltiges Wasser in den Untergrund eingedrungen ist. Als Folge der Schwere sinkt das Salzwasser in tiefe Bereiche ab und nimmt häufig nicht am hydrologischen Kreislauf teil. Durch Diffusion gelangt aber Salz in die oberliegenden süßen Grundwässer, die das aufgenommene Salz zu Oberflächengewässern befördern (Abb. 13.1.2).

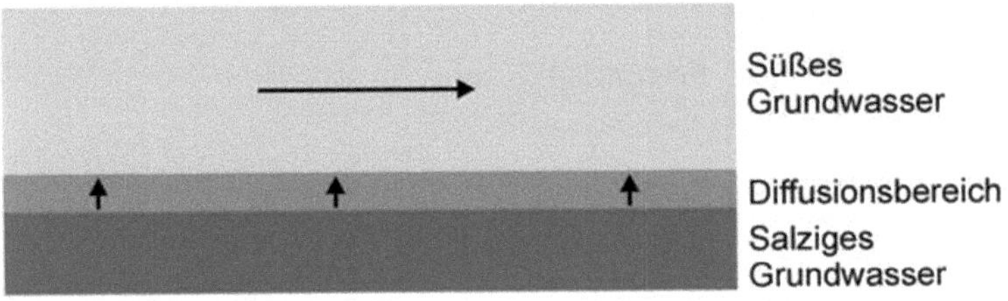

Abb. 13.1.2: Salz steigt aus tiefliegenden salzigen Grundwässern durch Diffusion in obenliegendes süßes Grundwasser auf

Die Lösung der Gl. 13.1.3 ergibt für die Rand- und Anfangsbedingung bei eindimensionaler Betrachtung

$$c = c_m \quad \text{für } x = 0 \text{ und } t > 0 \qquad 13.1.4$$

mit c_m als Konstante am Anfang (x = 0) der Laufstrecke

und

$$c = 0 \quad \text{für } x > 0 \text{ und } t = 0 \qquad 13.1.5$$

$$c = c_m \cdot \operatorname{erfc} \frac{x}{2 \cdot \sqrt{D \cdot t}}$$

Physikalisch diffundieren Moleküle aus einer Lösung in eindimensionaler Richtung in Wasser hinein. Zum Zeitpunkt $t = 0$ beträgt die Konzentration in der Lösung $c = c_m$, im angrenzenden Wasser $c = 0$.

Werte der Fehlerfunktion erfc sind in Tabelle 13.2.3 enthalten. Bei einer Diffusionslänge von 1 mm wird in 10 Tagen am Ende dieser Strecke die Konzentration ca. 97% der Konzentration in der Lösung betragen. Solche Diffusionslängen ergeben sich in den Poren von Sedimenten in Grundwasserleitern.

13.2 Dispersion

13.2.1 Längsdispersion

In Abb. 3.1.1.2 wurde gezeigt, dass beim Durchfluss eines Fluids durch eine Kapillare sich ein parabolisches Geschwindigkeitsprofil ausbildet. Wird in diese Flüssigkeit ein Tracer gegeben, so bewegt er sich in der Mitte schneller als am Rand. Als Folge unterschiedlicher Geschwindigkeiten über den Querschnitt der Kapillare wird die Konzentration in Abhängigkeit von Ort und Zeit verringert. Es tritt eine Dispersion auf. Da es sich hier zunächst um eine eindimensionale Betrachtung in Richtung der Geschwindigkeit handelt, wird von Längsdispersion gesprochen.

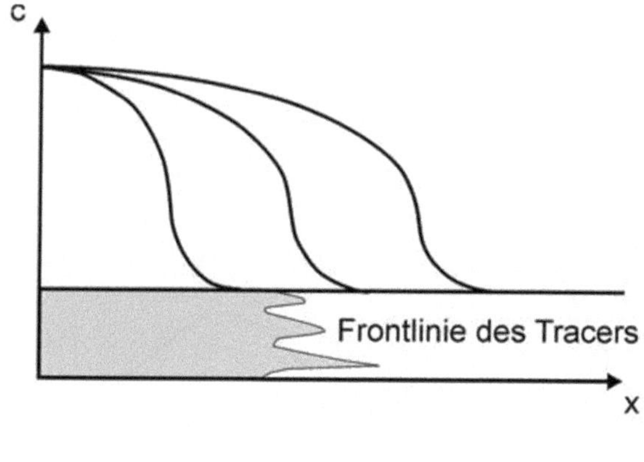

Abb. 13.2.1.1: Konzentrationsprofile beim Durchlauf eines Tracers durch einen eindimensionalen Bodenkörper

Eine solche Dispersion tritt auch in einem porösen Körper auf. Wird kontinuierlich ein Tracer in eine Bodensäule geschickt, in der sich Wasser in x-Richtung bewegt, ergeben sich die in Abb. 13.2.1.1 gezeigten Konzentrationsprofile. Es bildet sich keine kolbenförmige Frontlinie aus, sondern die Front ist als Folge der Dispersion zerfranst (Abb. 13.2.1.1).

In Abb. 13.2.1.2 ist die Konzentration als Funktion der Zeit dargestellt, wie sie sich an einem Ort x als Mittel über den Querschnitt dargestellt.

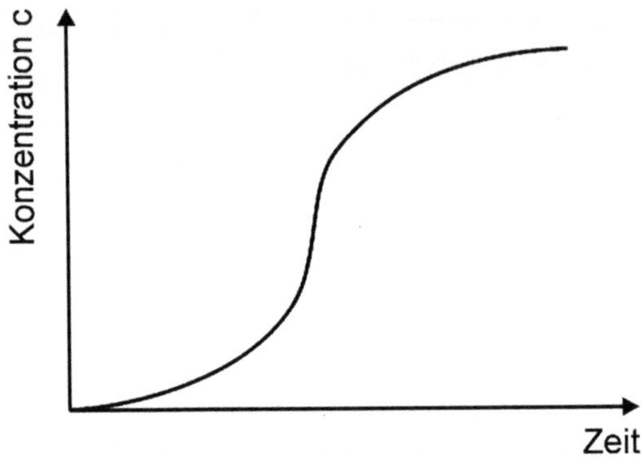

Abb. 13.2.1.2: Konzentration als Funktion der Zeit an einem vorgegebenen Ort bei kontinuierlicher Eingabe des Tracers

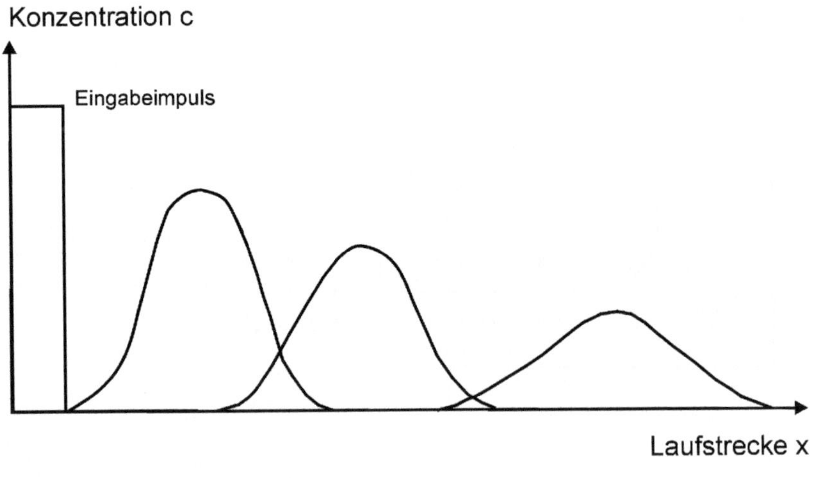

Abb. 13.2.1.3: Konzentration als Funktion des Ortes bei impulsförmiger Eingabe

Wird eine begrenzte Menge an Tracer in einem beliebig kleinen Zeitintervall in die Bodensäule (Abb. 13.2.1.1) eingegeben, wandert ein Tracerimpuls durch das poröse Medium Es verringert sich das Maximum der Konzentration mit wachsender Entfernung von der Eingabestelle und die Konzentrationsverteilung c = f(x) wird breiter (Abb. 13.2.1.3). Die Konzentration ist symmetrisch zum Maximum. Wird die Konzentration als Funktion der Zeit an einem Ort gemessen, ist die Konzentration asymmetrisch um das Maximum verteilt (Abb. 13.2.1.4).

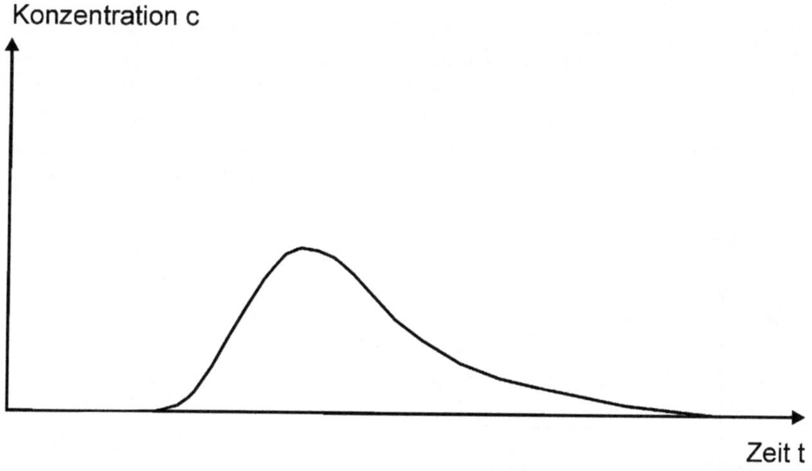

Abb. 13.2.1.4: Konzentration als Funktion der Zeit bei impulsförmiger Eingabe

Zur Beschreibung der Ausbreitung von Stoffen im Grundwasser unter Berücksichtigung von Advektion und Dispersion dient für den stationären Fall in einer Dimension die Gleichung (Kinzelbach, 1992)

$$j = -D_{il} \cdot \frac{\partial c}{\partial x} + c \cdot v_a \qquad (13.2.1.1)$$

D_{il} : Dispersionskoeffizient in Längsrichtung [m^2/s]
c : Konzentration des Stoffes

Der Dispersionskoeffizient setzt sich zusammen aus einem diffusiven und einen mechanischen Anteil

$$D_{il} = D + D_m \qquad (13.2.1.2)$$

D : Diffusionskoeffizient [m^2/s]
D_m : Mechanischer Dispersionskoeffizient

Der mechanische Anteil resultiert aus der Verminderung der Konzentration durch unterschiedliche Geschwindigkeiten.

Der Dispersionskoeffizient ist proportional der Abstandsgeschwindigkeit

$$D_{il} = \alpha_d \cdot v_a \qquad (13.2.1.3)$$

Die Proportionalitätskonstante a_d ist die Dispersivität mit der Dimension m. Die Dispersion und damit die Dispersivität sind skalenabhängig. Bei der Untersuchung des Transports von Stoffen im Labor mit Wasser in Bodensäulen aus homogenem Sand liegt die Dispersivität im Millimeterbereich. In der Natur bei der Beschreibung der Ausbreitung von Stoffen in Fließrichtung sind bei Strecken von ca. 10 m Dispersivitäten von ca. 1 m zu wählen. Findet die Ausbreitung über Strecken von 1 km statt, sind Dispersivitäten von 100 m zu wählen. Die Abb.13.2.1.5 gibt die Abhängigkeit der Dispersivität von der Laufstrecke in sandigen Materialien.

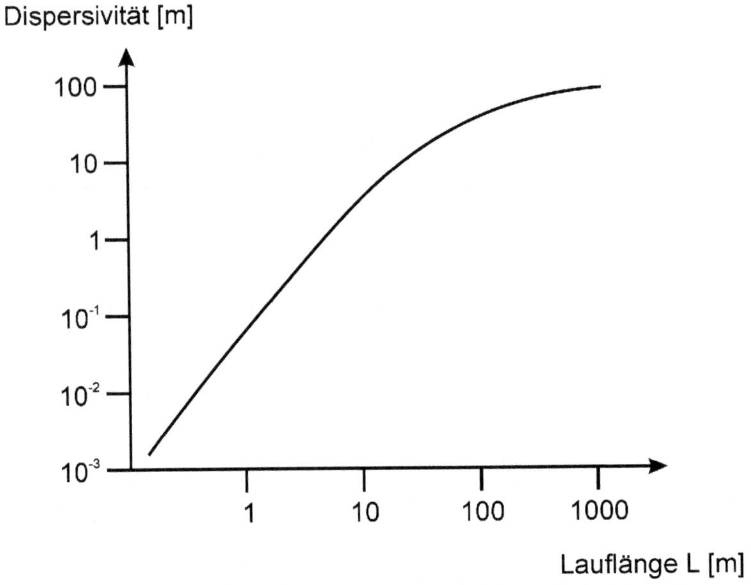

Abb. 13.2.1.5: Abhängigkeit der Dispersivität von der Lauflänge

Zur Abschätzung des Einflusses der Diffusion auf die Dispersion in sandigen Materialien werden folgende Annahmen getroffen:

v_a : $5 \cdot 10^{-7}$ m/s

α_d : 1 m

Dann ist

$$D_{il} = 5 \cdot 10^{-7} \text{ m}^2/\text{s}$$

Der Diffusionskoeffizient ist mit $2 \cdot 10^{-9}$ m²/s um mehr als zwei Größenordnungen kleiner als der Dispersionskoeffizient, wenn die Ausbreitung in einem Mittelsand erfolgt. In gröberen Materialien wird der Unterschied noch größer. Aber schon in

Schluffen bei horizontaler Durchströmung (Gefälle $I < 4 \cdot 10^{-3}$) kommt bei Laufstrecken um 1 m die Diffusion in die Größenordnung der Dispersion.

Für die Beschreibung des instationären Transportvorganges im eindimensionalen System ergibt unter Beachtung der Massenerhaltung die folgende Gleichung:

$$\frac{\partial c}{\partial t} = D_{il} \cdot \frac{\partial^2 c}{\partial x^2} - v_a \cdot \frac{\partial c}{\partial x} \qquad (13.2.1.4)$$

13.2.2 Querdispersion

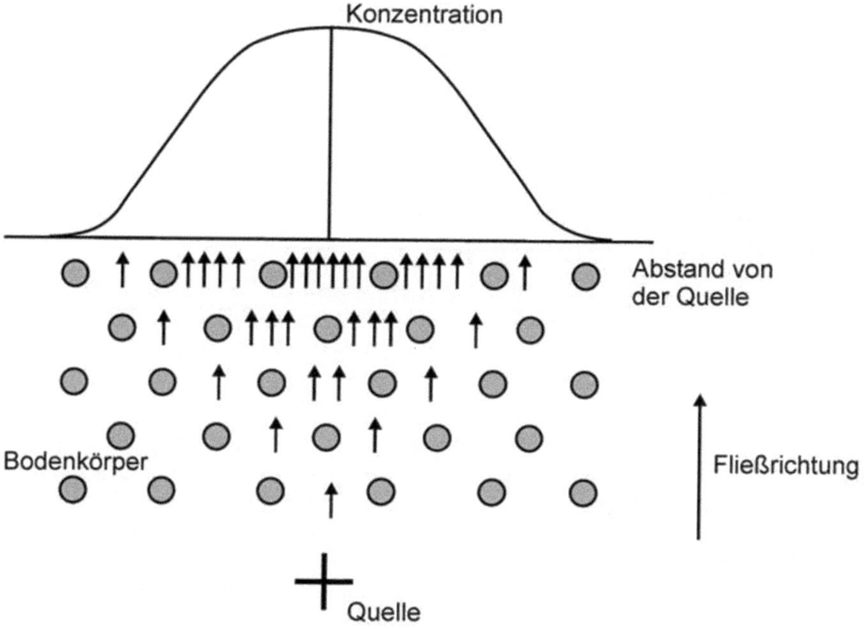

Abb. 13.2.2.1: Zur Erläuterung der Querdispersion

Neben der Längsdispersion in Hauptfließrichtung findet eine Querdispersion statt. Sie ist vornehmlich geometrisch bedingt. Zur Veranschaulichung der Vorgänge dient die vorangegangene Abb. 13.2.2.1. Wenn die Partikel mit dem Wasser Körner in einem Porenraum umfließen, besteht in einer zweidimensionalen Betrachtung die Möglichkeit, das auf zwei verschiedenen Wegen zu vollziehen. Aus der Sicht des Betrachters können die Partikel – angedeutet durch einen Pfeil – die Körner links oder rechts umfließen. Wird vorausgesetzt, dass diese Wahl bei jedem Korn existiert, besteht eine bestimmte Wahrscheinlichkeit, dass das Teilchen nach außen abdriftet. Die Anzahl der Pfeile in jeder Pore ist ein Maß für die Wahrscheinlichkeit, dass das Teilchen den jeweiligen Weg wählt. Es wird nun vorausgesetzt, dass in einem Kollektiv von Teilchen diese keine Wechselwirkung untereinander haben. Die Zahl der Teilchen, die in der Richtung laufen, die durch Pfeile angegeben ist, entspricht der Wahrscheinlichkeit, mit der ein einzelnes Teilchen diesen Weg zurücklegen würde (Ergodenprinzip). Bei homogenem Material ergibt sich quer zur Fließrichtung eine Normalverteilung der Konzentration als Maß für die Aufenthaltswahrscheinlichkeit der Teilchen quer zur Fließrichtung bei zweidimensionaler Betrachtung.

Bei einer Punktquelle liegt im Allgemeinen ein dreidimensionaler Raum vor, in dem sich die Partikel ausbreiten. Bezüglich Querdispersion ist dann zwischen der horizontalen und der vertikalen Richtung quer zur Fließrichtung zu unterscheiden. Das Verhältnis der Dispersionskoeffizienten in Fließrichtung D_{il} zu dem in horizontaler Richtung D_{ih} und in vertikaler Richtung D_{iv} verhalten sich in der Natur etwa wie

$$D_{il} : D_{ih} : D_{iv} = 100 : 20 : 1 \qquad (13.2.2.1)$$

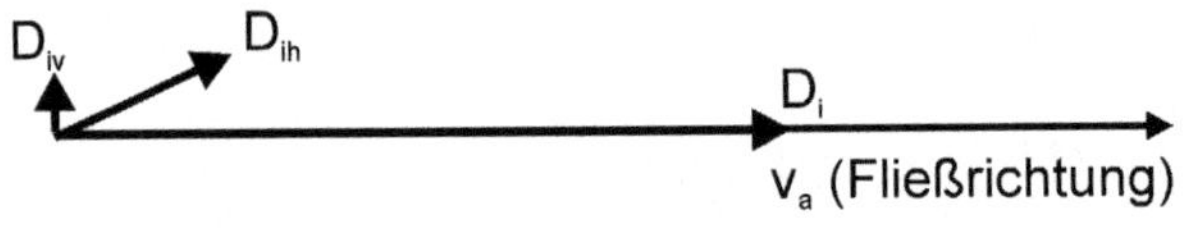

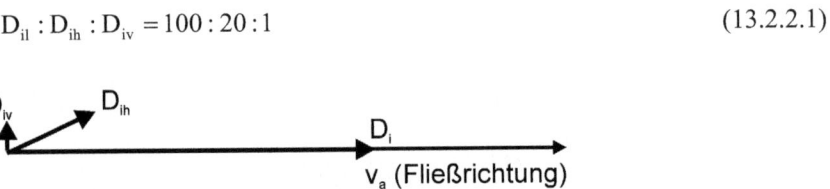

Abb. 13.2.2.2: Zur Veranschaulichung der Dispersionen in drei Richtungen

Neben den unterschiedlichen Mechanismen, welche für die Quer- und Längsdispersion verantwortlich sind, ist zu beachten, dass Schichten von unterschiedlichen Lockergesteinen vorwiegend horizontal liegen. Damit ergeben sich über die Vertikalen auf kurzen Wegen sehr unterschiedliche Geschwindigkeiten des Grundwassers in horizontaler Richtung. Dort, wo diese Schichtungen nicht vorhanden sind oder in ihrer Lage und Form gestört sind, können auch größere Abweichungen in den Verhältnissen der verschiedenen Dispersionskoeffizienten auftreten. Diese Aussage deutet wiederum darauf hin, dass die oben genannten Verhältnisse auch skalenabhängig sind.

Grundsätzlich sind die Durchlässigkeit und der Dispersionskoeffizient Größen mit tensoriellen Eigenschaften.

13.2.3 Analytische Berechnung von Stoffausbreitungen unter Berücksichtigung der Dispersion

Die Transportgleichung zur Beschreibung des Stofftransports wird im Allgemeinen numerisch gelöst. In einfachen Systemen können auch analytische Lösungen verwendet werden. Sie dienen dazu, sich ein Gefühl für Größenordnungen der Geschwindigkeiten zu schaffen, mit denen dispersive Prozesse ablaufen. Die Prozesse werden in homogenen und isotropen Medien betrachtet.

Im ersten Fall wird eine begrenzte Menge eines Tracers impulsförmig in eine eindimensionale Strömung eingegeben. Die Konzentration als Funktion des Ortes (Abb. 13.2.1.3) und der Zeit (Abb. 13.2.1.4) berechnet sich wie folgt:

$$c = c_m \cdot e^{-\frac{1}{4 \cdot D_{il} \cdot t} \cdot (x - v_a \cdot t)^2} \qquad (13.2.3.1)$$

mit

$$c_m = \frac{m}{n \cdot A \cdot \sqrt{4 \cdot \pi \cdot D_{il} \cdot t}} \qquad (13.2.3.2)$$

für

$$t > \frac{1}{\sqrt{n^2 \cdot A^2 \cdot 4 \cdot \pi \cdot D_{il}}}$$

m	: Masse der eingegebenen Substanz	[g]
A	: durchflossene Fläche	[m^2]
n	: Hohlraumanteil	[-]
D_{il}	: Longitudinaler Dispersionskoeffizient	[m^2/s]
c	: Konzentration	[g/m^3]
c_m	: Maximale Konzentration	[g/m^3]
v_a	: Abstandsgeschwindigkeit	[m/s]
t	: Zeit	[s]
x	: Abstand von der Quelle	[m]

Bei einer kontinuierlichen Eingabe von Stoffen in eine eindimensionale Strömung ergeben sich die Funktionen c = f(x) (Abb.13.2.1.1) und c = f(t) (Abb. 13.2.1.2) bei hinreichender Entfernung von der Quelle ($x > 250\ \alpha_d$) zu

$$c = \frac{c_m}{2} \cdot \text{erfc}\left(\frac{x - v_a \cdot t}{2 \cdot \sqrt{D_{il} \cdot t}}\right) \qquad (13.2.3.3)$$

In der Tabelle13.2.3.1 sind Werte der komplementären Fehlerfunktion a = erfc (b) angegeben. Zwischenwerte sind mit hinreichender Genauigkeit durch lineare Interpolation zu erhalten. Es gilt erfc (-b) = 2 – erfc(b).

Tabelle 13.2.3.1: Werte für die komplementäre Fehlerfunktion

b	a	b	a
0,0	1,0	0,8	0,258
0,1	0,947	0,9	0,203
0,2	0,777	1,0	0,157
0,3	0,671	1,2	0,090
0,4	0,572	1,4	0,048
0,5	0,480	1,6	0,024
0,6	0,396	1,8	0,011
0,7	0,322	2,0	0,0047

Wenn ein Stoff mit einer Masse m zu einem bestimmten Zeitpunkt aus einer Linienquelle über die gesamte Mächtigkeit eines Grundwasserleiters eingeleitet wird (Abb.13.2.3.1), ergibt sich eine zweidimensionale Form der Flächen gleicher Konzentration bei einer gleichförmigen Strömung in einem homogenen und isotropen Medium.

$$c = c_m \cdot e^{-\frac{1}{4 \cdot t} \cdot \frac{(x - v_a \cdot t)^2}{D_{il}} + \frac{y^2}{D_{it}}} \qquad (13.2.3.4)$$

und

$$c_m = \frac{m}{4 \cdot \pi \cdot n \cdot M \cdot t \cdot \sqrt{D_{il} \cdot D_{it}}} \qquad (13.2.3.5)$$

D_{it} : Transversal horizontaler Dispersionskoeffizient [m^2/s]

Die geometrische Form der Flächen gleicher Konzentration sind in der Draufsicht Ellipsen. Die Hauptachse a liegt in Fließrichtung. Die Gleichung der Ellipse ist:

$$\frac{(x - v_a \cdot t)^2}{D_{il}} + \frac{y^2}{D_{it}} = E \qquad (13.2.3.6)$$

mit

$$E = 4 \cdot t \cdot \ln\left(\frac{c_m}{c}\right) \qquad (13.2.3.7)$$

Für die Längen der Achsen a (Hauptachse) und b ergeben sich folgende Beziehungen

$$a = 2 \cdot \sqrt{D_{il} \cdot E} \qquad (13.2.3.8)$$

$$b = 2 \cdot \sqrt{D_{it} \cdot E} \qquad (13.2.3.9)$$

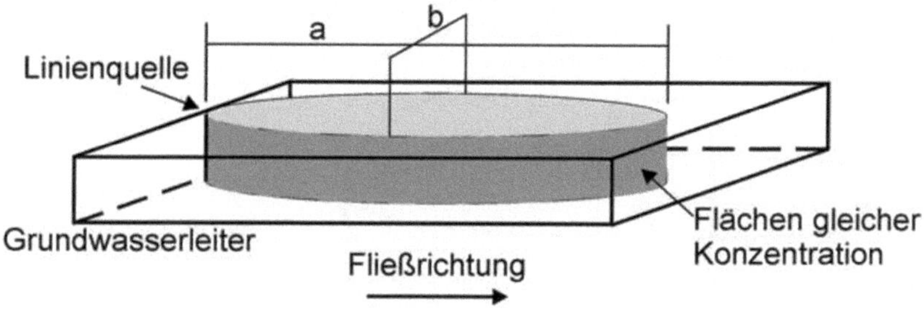

Abb. 13.2.3.1: Flächen gleicher Konzentration bei zweidimensionaler Ausbreitung und zeitlich konstanter Stoffeingabe

Bei einer kontinuierlichen Einleitung von Stoffen ergibt sich in hinreichender Entfernung von der Quelle ($x > 250\ \alpha_d$) die Fläche gleicher Konzentration zu:

$$c = \frac{c_m}{2} \cdot \operatorname{erfc}\left(\frac{r - v_a \cdot t}{\sqrt{\sqrt{D_{il} \cdot D_{it}} \cdot t}} \right) \tag{13.2.3.10}$$

mit

$$r = \sqrt{x^2 + y^2} \tag{13.2.3.11}$$

als Ortskoordinate

Entsprechend gilt die Beziehung für die Fläche gleicher Konzentration bei Einleitung von Stoffen aus einer punktförmigen Quelle in einen dreidimensionalen Grundwasserleiter:

$$c = \frac{c_m}{2} \cdot \operatorname{erfc}\left(\frac{r - v_a \cdot t}{2 \cdot \sqrt{\sqrt[3]{D_{il} \cdot D_{ih} \cdot D_{iv}} \cdot t}} \right) \tag{13.2.3.12}$$

mit

$$r = \sqrt{x^2 + y^2 + z^2} \tag{13.2.3.13}$$

als Ortskoordinate

D_{it} : Transversal vertikaler Dispersionskoeffizient [m^2/s]

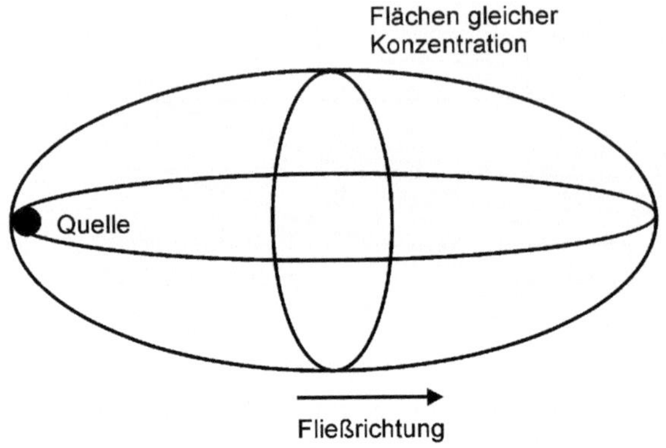

Abb. 13.2.3.2: Flächen gleicher Konzentration bei kontinuierlicher Stoffeingabe aus einer punktförmigen Quelle in einem dreidimensionalen Grundwasserleiter

13.3 Adsorption und Retardation

Die Oberflächen der Gesteine sind durchweg negativ geladen. Aus diesem Grund werden bevorzugt positiv geladene Ionen (Kationen) an der Oberfläche angelagert. Um die Kationen gruppieren sich Wassermoleküle, die eine Dipolstruktur besitzen. Das negativ geladene Ende eines Dipols zeigt in die Richtung des positiv geladenen Kations. In der Flüssigkeit herrscht Unordnung, in der Grenzschicht Ordnung.

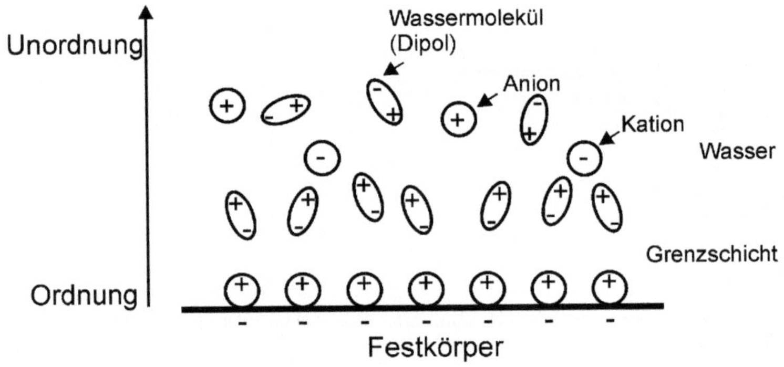

Abb. 13.3.1: Vereinfachende Darstellung einer Grenzschicht Wasser-Feststoff

Die Verteilung von Kationen in der Grenzschicht und in der Flüssigkeit ist keine statische sondern eine dynamische. Die Kationendichte in der Grenzschicht ist in erster Näherung proportional der Konzentration der Kationen in der Flüssigkeit. Ändert sich die Kationenart in der Flüssigkeit, wird sich diese Änderung auf die Grenzschicht übertragen. Auf diese Weise findet ein Kationenaustausch zwischen Flüssigkeit und Grenzschicht statt (Hölting, 1996). Abb. 13.3.1 zeigt stark vereinfacht den Aufbau einer Grenzschicht Wasser-Feststoff.

Die Masse der adsorbierten Kationen ist in erster Näherung proportional der Konzentration der Kationen in der gelösten Phase.

$$c_a = k_d \cdot c_l \qquad (13.3.1)$$

c_a : Masse der adsorbierten Kationen pro Trockenmasse des Festkörpers [kg/kg TM]

c_l : Masse der in Lösung befindlichen Kationen pro Volumen der Flüssigkeit [kg/m^3]

k_d : Proportionalitätskonstante [m^3/kg TM]

Diese Abhängigkeit ist von Henry formuliert worden. Die Proportionalitätskonstante wird auch als Henry-Konstante bezeichnet. Gl 13.3.1 wird die Henry-Isotherme genannt. Es herrscht Gleichgewicht zwischen der Konzentration der adsorbierten und der in Lösung befindlichen Konzentrationen unabhängig von der Konzentration in der Lösung bei konstanter Temperatur.

Diese Proportionalität ist solange gegeben, bis alle Adsorptionsplätze belegt sind. Dann tritt eine Sättigung ein. Die entsprechende Abhängigkeit der adsorbierten Konzentration von der in der Lösung befindlichen Konzentration ist von Langmuir beschrieben worden. Es ist

$$c_a = \frac{k_1 \cdot c_l}{1 + k_2 \cdot c_l} \qquad (13.3.2)$$

k_1 und k_2 sind Konstante. Für kleine Konzentrationen in der Lösung gilt die Henry-Näherung. Für große Konzentrationen nähert sich die Funktion dem Verhältnis k_1/k_2 an. Die Konzentration der adsorbierten Kationen ist eine Konstante.

Qualitativ ist der Verlauf der Langmuir-Isotherme aus Abb.13.3.2 zu entnehmen. Es wird die proportionale Zunahme der Konzentration der Partikel auf der Feststoffoberfläche bei kleinen Konzentrationen c_l deutlich. Danach geht die Funktion in den Sättigungsbereich über. Quantitativ ist der Verlauf von der Art der Partikel, der Größe der spezifischen Oberfläche der Körner des Sediments und dem jeweiligen Ladungszustand an den Oberflächen abhängig. In Kap. 3 wurden Angaben über die Größe der spezifischen Oberfläche in Abhängigkeit vom Korndurchmesser gemacht. Daraus ist ersichtlich, dass die Stärke der Adsorption vom Gehalt kleiner Kornfraktionen (Tone) im Sediment abhängig ist.

In Kiesen und Sanden von Grundwasserleitern ist der Einfluss der Adsorption auf Ausbreitungsvorgänge von Ionen und organischen Molekülen in Grundwasserleitern gering, wenn die Tonfraktion dort fehlt. Organische Substanzen werden bevorzugt auf Oberflächen organischer Stoffe adsorbiert. Neben der Größe der Oberfläche spielt für die Stärke der Adsorption die Art der Oberfläche eine Rolle. So werden organische Stoffe wie Pflanzenschutzmittel oder chlorierte Kohlenwasserstoffe bevorzugt an Humusstoffen im Oberboden adsorbiert.

Mit Blick auf die Ausbreitung der Partikel mit dem Wasser ist neben der Bindung von Partikeln an der Kornoberfläche die Wirkung auf die Ausbreitungsgeschwindigkeit zu beachten.

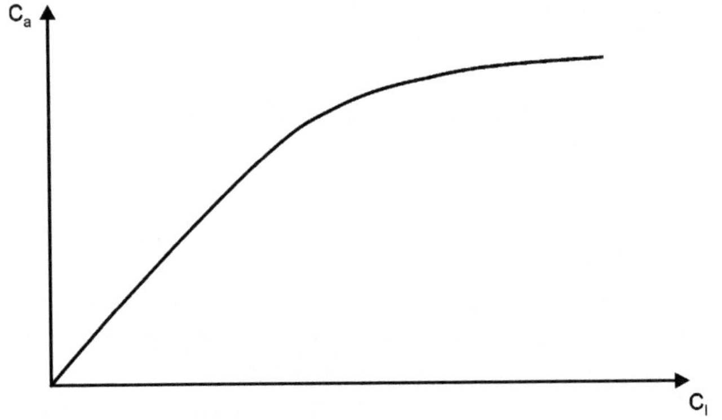

Abb. 13.3.2: Qualitativer Verlauf der Langmuir-Isotherme

Trifft bei einem Ausbreitungsvorgang eine Front von Partikeln auf ein Gestein mit freien Plätzen an der Oberfläche für die Adsorption, werden zunächst Teilchen aus dem Wasser auf diese Plätze übergehen. Im Allgemeinen geschieht das momentan. Erst wenn alle Plätze belegt sind, wird die Front weiter fortschreiten. Gegenüber dem Zustand ohne Adsorption wird die Ausbreitungsgeschwindigkeit verzögert. Ist v_{av} die verzögerte Abstandsgeschwindigkeit, dann ist diese proportional zur Abstandsgeschwindigkeit ohne Adsorptionseffekt.

$$v_{av} = \frac{1}{R_d} \cdot v_a \qquad (13.3.3)$$

R_d wird als Retardation (Verzögerung) bezeichnet. Mit Blick auf die Frontgeschwindigkeit wird die Retardation wie folgt in Zusammenhang mit der Adsorptionskonstanten k_d in der Henry-Isotherme (Gl. 13.3.1) in Zusammenhang gebracht:

$$R_d = 1 + k_d \cdot \rho_f \cdot \frac{1-n}{n} \qquad (13.3.4)$$

mit ρ_f als Feststoffdichte

In Kiesen und Sanden von Grundwasserleitern ist der Einfluss der Adsorption auf Ausbreitungsvorgänge von Ionen und organischen Molekülen in Grundwasserleitern gering, wenn die Tonfraktion und Humusstoffe dort fehlen.

Beispiel:

Die Grundwasserneubildungshöhe betrage im Jahr $h_N = 0{,}2$ m/a. In diesem in den Boden einsickernden Wasser sei eine Konzentration eines Stoffes $c_l = 1$ mg/l enthalten. Es wird nach der Konzentration des Stoffes an der Kornoberfläche c_a und in der Lösung c_l gefragt, wenn dieser Stoff mit dem Sickerwasser in den Boden eingedrungen ist und einen Sättigungsgrad $S_ä = 0{,}4$ gleichförmig über die Tiefe erreicht hat.

Weitere Vorgaben:

k_d-Wert	: 2 l/kg Boden
n	: 0,4
ρ_f	: $2{,}65 \cdot 10^3$ kg/m^3

Die Eindringtiefe des Wassers M_e mit einem gleichförmigen Sättigungsgrad von 0,4 beträgt

$$M_e = \frac{h_N}{n \cdot S_ä} = \frac{0{,}2 \text{ m}}{0{,}4 \cdot 0{,}4} = 1{,}25 \text{ m}$$

In einem Bodenvolumen mit dieser Tiefe und einer Fläche von 1 m^2 befinden sich $2{,}65\ 10^3 \cdot 0{,}6 \cdot 1{,}25 = 2.000$ kg Boden. In dieser Masse Boden sind 200 l Sickerwasser enthalten, das später zur Grundwasseroberfläche gelangt.

Zur Ermittlung der Konzentrationen c_a und c_l gibt es zwei Bestimmungsgleichungen, die aus folgenden Überlegungen resultieren:

- Die Masse des adsorbierten und des in Lösung befindlichen Stoffes beträgt 200 mg. Die Konzentration im Wasser, das in den Boden infiltrierte, betrug 1mg/l. 200 l sind pro Quadratmeter Oberfläche in den Boden infiltriert ($m_a + m_l = 200$ mg).
- Nach Gl 13.2.1 ist $c_a = 2 \cdot c_l$ oder $m_a/m_f = 2 \cdot m_l/m_w$

mit
m_a : Masse des adsorbierten Stoffes
m_f : Masse des Feststoffes
m_l : Masse der gelösten Stoffe
m_w : Masse des Wassers

Aus den beiden Bestimmungsgleichungen

$$m_a + m_l = 200 \text{ mg} \tag{13.3.5}$$

$$\frac{m_a}{m_f} = 2 \cdot \frac{m_l}{m_w} \tag{13.3.6}$$

berechnen sich die beiden Unbekannten m_a und m_l zu

$$m_a = 9{,}5 \text{ mg}$$

$$m_l = 190,5 \text{ mg}$$

Die zugeordneten Konzentrationen sind:

$$c_a = 0,095 \frac{\text{mg}}{\text{kg Boden}}$$

$$c_l = 0,0475 \frac{\text{mg}}{\text{l}}$$

Durch die Adsorption ist die Konzentration des Stoffes im Sickerwasser von 1mg/l auf 0,0475 mg/l vermindert worden. Die Ausgangskonzentration hat um den Faktor 21 abgenommen.

13.4 Zerfall von Stoffen

Stoffe unterliegen verschiedenen Einflüssen, unter denen sie ihre Eigenschaft und damit Identität verlieren. Radioaktive Stoffe können sich in andere wiederum radioaktive oder stabile Stoffe unter Aussendung von α, β und/oder γ- Teilchen umwandeln. Anorganische und organische Verbindungen gehen durch biochemische Einflüsse in andere Substanzen über. Biologische Stoffe (Bakterien, Viren) sterben ab. Im Grundwasser ist die Differenz aus Geburten- und Sterberate im Allgemeinen fallend. Die Sterbe- überwiegt die Geburtenrate. Die Konzentration der Kleinstlebewesen nimmt ab. In vielen Fällen ist beim Zerfall von Stoffen die Abnahme der Konzentration proportional der Konzentration selbst (Richter, 1986).

$$\frac{dc}{dt} = -\lambda \cdot c \qquad (13.4.1)$$

Diese Differentialgleichung beschreibt einen Prozess 1. Ordnung mit λ als Proportionalitätskonstante. Die Lösung dieser Differentialgleichung lautet:

$$c = c_o \cdot e^{-\lambda \cdot t} \qquad (13.4.2)$$

c_o ist die Ausgangskonzentration, die zum Zeitpunkt $t = 0$ vorliegt. λ wird auch als Zerfallskonstante bezeichnet. Die Zeit, in der die Hälfte der Ausgangskonzentration erreicht ist, wird Halbwertszeit $t_{1/2}$ genannt. Der Zusammenhang zwischen Zerfallskonstante λ und Halbwertszeit $t_{1/2}$ ist:

$$t_{1/2} = \frac{\ln 2}{\lambda} = \frac{0,693}{\lambda} \qquad (13.4.3)$$

Beim Zerfall radioaktiver Elemente ist die Zerfallskonstante und damit die Halbwertszeit elementspezifisch. Bei biochemischen oder biologischen Prozessen spielen die Milieubedingungen eine wesentliche Rolle. Die Differenz aus Mortalität und Fertilität ist z.B. in Grundwässern mit einer Temperatur von 10 °C (Mitteleuropa) wesentlich größer als in tropische Regionen mit Temperaturen zwischen 25 und 30 °C.

Ein Prozess nullter Ordnung läge vor, wenn die Änderung der Konzentration in der Zeit konstant wäre. Das würde bedeuten, dass

$$\frac{dc}{dt} = k \tag{13.4.4}$$

mit k als Konstante wäre.

Bei den später diskutierten Prozessen nimmt jedoch die Konzentration als Folge des Zerfalls exponentiell ab. Prozesse nullter Ordnung oder höher als erster Ordnung werden in dieser Einführung nicht behandelt.

14 Verschiedene Stoffe im unterirdischen Wasser

Stickstoffverbindungen, chlorierte Kohlenwasserstoffe und Pflanzenschutzmittel sollen stellvertretend für viele andere Stoffe in ihrem Verhalten im Grundwasser beschrieben werden. Im Mittelpunkt stehen hier hydraulische und hydrologische Prozesse, die im Zusammenspiel mit dem Zerfall von Stoffen Einfluss auf deren Konzentrationen im Sicker-, Grund- und Oberflächenwasser nehmen.

14.1 Nitrat

Die Stickstoffverbindung Nitrat wird über das Sickerwasser in das Grundwasser eingetragen. In der ungesättigten Bodenzone sind hohe Nitratgehalte Folgen einer

- zu hohen Düngung mit Mineral- und Wirtschaftsdüngern,
- Ausbringung von Gülle aus Tierhaltungen,
- Versickerung von Urin und flüssigem Kot von Weidetieren,
- Versickerung von Abwässern,
- Mineralisierung von Ernterückständen.

In Urin, Kot und Ernterückständen ist Stickstoff in organischer Form gebunden enthalten. Bei der Mineralisierung entsteht zunächst Ammonium (NH_4). Unter Sauerstoffzufuhr folgen Nitrit (NO_2) und Nitrat (NO_3). In einem Milieu, in dem kaum gelöster Sauerstoff im Wasser vorhanden ist, sind Bakterien in der Lage, den im Nitrat gebundenen Sauerstoff zu veratmen. Diese Veratmung erfolgt dann besonders intensiv, wenn im Sickerwasser gelöste organische Substanzen enthalten sind, die von den Bakterien verzehrt werden. Es entsteht u.a. Stickstoffgas, das aus dem Grundwasserbereich entweicht. An allen Reaktionen sind Mikroben beteiligt, so dass es sich um biochemische Reaktionen handelt.

Die wesentliche Abfolge der Reaktionen ergibt sich wie folgt:

Eiweiß →	Harnstoff →	NH_4 →	NO_2 →	NO_3 →	N_2
	Ammonifikation	Nitrifikation		Denitrifikation	

Befindet sich Pyrit (FeS_2) im Untergrund und liegen anoxische Verhältnisse vor (kein gelöster Sauerstoff im Grundwasser), kann ebenfalls unter Mitwirkung von Mikroben der gebundene Sauerstoff aus dem Nitrat zum Aufbau von Sulfat (SO_4)

verwendet werden. Als weitere Reaktionsprodukte entstehen EisenII- und Wasserstoffionen und Stickstoffgas (N_2).

In diesem Fall sind die Nitratkonzentrationen im Grundwasser klein trotz hoher Einträge. Sulfat liegt in hoher Konzentration vor. Darüber hinaus besteht die Gefahr der Versauerung, da die H-Ionen-Konzentration ansteigt.

14.1.1 Stickstoffeinträge von ackerbaulich genutzten Flächen

Der Kornertrag z.B. von Winterweizen ist eine Funktion des Nitratangebots in der Wurzelzone. In Abb. 14.1.1.1 ist dieser Ertrag als Funktion des NO_3-N Angebotes in kg/ha·a dargestellt (Scharpf, Baumgärtel, 1994).

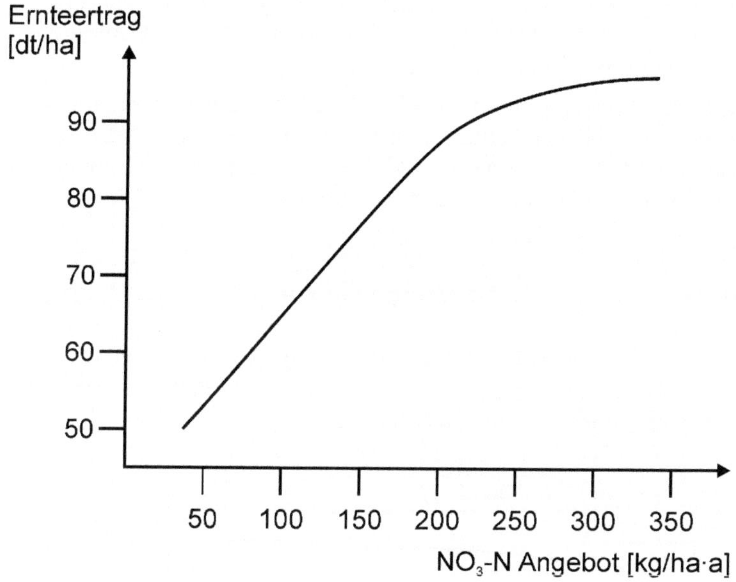

Abb. 14.1.1.1: Abhängigkeit des Ernteertrags vom Angebot an Nitratstickstoff

Bei NO_3-N Angeboten im Bereich 50 bis 200 kg/ha a nimmt der Ernteertrag linear zu. Danach tritt eine Sättigung ein. Überschüsse werden nicht mehr im Korn eingelagert. Ein Teil wird noch von der Pflanze aufgenommen. Der Rest wird ins Grundwasser mit dem Sickerwasser eingetragen. Die Konzentration c_g im Sickerwasser ergibt sich unter Vernachlässigung des Zerfalls zu:

$$c_g = \frac{j_b}{q_g} \quad \left[\frac{kg}{ha \cdot m}\right] \qquad (14.1.1.1)$$

mit: j_b: Stickstoffüberschuss pro Flächeneinheit und Zeit [kg/ha·a]
q_g: Grundwasserneubildungsrate [m/a]

Beispiel:

Es wird ein Ernteertrag von 85 dt/ha angestrebt. Das NO_3-N Angebot muss ca. 200 kg/ha betragen. Es werden z.B. 200 kg/ha an Mineraldünger verabreicht und nicht beachtet, dass ca. 50 kg/ha an mineralischem Stickstoff aus der Verwitterung der Pflanzenreste aus dem Vorjahr zur Verfügung stehen. Diese 50 kg/ha stehen zur Auswaschung in das Grundwasser bereit. Da in der Sickerzone Sauerstoff vorhanden ist, wird auch Ammonium zu Nitrat aufoxidiert. Die Frage ist, welche Konzentration sich daraus im Sickerwasser ergibt, welches die Grundwasseroberfläche erreicht.

Annahme: Grundwasserneubildungsrate 200 mm/a = 0,2 $m^3/m^2 \cdot a$. In dieses Wasser sind unter Vernachlässigung einer Denitrifikation 50 kg/ha·a = 5 $g/m^2 \cdot a$ (50.000 g/10.000 m^2) einzumischen. Pro Quadratmeter fallen 0,2 m^3 Wasser an. Es ergeben sich 25 g NO_3-N/m^3 (5.000 mg/200 l). Dieses entspricht 111 mg/l NO_3. Damit beträgt der Nitratgehalt mehr als das Doppelte der Konzentration, die im Trinkwasser zulässig ist (50 mg/l NO_3).

Zur Umrechnung der Konzentration von NO_3 in NO_3-N ist anzumerken, dass das Molekulargewicht von NO_3 62 g beträgt (3·16 + 1·14) Das Verhältnis des Molekulargewichts von NO_3 (62) zu N (14) ist 4,43. Angaben der Konzentrationen von NO_3 und NO_3-N unterscheiden sich um den Faktor 4,43.

14.1.2 Nitrataustrag in Oberflächengewässer

In Abb. 14.1.2.1 ist aus einem Projektgebiet die Nitratkonzentration im Grundwasserleiter als Funktion der Tiefe dargestellt. Nahe der Grundwasseroberfläche liegen hohe Konzentrationen vor, zur Tiefe hin werden sie geringer.

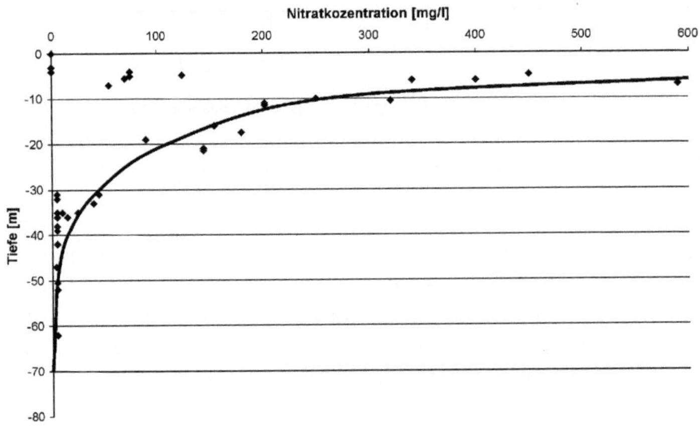

Abb. 14.1.2.1: Verlauf der Nitratkonzentration über die Tiefe eines Porengrundwasser leiters

Diese Konzentrationsverteilung über die Tiefe des Grundwasserleiters hat Auswirkungen auf den Stoffaustrag in Oberflächengewässer. In Abb. 14.1.2.2 ist die Nitratkonzentration im Wasser mehrerer Oberflächengewässer in Norddeutschland als Funktion des Abflusses dargestellt. Die Ursache für den Verlauf der Nitratkonzentration in diesen Gewässern als Funktion des Abflusses ist darin zu sehen, dass im Winter die Grundwasserstände derart steigen, dass Entwässerungssysteme anspringen. Oberflächennahes Grundwasser geht auf kurzem Wege in die Entwässerungssysteme und von dort in die Vorfluter. Im oberflächennahen Grundwasser ist wesentlich mehr Nitrat enthalten als im tiefen Grundwasser. Hohe Abflüsse treten in den Wintermonaten, niedrige in den Sommermonaten auf.

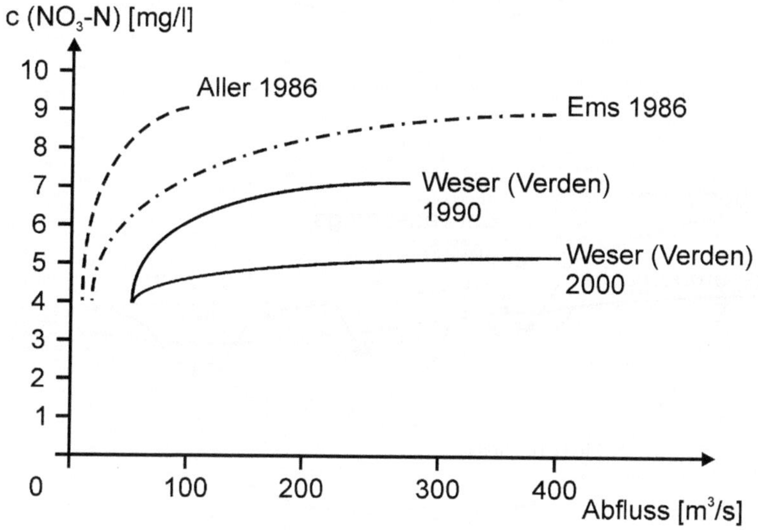

Abb. 14.1.2.2: Nitratkonzentration als Funktion des Abflusses in Norddeutschen Flüssen

Der wesentliche Grund für dieses Phänomen ist der Abfluss von oberflächennahem Grundwasser zu Entwässerungssystemen bei hohem Grundwasserstand in den Wintermonaten. Diese Situation ist in den nachfolgenden Abbildungen skizziert

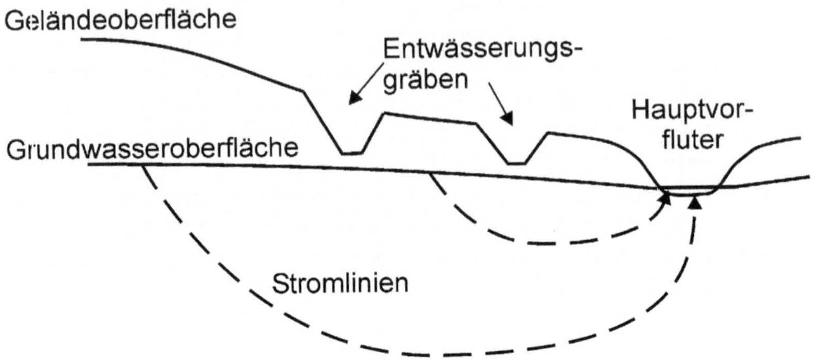

Abb. 14.1.2.3: Zufluss von Grundwasser zum Vorfluter im Sommer

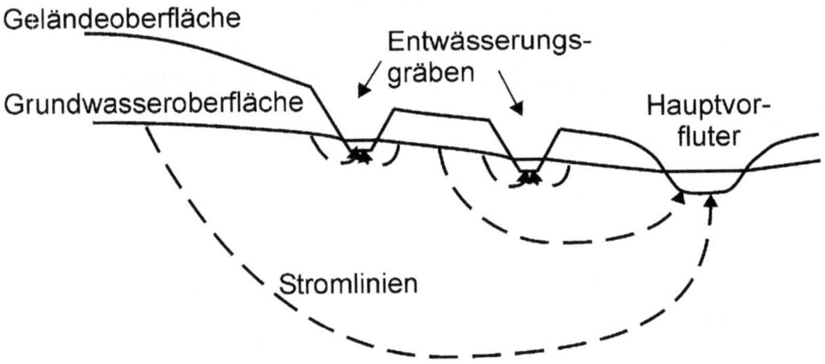

Abb. 14.1.2.4: Zufluss von Grundwasser zu Entwässerungsgräben und zu Hauptvorflutern im Winter

Die aufgezeigten Phänomene sollen nun quantitativ betrachtet werden. Nitrat wird durch Sickerwasser in die Grundwasseroberfläche eingetragen. Im Grundwasser wird das Nitrat entlang der in Abb. 14.1.2.6 dargestellten Stromstreifen in die Tiefe und schließlich zum Vorfluter transportiert. Dieser Stoff unterliegt im Grundwasser einer Denitrifikation, so das Nitrat zerfällt. Es bildet sich u.a. das Stickstoffmolekül, das bei Übersättigung aus der Grundwasseroberfläche als Gas austritt.

Es wird ein Stromstreifen in einem Einzugsgebiet betrachtet (Abb. 14.1.2.5). In diesem Stromstreifen befindet sich ein Beobachtungsbrunnen. Von der Grundwasseroberfläche im Stromstreifen wird Nitrat in das Grundwasser eingetragen (Abb. 14.1.2.6).

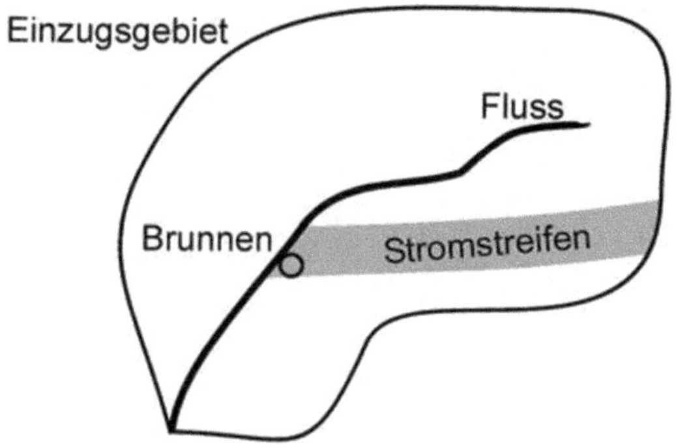

Abb. 14.1.2.5: Skizzen eines Stromstreifens mit Beobachtungsbrunnen

Mit zunehmender Länge der Fließwege nehmen die Fließzeiten zu und damit die Konzentration ab. Nachfolgend wird die Konzentrationsverteilung über die Tiefe des Beobachtungsbrunnens ermittelt.

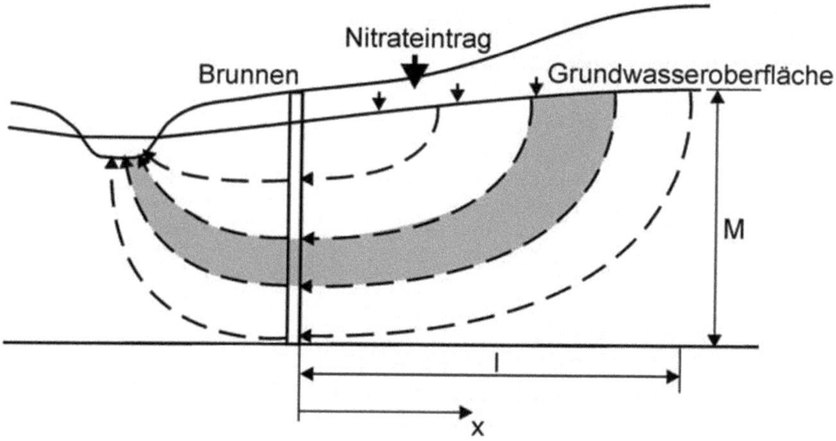

Abb. 14.1.2.6: Stromstreifen über die Tiefe des Grundwasserleiters

Zur Berechnung der Konzentrationsverteilung werden folgende Annahmen getroffen:

- Im gesamten Stromstreifen ist die Nitratkonzentration an der Grundwasseroberfläche konstant = c_o.
- Es werden nur die Advektion und der Zerfall (Abbau 1. Ordnung) berücksichtigt.

- Der Grundwasserleiter ist homogen über die Tiefe.
- Die Grundwasserneubildung im Stromstreifen ist zeitlich und räumlich konstant.
- Die Zerfallskonstante ist im gesamten Grundwasserleiter gleich.

Aus

$$v_a = \frac{k_f}{n_e} \cdot \frac{dh}{dx} \tag{14.1.2.1}$$

und

$$q \cdot (1 - x) = k_f \cdot M \cdot \frac{dh}{dx} \tag{14.1.2.2}$$

folgt

$$v_a = \frac{q}{n_e \cdot M} \cdot (1 - x) \tag{14.1.2.3}$$

Die Fließzeit ergibt sich unter Berücksichtigung von

$$v_a = \frac{dx}{dt} \tag{14.1.2.4}$$

durch Integration der Gl. 14.1.2.3 zu:

$$t = -G \cdot \ln\left(\frac{1 - x}{1}\right) \tag{14.1.2.5}$$

Mit

$$G = M \cdot \frac{n_e}{q} \tag{14.1.2.6}$$

q	: Neubildungsrate
M	: Mächtigkeit des Grundwasserleiters
n_e	: Durchflusswirksamer Hohlraumanteil
l	: Abstand zwischen Grundwasserscheide und Beobachtungsbrunnen

In Abb. 14.1.2.7 sind Konzentrationsverteilungen als Funktion der Tiefe für drei verschiedene Zerfallskonstanten angegeben. Es wurden folgende Annahmen getroffen:

M : 20 m
q : $5 \cdot 10^{-9}$ m/s (ca. 155 mm/a)
n_e : 0,15
l : 1 km
λ_1 : 0,25 1/a
λ_2 : 0,5 1/a
λ_3 : 1,0 1/a

$G = 6 \cdot 10^8$ s = 19 Jahre

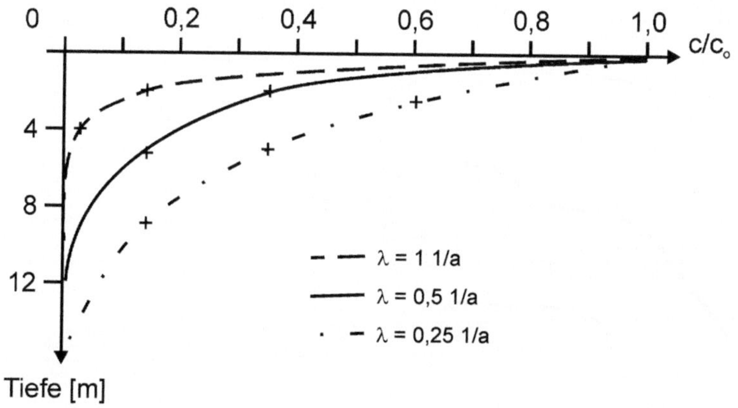

Abb. 14.1.2.7: Abhängigkeit der Nitratkonzentration vom Abstand zur Grundwasseroberfläche

Beim Vergleich von Abb. 14.1.2.1 und Abb. 14.1.2.7 fällt auf, dass die Messungen oberflächennah nur bedingt eine exponentielle Abminderung der Konzentration zeigen. Erst in einigen Metern Tiefe ist dieser Verlauf zu erkennen. Diese Abweichung kann auf folgenden Faktoren zurückgeführt werden.

- Die Querdispersion wird nahe der Oberfläche für eine Vergleichmäßigung der Konzentration sorgen.
- Die Zerfallskonstante ist nicht über die Tiefe des Grundwasserleiters konstant. Es ist davon auszugehen, dass nahe der Grundwasseroberfläche mehr gelöster Sauerstoff im Wasser zur Verfügung steht als in der Tiefe, und damit der Nitratabbau durch Bakterientätigkeit geringer ist.
- Die getroffenen Annahmen bezüglich der Homogenität des Grundwasserleiters sind in der Praxis nicht gegeben. Geringere Durchlässigkeiten an der Grundwasseroberfläche als in der Tiefe führen zu einer größeren Verweildauer der Nitrate in der Nähe der Grundwasseroberfläche.
- Eine homogene Verteilung des Nitrateintrags an der Oberfläche kann in der Praxis nicht vorausgesetzt werden.

Aus dem Vergleich beider Abbildungen kann trotz der Abweichungen zwischen Messungen und Rechnungen davon ausgegangen werden, dass die Zerfallskonstante im Bereich von 0,5 bis 0,25 1/a liegt. Bei höheren Werten würde eine zu große Abminderung der Nitratkonzentration über die Tiefe stattfinden, bei kleineren Werten eine zu geringe Abminderung.

Bei der Beantwortung der Frage nach dem Zufluss von Nitrat zum Vorfluter wird im Allgemeinen ein anderer Ansatz gewählt. In Abb. 14.1.2.8 wird angedeutet, dass der Stromstreifen in Parzellen zerlegt wird. Vom Schwerpunkt jeder Zelle ist die Fließdauer des Grundwassers zu bestimmen. Unter der Annahme eines Abbaus 1. Ordnung folgt die mittlere Konzentration c_g im Grundwasser, das den Vorfluter erreicht aus Gl. 14.1.2.7.

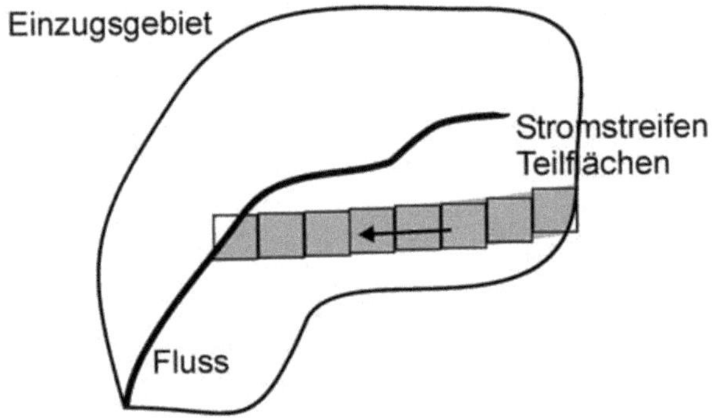

Abb. 14.1.2.8: Zerlegung eines Stromstreifens in Parzellen

$$c_g = \frac{\sum Q_i \cdot c_i}{\sum Q_i} = \sum Q_i \cdot \frac{c_{oi} \cdot e^{-\lambda \cdot t_i}}{\sum Q_i} = \sum q_{gi} \cdot A_i \cdot \frac{c_{oi} \cdot e^{-\lambda \cdot t_i}}{\sum q_{gi} \cdot A_i} \qquad (14.1.2.7)$$

Zu summieren ist über die Anzahl der Flächen. Eine explizite Berechnung wird im Zusammenhang mit der Beschreibung des Transports von Pflanzenschutzmitteln durchgeführt.

14.2 Pflanzenschutzmittel (PSM)

Auf der einen Seite ist der Schutz von Nutzpflanzen vor der Zerstörung durch Insekten, Pilze, Bakterien, Viren und Algen eine wesentliche Voraussetzung für eine ausreichende Nahrungsmittelproduktion. Auf der anderen Seite sind diese Stoffe im Trinkwasser für Menschen und Tiere ein gesundheitliches Risiko. Zum Schutz von Pflanzen sind zahlreiche Mittel entwickelt worden. Dieser Schutz ist mit der Abtötung schädlicher Pflanzen und Tiere verbunden. Bei Anwendung von PSM auf Feldern, in Gärten oder auf Gleiskörpern der Bahn geraten diese Stoffe auch ins Grundwasser, damit ins Trinkwasser. Eine Eignung des Grundwassers als Trinkwasser ist in Ländern der Europäischen Union nur gegeben, wenn die Konzentration einzelner Wirkstoffe 0,1 µg/l nicht übersteigt und die Konzentration aus der Summe von Wirkstoffen kleiner als 0,5 µg/l ist.

Die Wirkstoffe der Pflanzenschutzmittel unterliegen einem biochemischen Abbau in der Natur. Der kann wie im Falle von DDT sehr langsam sein. Dieses Mittel reichert sich dann in Organismen an, die am Ende der Nahrungskette stehen und führt zu unerwünschten Reaktionen. Wegen dieser Langlebigkeit wurde schließlich die Anwendung von DDT weltweit verboten.

Die Industrie hat inzwischen kurzlebige Mittel entwickelt, die schnell abgebaut werden. Anfang der 90er Jahre wurde in den Ländern der Europäischen Union z.B auch die Anwendung von Atrazin verboten. Dieses Mittel und dessen Abbauprodukte (z.B. Desethylatrazin) waren Ende der neunziger Jahre noch eines der am häufigsten gefundenen Pflanzenschutzmittel im Grundwasser (LAWA, 1997).

Zur Abschätzung des Stoffeintrags ins Grundwasser sind folgende Schritte zu vollziehen:

- Einmischung der Anwendungsmenge in das Sickerwasser
- Ermittlung der Aufenthaltsdauer des Sickerwassers in der ungesättigten Zone
- Zuordnung einer Abbaukonstanten (Abbau 1. Ordnung)
- Berechnung der Konzentration im Sickerwasser, welches das Grundwasser erreicht

Im Grundwasser ist entsprechend zu verfahren. Hier ist die Aufenthaltsdauer auf die Zeit bis zur Ankunft an einem Bezugspunkt zu beziehen. Das kann ein Beobachtungs- oder ein Förderbrunnen sein oder aber eine Flussstrecke, an der das Grundwasser austritt.

Die Ausgangskonzentration c_g nahe der Bodenoberfläche berechnet sich entspr. Gl. 14.1.1 zu:

$$c_g = \frac{j_b}{10 \cdot q_g} \quad [g/m^3] \qquad (14.2.1)$$

j_b : Anwendungsmenge (Massenflussrate) [kg/ha·a]
q_g : Neubildungsrate [m/a]

Als Zeit t wird im Allgemeinen das Jahr verwendet. Mit dieser Wahl des Zeitschrittes kann aber nur eine Abschätzung der Ausgangskonzentration erfolgen, da über das Jahr gemittelte Sickerraten nicht zur Zeit der Aufbringung des Pflanzenschutzmittels zu erwarten sind. Bei der nachfolgenden Berechnung von c_g werden auch keine Verluste durch Verwehungen beim Aufbringen, Verdunstung und Aufnahme durch Pflanzen berücksichtigt.

Beispiel:

j_b : 2 kg/ha·a
q_g : 0,2 m/a

$c_g = 1\ g/m^3 = 1\ mg/l$

Die Verlagerung der Pflanzenschutzmittel im Boden hängt u.a. von der Sickerrate, von der Bodenart und dem Humusgehalt (Retardation) ab. Dabei ist zu berücksichtigen, dass die Sickerrate wiederum eine Funktion der Bodenart und der Tiefe unter Geländeoberfläche ist. Wird ein Abbau erster Ordnung vorausgesetzt, ist zunächst die Aufenthaltsdauer als Funktion der Tiefe unter Geländeoberfläche zu ermitteln. In den nachfolgenden Grafiken ist die Sickertiefe als Funktion der Zeit für drei verschiedene Bodenarten angegeben. Für die Ermittlung der Verweildauer ist die Retardation aus Tabelle 14.2.1 zu berücksichtigen.

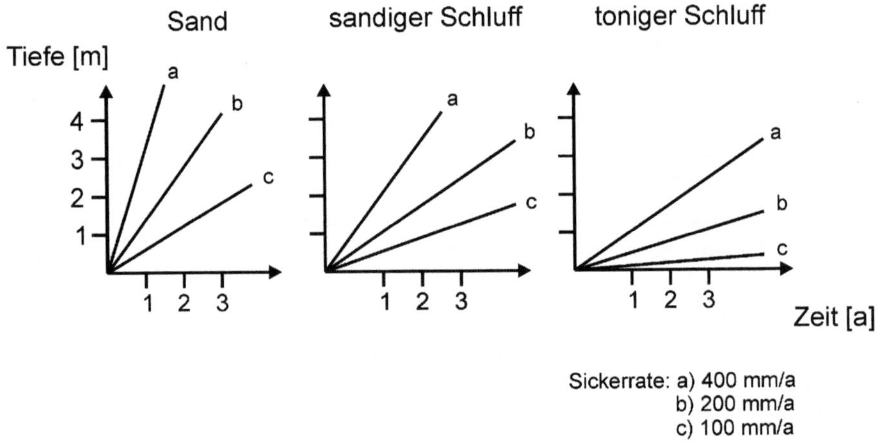

Abb. 14.2.1: Zuordnung von Sickertiefen zu Sickerzeiten in verschiedenen Böden. Parameter: Sickerrate

Nachfolgend werden Zerfallskonstanten für einige Pflanzenschutzmittel a) für den Oberboden (Index o) b) für das inerte Gestein einschließlich Grundwasserleiter (Index u) als Orientierungswerte gegeben. Dazu sind Angaben über die Retardation beigefügt.

Tabelle 14.2.1: Werte für Zerfallskonstante und Retardation von für ausgewählten Pflanzenschutzmitteln (Mull, Nordmeyer, 1996)

Stoffe	λ_o [1/a]	λ_u [1/a]	R_{do}	R_{du}
Atrazin	4,2	0,7	3	1,2
Lindan	3,7	0,6	3	1,2
Terbutylazin	1,3	0,25	3	1,2

Die Konzentration, mit der das Pflanzenschutzmittel die Unterkante der jeweils betrachteten Schicht erreicht, ergibt sich dann zu:

$$c_u = c_g \cdot e^{-\lambda \cdot t \cdot R_d} \qquad (14.2.2)$$

Bei zwei Schichten, die hintereinandergeschaltet sind, ist die Konzentration im Sickerwasser c_g, welches das Grundwasser erreicht:

$$c_{ug} = c_g \cdot e^{-\lambda_1 \cdot t_1 \cdot R_{d1}} \cdot e^{-\lambda_2 \cdot t_2 \cdot R_{d2}} \qquad (14.2.3)$$

Index 1 ist der ersten Schicht zugeordnet (hier der Oberboden), der Index 2 der zweiten Schicht, hier der Unterboden bis zur Grundwasseroberfläche.

Beispiel: Atrazin

Mächtigkeit der Oberbodenschicht	: 0,5 m
Mächtigkeit der Unterbodenschicht	: 3,5 m
Bodenart Oberboden	: sandiger Schluff
Bodenart Unterboden	: Sand
Mittlere Verweildauer des Wassers im Oberboden	: 0,5 a
Retardation im Oberboden	: 3
Konzentration im Sickerwasser unterh. Oberboden	: $1{,}8 \cdot 10^{-3}$ g/m^3
Mittlere Verweildauer des Wassers im Unterboden	: 2,2 a
Retardation im Unterboden	: 1,2
Konzentration im Sickerwasser an der Grundwasseroberfläche insgesamt	: $c_{ug} = 2{,}6 \cdot 10^{-4}$ g/m^3

Dieser Wert für c_{ug} liegt um den Faktor 2,6 über dem Grenzwert für Trinkwasser. Diese Abschätzung gibt den Befund wieder, dass an der Grundwasseroberfläche und damit u.a. im Dränwasser im Bereich landwirtschaftlich genutzter Gebiete relativ hohe Konzentrationen von PSM im Wasser gefunden werden.

Es erhebt sich nun die Frage, wie groß die Konzentration in einem Förderbrunnen ist, der in einem solchen Gebiet Grundwasser fördert. Im nachfolgenden Beispiel sollen beispielhaft 5 l/s an Grundwasser aus einem Brunnen entnommen werden.

Bei einer mittleren Grundwasserneubildungrate von 5 l/s·km^2 ist diesem Brunnen ein Einzugsgebiet von 1 km^2 zuzuordnen.

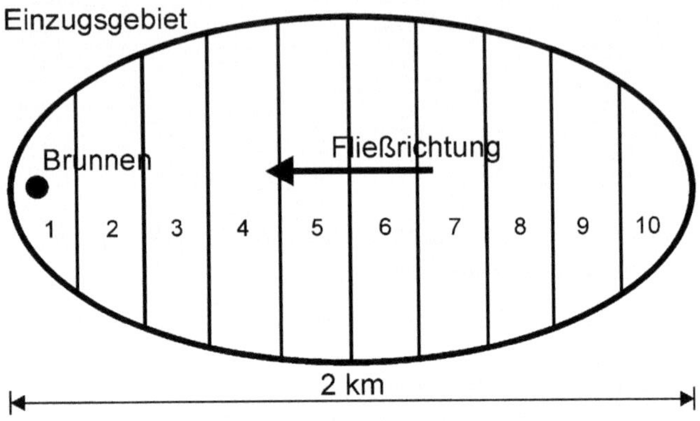

Abb. 14.2.2: Schema eines Einzugsgebietes eines Förderbrunnens mit Flächeneinteilung

In Abb. 14.2.2 ist dieses Gebiet in 10 Flächen unterteilt. In der nachfolgenden Tabelle 14.2.2 sind den Flächen mittlere Laufzeiten der Stoffe unter Berücksichtigung einer Retardation R_d = 1,2 zugeordnet. Es wird eine Zerfallskonstante von 0,7 1/a vorgegeben. Weiter enthält die Tabelle die resultierenden Konzentrationen des PSM im Wasser, das von der betreffenden Fläche den Brunnen erreicht, bezogen auf eine Ausgangskonzentration von $2{,}6 \cdot 10^{-4}$ g/m^3 an der Grundwasseroberfläche. Dabei wird vorausgesetzt, dass diese Ausgangskonzentration über die Fläche des Einzugsgebietes konstant ist. Für die Berechnung der mittleren Konzentration wird Gl. 14.1.2.7 verwendet.

Im Förderbrunnen ergibt sich als Folge der Mischung unterschiedlich belasteter Wässer eine Konzentration, die nahezu um den Faktor 10 kleiner ist als die an der Grundwasseroberfläche.

Hier ist der wesentliche Grund dafür zu suchen, dass in flachen Brunnen und sog. Hausbrunnen, aus denen oberflächennahes Grundwasser entnommen wird, im Allgemeinen hohe Konzentrationen an Pflanzenschutzmitteln aber auch an Nitrat gefunden werden. In tiefen Brunnen, die Wasser aus dem gesamten Grundwasserleiter entnehmen, sind die Konzentrationen wesentlich geringer.

Hier wird noch einmal darauf hingewiesen, dass die Berechnungen Abschätzungen sind, welche allgemeine Tendenzen aufweisen. Die Ergebnisse sind nicht übertragbar.

Tabelle 14.2.2: Laufzeiten von PSM und Konzentrationen im Wasser, das von vorgegebenen Flächen kommt

Fläche	Mittlere Laufzeit [a]	Konzentration [10^{-4} g/m^3]	Gewicht der Flächen [km^2]
1	0,5	1,7	0,053
2	1,5	0,72	0,101
3	2,5	0,32	0,106
4	3,5	0,14	0,117
5	4,5	0,06	0,117
6	5,5	0,025	0,117
7	6,5	0	0,117
8	7,5	0	0,106
9	8,5	0	0,101
10	9,5	0	0,065
Gewichtetes Mittel		$2{,}25 \cdot 10^{-5}$ g/m^3 (mg/l)	1,0 km^2

14.3 Chlorierte Kohlenwasserstoffe

Diese Stoffe haben eine breite Anwendung in der Industrie und im Gewerbe erfahren. Große Mengen sind in den Untergrund infiltriert und haben sich im Grundwasser gelöst. Konzentrationen bis zu 10 µg/l werden im Trinkwasser toleriert. Die mittleren Konzentrationen in oberflächennahen Grundwässern besonders in Städten und unter Industrieflächen sind höher anzusetzen. Chlorierte Kohlenwasserstoffe gehören zu den Stoffen, die das Grundwasser in Deutschland und in anderen Industrieländern am stärksten in ihrer Qualität beeinträchtigt haben.

Es handelt sich hier um folgende chemischen Produkte:

Ethene Ethane Methane

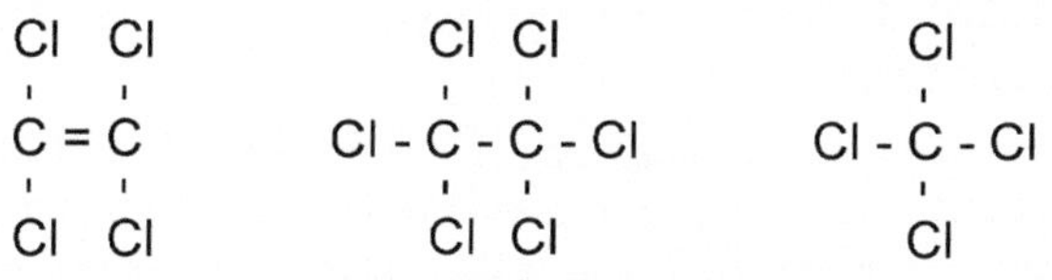

Tetrachlorethen Hexachlorethan Tretrachlormethan

Im Handel sind Produkte, bei denen Chlor- durch H-Ionen ersetzt sind. Gelangen diese in das Grundwasser, können durch biochemische Einwirkungen die Chlorionen durch Wasserstoffionen ersetzt werden. Dieser Prozess findet im Grundwasser unter Mitwirkung von Mikroben statt. Dieser biochemische Abbau führt in der Endphase zu relativ harmlosen Produkten. So ist z.B. das Endprodukt beim Abbau der Methane das Methan; ein Zwischenprodukt ist jedoch das Trichlormethan.

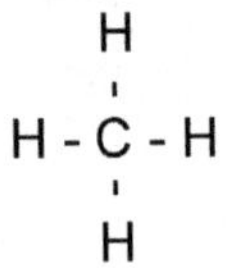

Methan

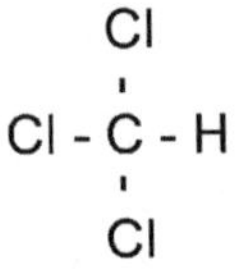

Trichlormethan (Chloroform)

Das Trichlormethan wird auch als Chloroform bezeichnet. Es wurde früher als Betäubungsmittel verwendet. Damit soll angezeigt werden, dass die Zwischenprodukte ebenfalls chlorierte Kohlenwasserstoffe sind und damit die Grundwasserqualität beeinträchtigen. Bei den Ethenen entsteht z.B. Vinylchlorid, das giftiger als das Ausgangsprodukt ist. Die Abbauprodukte in der Zwischenphase sind gesundheitsgefährdend und dürfen die o.g. Grenzkonzentration im Trinkwasser nicht überschreiten. Wegen des Ersatzes der Chlorionen durch Wasserstoffionen werden die daraus resultierenden Produkte als halogenierte Chlorkohlenwasserstoffe bezeichnet.

Für die Bedeutung im Grundwasser sind folgende Fakten maßgebend:

- die Verwendung großer Mengen im Gewerbe und in der Industrie,
- die geringe Grenzkonzentration im Trinkwasser,
- hohe Dichte als Flüssigkeit,
- hohe Löslichkeit im Grundwasser,
- geringe Abbaugeschwindigkeit.

Die Verwendung in der Industrie und im Gewerbe umfasst z.B. die Entfettung von Metallen. Zum Schutz gegen Korrosion werden u. a. Bleche. eingefettet und in diesem Zustand an den Verarbeiter weitergereicht. Chlorkohlenwasserstoffe dienen zur Reinigung von Kleidungsstücken, und sie werden zur Dekoffeinierung von Kaffee verwendet. Durch die verbreitete Verwendung werden auch große Mengen dieser Stoffe in Tanks gelagert und durch Leitungen transportiert.

Auf die Grenzkonzentration von 10 µg/l im Trinkwasser wurde bereits hingewiesen. Physikalische Eigenschaften sind von einigen Produkten in der nachfolgenden Tabelle 14.3.1 zusammengestellt.

Die hohe Löslichkeit verhindert jedoch dann eine Anreicherung dieser Flüssigkeiten als flüssige Phase auf der Basis des Grundwasserleiters, wenn nur geringe Mengen in das Grundwasser geraten. Die hohe Löslichkeit verhindert ein Durchsickern des Grundwasserleiters bei geringen Mengen.

Tabelle 14.3.1: Werte für physikalische Kenndaten einiger chlorierter Kohlenwasserstoffe. Die Angaben zur Löslichkeit sind Orientierungswerte.

Produkt	Wasserlöslichkeit [g/m³]	Dichte [kg/m³]	Dyn. Viskosität [kg/m·s bei 10°C]
Trichlorethen	1.000	$1{,}55 \cdot 10^3$	$6 \cdot 10^{-4}$
Tetrachlorethylen	155	$1{,}65 \cdot 10^3$	$9 \cdot 10^{-4}$
Trichlorethan	1.250	$1{,}35 \cdot 10^3$	$9 \cdot 10^{-4}$
Dichlormethan	20.000	$1{,}35 \cdot 10^3$	$4 \cdot 10^{-4}$

Die Ausbreitung dieser Stoffe unterliegt den bereits diskutierten Prozessen. Es wurde bereits angemerkt, dass der Abbau zu harmlosen Stoffen über eine Reihe von Abbauprodukten führt. Die Abbauraten sind milieuabhängig. Es liegen daher keine Zerfallskonstanten vor, mit denen unter der Annahme eines Abbaugesetzes 1. Ordnung die Geschwindigkeit des Abbaus zu harmlosen Produkten berechenbar ist.

Abb. 14.3.1 zeigt eine Fahne chlorierter Kohlenwasserstoffe, die über Jahrzehnte in das Grundwasser geraten sind. Die Fahne hat eine Längsausdehnung von mehreren Kilometern im Grundwasserleiter eines Stadtgebietes.

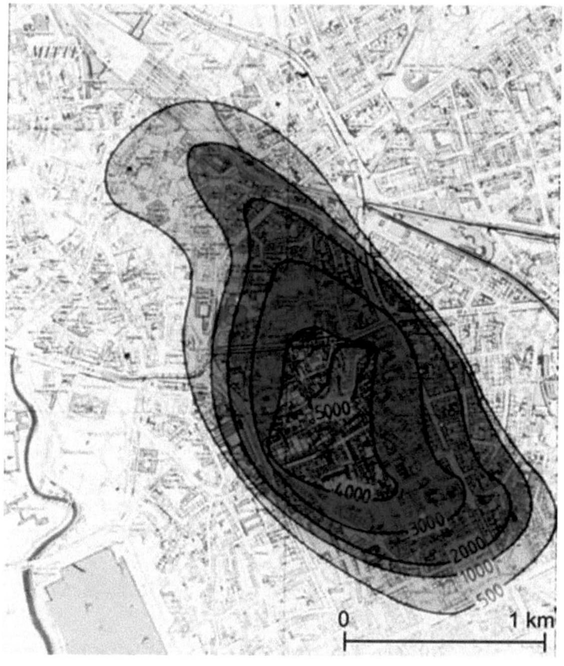

Abb. 14.3.1: Schadstofffahne im Grundwasser

An dieser Stelle soll jedoch ein Phänomen betrachtet werden, dass die Sanierung von kontaminierten Grundwässern durch das Abpumpen langwierig macht. Das Abpumpen kontaminierter Grundwässer und deren Reinigung außerhalb des Grundwasserleiters war die am häufigsten praktizierte Sanierungsmethode. Die Langwierigkeit der Sanierung hat zu Überlegungen geführt, die chlorierten Kohlenwasserstoffe den Bakterien im Untergrund zum Abbau zu überlassen und keine hydraulische Sanierungsmaßnahmen mehr zu ergreifen.

Der wesentliche Grund für die Langwierigkeit des Verfahrens liegt darin, dass innerhalb der Poren in einem Porengrundwasserleiter zwei verschiedene Bereiche existieren (Kap. 3 Abschn. 3.1.5). Durch den einen Bereich fließt das Grundwasser, im anderen Bereich stagniert es. In heterogenen Grundwasserleitern werden die Stoffe aus den durchlässigen Bereichen bevorzugt abgepumpt, in den weniger durchlässigen Bereichen bleiben die Stoffe länger zurück. Es gibt daher im mikroskopischen und makroskopischen Bereich Zonen, die von Wasser mehr oder weniger durchflossen werden (Kap. 3 Abschn. 3.1.5). Zur Erläuterung des dadurch bedingten Effektes wird zunächst ein homogenes poröses Medium angenommen. Der durchflusswirksame Hohlraumanteil, nachfolgend aktiver Hohlraum genannt, sei gleich groß wie der Hohlraum, in dem das Wasser stagniert, nachfolgend passiver Hohlraum genannt.

Es wird zur besseren Verständlichkeit eine Strecke von 100 m betrachtet. Im Hohlraum befinde sich eine Konzentration c_1 eines chlorierten Kohlenwasserstoffs. Durch das Abpumpen wird an einem Ende die kontaminierte Flüssigkeit dem betrachteten Volumen entzogen, vom anderen Ende aus wird das Wasser im aktiven Porenraum durch Frischwasser ersetzt. In diesem Frischwasser befinden sich keine chlorierten Kohlenwasserstoffe.

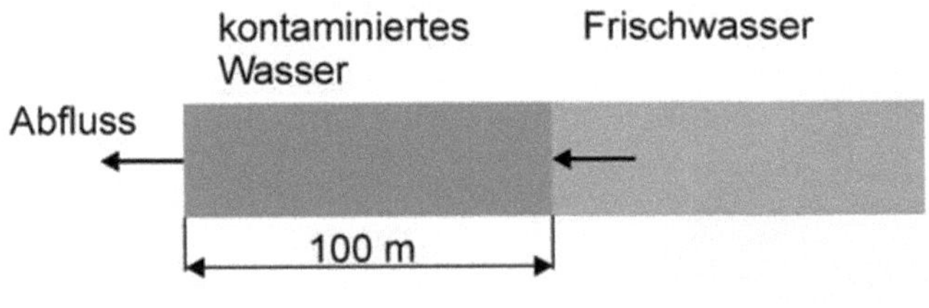

Abb. 14.3.1: Zur Erläuterung des Gedankenexperiments „Sanierung durch Abpumpen“

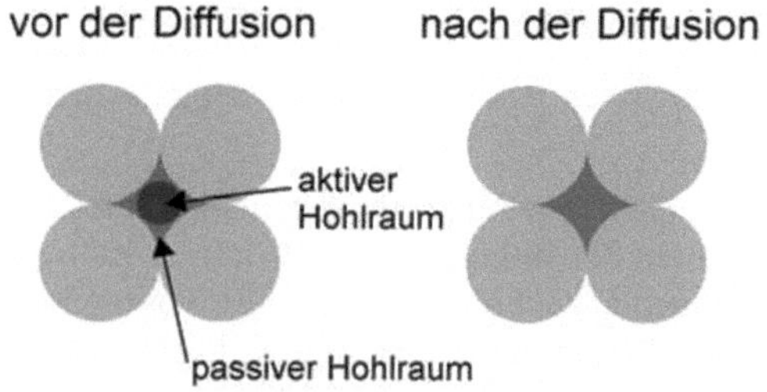

Abb. 14.3.2: Verteilung von kontaminiertem Wasser im passiven und frischem Wasser im aktiven Hohlraum vor und nach der Diffusion

Während dieser Zeit des Austausches diffundieren Moleküle aus dem Wasser im passiven Hohlraum in das Wasser im aktiven Hohlraum. Es wird angenommen, dass die Zeit für die Bildung einer homogenen Verteilung der Moleküle im aktiven und passiven Hohlraum ausreicht (Kap. 13 Abschn. 1). Da die beiden Hohlraumanteile als gleich groß angenommen wurden, halbiert sich damit die Ausgangskonzentration. Nach dem ersten Austausch ergibt sich im Porenraum eine Konzentration $c_1/2$. Bei jedem weiteren Austausch verringert sich die Konzentration jeweils auf die Hälfte des Wertes im Zeitintervall davor. Im n-ten Zeitschritt beträgt die Konzentration c_n noch $c_1/2^n$.

Wird eine Grenzkonzentration c_g vorgegeben, so berechnet sich die Zahl n der Austauschvorgänge zu:

$$n = 1{,}44 \cdot \ln\left(\frac{c_1}{c_g}\right) \tag{14.3.2.1}$$

Beispiel zu Gl. 14.3.2:

c_1 : 5000 µg/l
c_g : 10 µg/l
Δt : 3 Jahre (Zeit für einen Austausch)

Es ist n = 9 und damit die Sanierungsdauer t = 27 Jahre.

Oder allgemeiner:

$$n = \frac{1}{\ln x} \cdot \ln \frac{c_1}{c_g} \tag{14.3.2.2}$$

mit x als Verhältnis des Gesamtvolumens zum passiven Porenvolumen.

Diese Zeit verlängert sich, wenn heterogenes Material vorliegt. Das Frischwasser folgt bevorzugten Bahnen im porösen Medium. Die Diffusionswege werden länger zwischen dem Bereich, in dem Frischwasser hineingezogen wird und dem, in dem das belastete Wasser stagniert. Damit dauern der Austausch und damit die Sanierungszeiten lange. In vielen Fällen ist nicht bis zur Grenzkonzentration für

Trinkwasser runter saniert worden. Eine Selbstreinigung kann durch Bakterien erfolgen. Das verunreinigte Wasser fließt aber auch zu Oberflächengewässern ab und verschwindet damit aus dem Grundwasser. Auch hier stehen lange Zeiten zur Diskussion.

Wesentlich ist, dass keine neuen Schadstoffquellen sich auftun und damit das Grundwasser weiter belasten. Dann besteht Hoffnung, dass in 50 Jahren zahlreiche vornehmlich in städtischen und industriellen Gebieten befindliche kontaminierte Grundwässer nur noch geringe Konzentrationen an chlorierten Kohlenwasserstoffen enthalten.

15 Wärmetransport

Anthropogene Beeinflussungen der Temperatur des Grundwassers haben national und auch international bisher keine so große Bedeutung gehabt wie z.B. die Verunreinigung des Grundwassers durch Stoffeinleitungen. Es sind aber z.B. Wärmepumpen entwickelt worden, die dem zugeführten Wasser Wärme entziehen. Das Wasser wurde vereinzelt dem Untergrund entnommen. Aus Gründen eines ausgeglichenen Wasserhaushalts wurden Auflagen erteilt, das entnommene Grundwasser wieder in denselben Grundwasserleiter einzuleiten. Als Folge des Wärmeentzugs hat sich das genutzte Wasser gegenüber der Temperatur im Grundwasserleiter abgekühlt. Wenn nun eine solche Fahne abgekühlten Wassers im Grundwasserleiter zu einer Stelle fließt (Abb. 15.1), an der ebenfalls Grundwasser für denselben Zweck entnommen werden soll, kann dieses Wasser aus ökonomischen Gründen nicht weiter abgekühlt werden. Derjenige, dem dieses abgekühlte Wasser unter seinen Grund und Boden geschickt wurde, kann es nicht für den Betrieb einer Wärmepumpe nutzen. Vereinzelt wurde daher an die Aufstellung von Bewirtschaftungsplänen für die Nutzung von Grundwasser in Wärmepumpen gedacht.

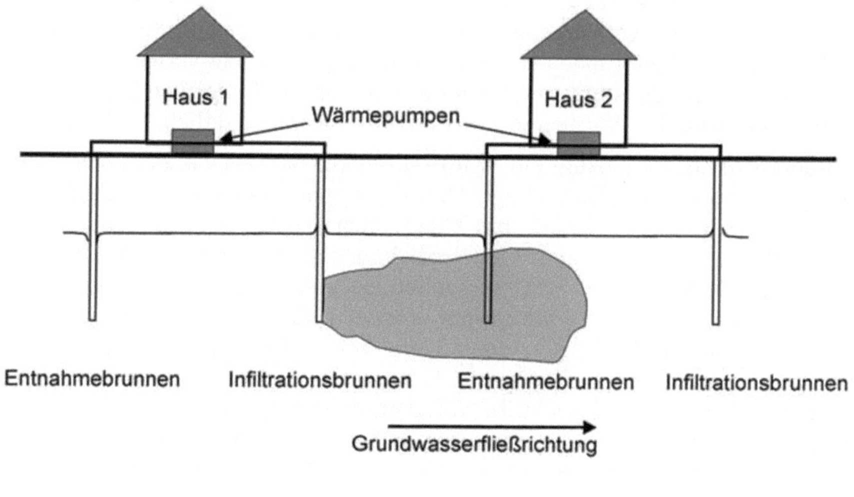

Abb. 15.1: Grundwassernutzung für Wärmepumpen, Ausbreitung einer Kaltwasserfahne im Abstrom eines Infiltrationsbrunnens

Im Braunkohlentagebau werden zum Teil tiefe Grundwässer gefördert, deren Temperatur oberhalb der liegt, die oberflächennahe Grundwässer haben. Müssen aus Gründen der Erhaltung von natürlichen Grundwasserständen in der Nähe der Tagebaue diese Wässer in den Untergrund eingeleitet werden, erhöht sich die Temperatur des oberflächennahen Grundwassers dort, wo das Wasser eingeleitet wird und auf einer bestimmten Strecke im Abstrom. Temperaturerniedrigungen treten dort auf, wo in begrenztem Umfang erwärmtes Kühlwasser in den Untergrund eingeleitet wird.

Das Wasser in Oberflächengewässern erwärmt sich in Mitteleuropa im Sommer. Die Temperaturen liegen über denen des oberflächennahen Grundwassers. Im Winter ist es umgekehrt. Infiltriert Oberflächenwasser in den Untergrund, werden sich in den Infiltrationsbereichen andere Grundwassertemperaturen einstellen als in den unbeeinflussten Bereichen. Das ist z.B. im Abstrombereich von Kiesteichen der Fall.

Wenn die Temperaturen im Untergrund von denen abweichen, die im Normalfall vorhanden sind, wird von Temperaturanomalien im Grundwasser gesprochen. Zunächst ist also zu klären, was der Normalfall ist.

15.1 Die Temperaturverteilung im Untergrund

Vor der Beschreibung des Transports von Wärme und den daraus entstehenden Folgen sind einige Begriffe zu definieren und Einheiten festzulegen. Wärme ist eine Energieform. Die Transportgröße ist die Wärmemenge, die Zustandsgröße die Temperatur. Wird ein Kubikzentimeter Wasser von 14,5 °C auf 15,5 °C erwärmt, ist dazu die Wärmemenge von rund 4,2 Joule oder 1 Kalorie erforderlich. Nachfolgend wird als Einheit für die Wärmemenge 1 Joule verwendet. Die Umrechnung in Kalorien ist mit vorgenannter Relation mit hinreichender Genauigkeit zur Beschreibung des Wärmetransports im Grundwasser möglich.

Aus dem Erdinneren gelangt ein Wärmestrom zur Oberfläche, der etwa 6 kJoule pro Quadratmeter und Tag beträgt. Von der Sonne kommen in Deutschland im Jahresmittel ca. 10 000 kJoule pro Quadratmeter und Tag durch Strahlung zur Erdoberfläche und werden dort vornehmlich in Wärme umgewandelt. Die Temperatur an der Erdoberfläche wird ausschließlich von der zugeführten Energie von der Sonne bestimmt. Der Wärmestrom von der Erdoberfläche in den Untergrund hinein ist in Deutschland bis zu einer Tiefe von ca. 15 m spürbar. In dieser Tiefe herrscht über das Jahr eine konstante Temperatur, die der Jahresmitteltemperatur an der Erdoberfläche entspricht. In Norddeutschland sind das etwa 9 °C. In tropischen Ländern liegt diese Temperatur zwischen 25 °C und 30 °C. In sog. Permafrostgebieten ist die Jahresmitteltemperatur an der Erdoberfläche z.B. niedriger als 0 °C.

Jahreszeitliche Schwankungen der Temperatur an der Erdoberfläche nehmen exponentiell mit der Tiefe ab. Für deutsche Verhältnisse ist diese Abhängigkeit bezogen auf Monatsmitteltemperaturen in Abb. 15.1.1 gezeigt.

Unterhalb dieser Tiefe von ca. 15 m steigt die Temperatur im Allgemeinen zum Erdmittelpunkt hin an. Hier wird die Temperaturverteilung durch die Erdwärme bestimmt. Die Strecke, auf der sich ein Temperaturanstieg von 1 Grad Celsius ergibt, wird als geothermische Tiefenstufe X_T bezeichnet. Je nach Gestein liegen Werte von X_T zwischen 60 und 120 m/°C. Wird also Grundwasser im Bereich von tiefen Tagebauen aus einer Tiefe von 400 m gefördert und eine mittlere geothermische Tiefenstufe von 80 m/°C vorausgesetzt, so liegt die Temperatur des geförderten Wassers 5 °C über der des oberflächennahen Grundwassers.

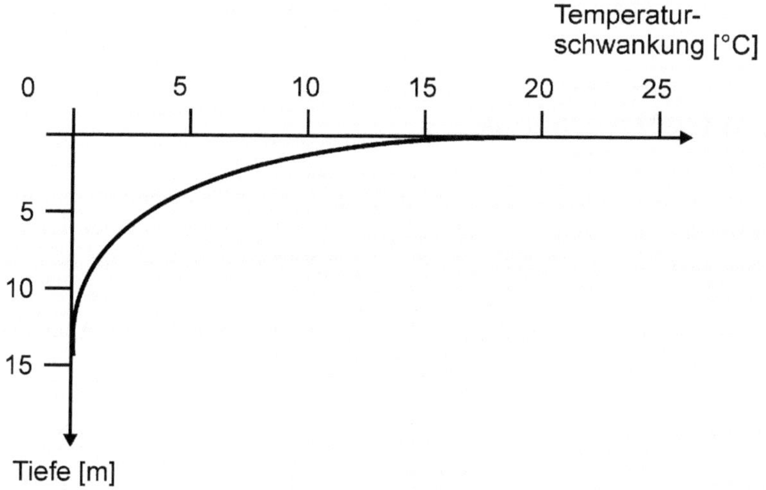

Abb. 15.1.1: Abhängigkeit der jahreszeitlichen Temperaturschwankung (Monatsmittelwerte) in Mitteleuropa im Untergrund in Abhängigkeit vom Abstand zur Geländeoberfläche (GOF)

15.2 Temperaturanomalien

Abweichungen von den normalen Temperaturen in Grundwasserleitern treten z.B. auf unter Städten in wechselwarmen Klimaten. Bauten, die in den Grundwasserbereich gehen (Tiefgaragen, Kellergeschosse, U-Bahntunnel) tragen Wärme in den Untergrund ein. Grundwassertemperaturen unter Städten können in deren Zentren 4 bis 5 °C über denen in der Umgebung liegen. Auf die Einleitung von sog.

Sümpfungswasser aus dem Bereich von Braunkohlentagebauen zur Stabilisierung von Grundwasserständen z.B. in Feuchtgebieten wurde bereits hingewiesen.

Am stärksten sind Temperaturanomalien dort ausgeprägt, wo Störungen in der Erdkruste den Aufstieg von heißem Magma bis nahe zur Erdoberfläche ermöglichen (z.B. Japan und Island). Dort werden Wässer durch diese sog. Erdwärme erhitzt, zu Heizzwecken oder zur Umwandlung in elektrische Energie genutzt. In Deutschland sind Anomalien als Folge dieser Vorgänge allerdings nur sehr schwach z.B. im Oberrheingraben ausgeprägt. Eine wirtschaftliche Nutzung ist nicht gegeben (Kappelmeier, 1961).

Temperaturanomalien werden auch dort zu erwarten sein, wo radioaktives Material u.a. aus Kernkraftwerken in großem Umfang eingelagert wird. Die Absorption von Teilchen, die durch den Zerfall instabiler Kerne ausgesendet werden, führt in der Umgebung des eingelagerten Materials zu einer Erwärmung.

15.3 Transportvorgänge

Wärme kann im Wesentlichen durch Strahlung, durch Wärmeleitung und durch Advektion transportiert werden. Strahlung scheidet im Untergrund aus. Es bleibt die Wärmeleitung und die Advektion, der Transport von Wärme mit dem strömenden Grundwasser.

Die Wärmemenge W_m in Joule, die pro Zeiteinheit durch eine Fläche A als Folge der Wärmeleitung transportiert wird, ist der Wärmestrom W_s.

$$\frac{W_m}{t} = W_s \tag{15.3.1}$$

Er ist proportional zum Temperaturgefälle und der Größe der Fläche. Die Transportgleichung lautet für den eindimensionalen Fall:

$$W_s = \chi \cdot A \cdot \frac{dT}{dx} \tag{15.3.2}$$

Mit

$$w_s = \frac{W_s}{A} \tag{15.3.3}$$

ergibt sich eine Wärmestromrate w_s. Die Transportgleichung lautet dann

$$w_s = \chi \cdot \frac{dT}{dx} \tag{15.3.4}$$

Wie beim Darcy-Gesetz zur Beschreibung der stationären Grundwasserströmung und beim 1. Fickschen Gesetz zur Erfassung der stationären gerichteten Bewegung von Teilchen in einem Fluid als Folge eines Konzentrationsgefälles ist wieder eine Proportionalität zwischen der Transportgröße (respektive Wasservolumen, Masse, Wärmemenge) und dem Gefälle der Zustandsgröße (respektive Standrohrspiegelhöhe, Konzentration, Temperatur) gegeben.

χ ist im mathematischen Sinn eine Proportionalitätskonstante. Physikalisch charakterisiert diese Größe eine Materialeigenschaft. Sie wird als Wärmeleitfähigkeit bezeichnet In Tabelle 5.3.1 sind Werte von χ für Wasser, Luft, Gesteine und Gestein-Wassergemische angegeben.

Beim advektiven Wärmetransport mit dem strömenden Wasser wird im Wasser gespeicherte Wärme transportiert. Die gespeicherte Wärmemenge W_m ist von einem vorzugebenden Temperaturniveau aus zu berechnen. Sie ist proportional zum Temperaturunterschied bezogen auf die Referenztemperatur. Darüber hinaus ist sie proportional zur betrachteten Masse. Die Proportionalitätskonstante c_w ist die spezifische Wärme.

$$W_m = c_w \cdot m \cdot (T_r - T) \tag{15.3.5}$$

T_r ist die Referenztemperatur, T die Temperatur, auf welche die Masse m abgekühlt oder erwärmt wird. Häufig wird die Wärmemenge W_m auf das Volumen V bezogen, das erwärmt oder abgekühlt wird. Es ist dann:

$$W_v = c_w \cdot \rho \cdot (T_r - T) \tag{15.3.6}$$

Mit

$$W_v = \frac{W_m}{V} \tag{15.3.7}$$

Auch für das Produkt aus Dichte und spezifischer Wärme (spezifische Volumenwärme) werden Werte in Tabelle 15.3.1 angegeben.

Bei den folgenden Beispielrechnungen ist zu berücksichtigen, dass im Allgemeinen mit Temperaturdifferenzen gerechnet wird. Die Temperaturdifferenz von einem Grad Celsius (°C) entspricht der Temperaturdifferenz von einem Grad Kelvin (°K).

Zur Übung wird folgender Fragestellung nachgegangen.
Welchen Einfluss hat das Sickerwasser in Deutschland, das zur Grundwasserneubildung beiträgt, auf die Temperaturverteilung im Untergrund?

Vorüberlegungen und Vorgaben:

Sickerwasser, das zur Grundwasserneubildung beiträgt, dringt vornehmlich in den Wintermonaten in den Untergrund ein. Es wird eine Temperatur von 4 °C für dieses Wasser vorgegeben und eine Sickerrate von 0,2 m in einem halben Jahr.

Die mittlere Temperatur in den Wintermonaten (Oktober bis März) an der Erdoberfläche wird mit 5 °C vorgegeben.

Die mittlere Temperatur (einschließlich Bodenwasser) in 5 m Tiefe betrage 9 °C.

Es wird eine Bodensäule von 5 m Tiefe und einer Fläche von 1 m^2 betrachtet, in die das Sickerwasser eindringt.

Das Temperaturgefälle von der Erdoberfläche zu einem Punkt in 5 m Tiefe wird als linear angesehen.

In den Boden dringen im Winterhalbjahr 0,2 m^3 Wasser ein mit einer spezifischen Volumenwärme von 4,2 $MJ/m^3 \cdot °K$. Pro °K (= °C)Temperaturänderung steht eine Wärmemenge von 0,84 MJ zur Verfügung. Da das einsickernde Wasser kälter ist als das Wasser und der Boden in der Sickerzone, wird dem Bodenwasser und dem Boden als Festkörper in dieser Zone diese Wärmemenge entzogen.

Nach Gl. 15.3.4 wird dem Untergrund durch Wärmeleitung eine Wärmemenge im Winterhalbjahr entzogen, die 14,4 MJ beträgt, wenn folgende Daten verwendet werden:

χ	: 1,2 $J/m \cdot s \cdot °K$	(Für einen teilgesättigten Boden)
dT/dx	: 0,8 °K/m	(dT = 9 - 5 = 4 0K; dx = 5 m)
t	: $1{,}5 \cdot 10^7$ s	(Zeitdauer des Wärmeflusses über 0,5 Jahre)

In diesem Fall ist der Beitrag der Wärmeleitung (14,4 MJ) gegenüber dem konvektiven Anteil (0,84 MJ) für die Temperaturänderung im Boden bedeutend höher.

In der Bodensäule von 5 m Höhe ist die Temperaturänderung bei einem Wärmeentzug von 14,4 MJ nach Gl. 15.3.6 (aufgelöst nach $T_r - T$) 1,44 °C, wenn folgende Daten verwendet werden:

Spez. Volumenwärme	: 2 $MJ/m^3 \cdot °K$
Volumen	: 5 m^3

Der Einfluss der Temperaturänderung, der dem advektiven Wärmetransport durch das Sickerwasser zuzuordnen ist, beläuft sich auf nur 0,084 °C. Die gesamte Temperaturänderung beträgt dann 1,44 + 0,084 = 1,52 °C. Der Anteil des advektiven am gesamten Wärmetransport liegt in diesem Beispiel bei 6%.

Im Hinblick auf die Verteilung der Temperaturänderung über die Länge der Bodensäule ist zu beachten, dass ein lineares Temperaturgefälle angenommen wurde. Wird in erster Näherung vorausgesetzt, dass in 5 m Tiefe die Temperatur sich nicht ändert, betrüge die Temperaturerniedrigung am Ende des Winters an der Bodenoberfläche ca. 3 °C. Die Abweichung dieses Wertes von der Anfangsbedingung (Temperaturdifferenz zwischen der mittleren Temperatur und der Temperatur an der Bodenoberfläche von 4 °C) ist auf die vereinfachenden Annahmen bei der Berechnung zurückzuführen.

In einem weiteren Beispiel wird nach dem Einfluss der Wärmeleitung und der Advektion auf den Wärmetransport gefragt. In Abb. 15.3.1 ist ein Bodenkörper dargestellt, der längs durchströmt wird. Zur Berechnung der Wärmeleitung ist ein Temperaturunterschied von 5 °C über die Länge des Bodenkörpers angenommen worden.

Tabelle 15.3.1: Werte für die Wärmeleitfähigkeit und die spezifische Volumenwärme (Söll, Kobus 1992).

Stoff	Wärmeleitfähigkeit χ [J/s °K]	Spez. Volumenwärme ρ_{cw} [MJ/m^3 °C]
Wasser	0,6	4,2
Trockener Quarzsand	0,3	1,2
Wassergesättigter Quarzsand	2,6	2,6
Schluff/Ton	1,3	1,3

Im ersten Fall wird der Wärmestrom W_s nach Gl. 15.3.2 unter Beachtung von Gl. 15.3.1 berechnet. Im zweiten Fall wird das Wasservolumen nach dem Darcy-Gesetz ermittelt, das pro Zeiteinheit durch die Fläche A fließt. Dann soll in diesem Volumen die Temperatur um 5°C abgesenkt werden, um den Wärmeinhalt zu ermitteln, der mit dem Wasser durch die Fläche A geflossen ist.

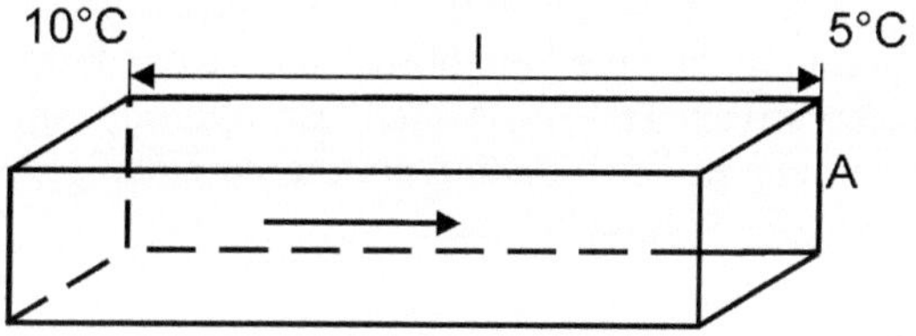

Abb. 15.3.1: Geometrische Abmessungen eines Bodenkörpers für Beispielrechnungen

Daten:

χ : 2,5 Joule/s·m·°K
l : 5 m
k_f : $1 \cdot 10^{-4}$ m/s
I : $2 \cdot 10^{-3}$
A : 4 m^2
c_w : 4,2 kJoule/kg·°K

Im ersten Fall ergeben sich 10 Joule/s. Im zweiten Fall wird das Wasservolumen, dass pro Sekunde durch die Fläche A fließt zu $8 \cdot 10^{-7}$ m^3/s berechnet. Das entspricht einem Massenfluss von $8 \cdot 10^{-4}$ kg/s. Der Wärmestrom bei Absenkung der Temperatur um 5 °C errechnet sich zu 16,8 Joule/s. In beiden Fällen wird etwa dieselbe Wärmemenge transportiert.

In diesem akademischen Beispiel ist aber zu beachten, dass in der Praxis nur dann ein Temperaturunterschied von 5 °C auf einer Länge von 5 m in horizontaler Richtung auftreten wird, wenn z.B. Grundwasser für eine Wärmepumpe gewonnen wird und nach Wärmeentzug dieses Wasser wieder eingeleitet wird. Bei der Wärmezufuhr aus dem Grundwasser in die Kaltwasserfahne spielt dann auch die Wärmeleitung eine wesentliche Rolle.

Wird Wasser mit einer höheren Temperatur als der des Grundwassers in einen Grundwasserleiter infiltriert, in dem das Grundwasser strömt, breitet sich die Wärme mit dem Wasser aus. Es ist jedoch zu berücksichtigen, dass die im infiltrierten Wasser enthaltene Wärme durch Wärmeleitung an das Gestein und an das Wasser, das sich im passiven Hohlraum befindet, abgegeben wird. Diese Wärmeabgabe ist vergleichbar mit der Abgabe von Inhaltsstoffen im Grundwasser an die Oberfläche der Gesteine, die dort durch Adsorption gebunden werden. Die an das Gestein und an das passive Wasser abgegebene Wärme wird dort absorbiert und gespeichert. Diese Absorption führt ebenfalls zu einer Verzögerung (Retardation) des Wärmetransports gegenüber der Ausbreitung des Wassers.

In Abb. 15.3.2 sind zwei Durchbruchkurven für einen konservativen Tracer (A) und für Wärme (B) dargestellt. Der Tracer wird nicht adsorbiert sondern unterliegt neben der Advektion nur der Dispersion. Die Versuche wurden in einer Bodensäule mit homogenem Material (Sand) durchgeführt. Es wird deutlich, dass die Wärme hinter dem Tracer her hinkt. Die Retardation R_d beträgt etwa 2. Die Geschwindigkeit der Wärme ist etwa halb so schnell wie die des konservativen Tracers. Darüber hinaus wird deutlich, dass die Durchbruchskurve der Wärme flacher verläuft als die des konservativen Tracers. Neben der hydrodynamischen Dispersion ist hier die Wärmeleitung zu berücksichtigen, die zu einer gegenüber dem Tracer verstärkten Dispersion der Wärme beiträgt.

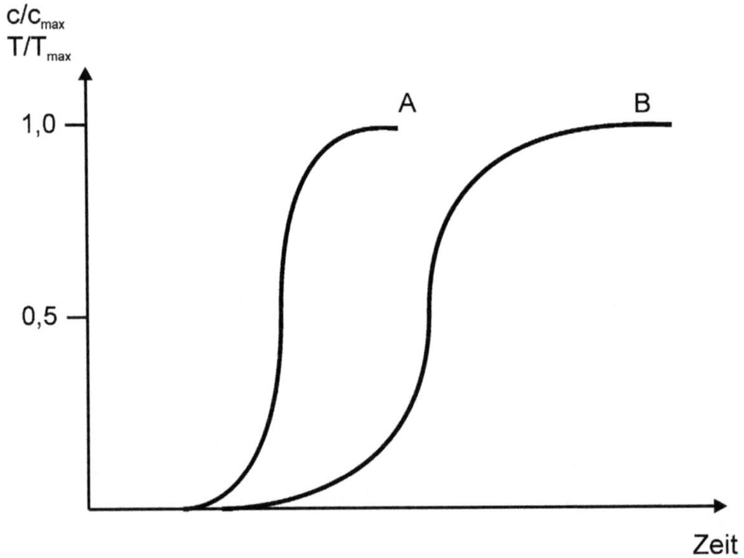

Abb. 15.3.2: Durchbruchskurven für einen konservativen Tracer (A) und Wärme (B)

In einem heterogenen Material wird die Retardation größer sein, da das infiltrierte Wasser und damit die Wärme in bevorzugten Kanälen sich ausbreitet. Die Wärmeabgabe an die Umgebung ist daher größer und damit die Zeit, in der sich die Umgebung mit Wärme auflädt. Hierbei ist zu berücksichtigen, dass Wasser eine um den Faktor 4 größere spezifische Volumenwärme besitzt als Sand.

Die Beschreibung der Wärmeleitung im instationären Fall erfolgt im eindimensionalen Fall nach Gl. 15.3.5

$$\rho_w \cdot c_w \cdot \frac{\partial T}{\partial t} = \chi \cdot \frac{\partial^2 T}{\partial x^2} \tag{15.3.8}$$

In porösen Medien erfolgt die Wärmeausbreitung im Allgemeinen durch Wärmeleitung, durch Dispersion und durch Advektion. Dann ergibt sich die Veränderung der Temperatur als Funktion der Zeit (instationär) und des Ortes (hier eindimensional) wie folgt:

$$\frac{\partial T}{\partial t} = \frac{\partial}{\partial x} \cdot \left(D_{il} + \frac{\chi}{\rho_w \cdot c_w} \right) \cdot \frac{\partial T}{\partial x} - \frac{n_a \cdot \rho_w \cdot c_w \cdot v_a}{\rho_b \cdot c_b} \cdot \frac{\partial T}{\partial x} \tag{15.3.9}$$

Der erste Term auf der rechten Seite beinhaltet die Dispersion einschließlich der Wärmeleitung. Im zweiten Term wird der advektive Transport beschrieben. Darüber hinaus wird die Wärmespeicherung berücksichtigt.

15.4 Abkühllänge

In einem Gedankenexperiment wird Wärme gleichförmig über die Tiefe in einen Grundwasserleiter eingeleitet. Die Temperatur des eingeleiteten Wassers sei T_e, die des Grundwassers T_g. Diese Wärme werde advektiv eindimensional in horizontaler Richtung mit dem Grundwasser transportiert. Durch Wärmeleitung wird im Wesentlichen nach oben in die Deckschicht Wärme durch Wärmeleitung übergehen. Dieser Übergang entzieht dem Grundwasserleiter Wärme. Die Temperatur des eingeleiteten Wassers sinkt exponentiell über den Fließweg ab. Wenn diese Abnahme 90% bezogen auf die Ausgangstemperatur beträgt, ist die Abkühllänge La erreicht. Nach Söll und Kobus (1992) berechnet sich diese Abkühllänge zu

$$L_a = \rho_w \cdot c_w \cdot n_a \cdot M_g \cdot M_d \cdot v_a \cdot \frac{\ln(10)}{\chi} \tag{15.4.1}$$

$\rho_w \cdot c_w$	: spezifische Volumenwärme des Wassers	[MJ/m³·°K]
n_a	: durchflusswirksamer Hohlraumanteil	[-]
M_g	: Mächtigkeit des Grundwasserleiters	[m]
M_d	: Mächtigkeit der Deckschicht	[m]
v_a	: Abstandsgeschwindigkeit	[m/s]
χ	: Wärmeleitfähigkeit	[J/s·m·°K]

Beispiel:

$\rho_w\, c_w$: 4,2 MJ/(m^3·°K)
n_a : 0,15
M_g : 20 m
M_d : 5 m
v_a : $3 \cdot 10^{-6}$ m/s
χ : 2,5 J/s·m·°K

Die Abkühllänge L_a beträgt dann 174,0 m.

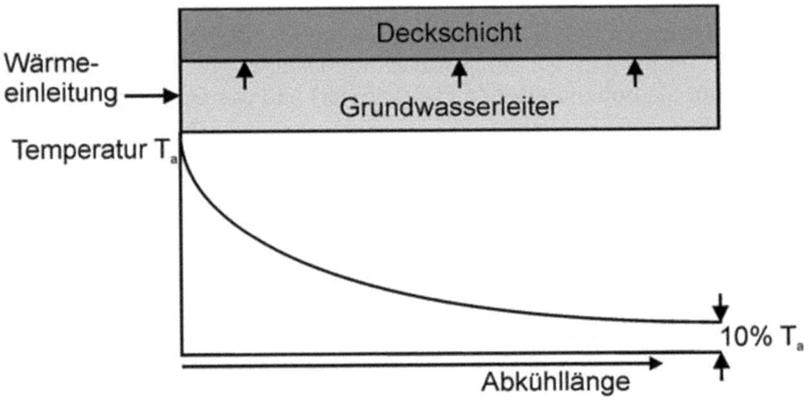

Abb. 15.4.1: Zur Erläuterung des Begriffs Abkühllänge

16 Grundzüge der Grundwasserüberwachung

Die Überwachung des Grundwassers ist im Wesentlichen auf die Ermittlung von Standrohrspiegelhöhen und die Erfassung von Inhaltsstoffen im Grundwasser ausgerichtet. Im ersten Fall geht es um die Wassermenge, im zweiten Fall um die Wassergüte. In beiden Fällen können Informationen durch die Offenlegung des Grundwassers in Gruben und Teichen bezogen werden. In der Regel werden Beobachtungs- und Pumpbrunnen für die Gewinnung von Informationen genutzt.

16.1 Standrohrspiegelhöhen (Grundwasserstände)

Wird ein Rohr in den Grundwasserleiter eingebracht und dieses Rohr in einer bestimmten Tiefe perforiert und mit einem Filter versehen (Kap. 5 Abschn. 1), dringt Grundwasser durch die Perforation in das Rohr ein und steigt bis zu einer bestimmten Höhe. Diese Höhe repräsentiert die Standrohrspiegelhöhe h (Kap. 3 Abschn. 1.3) des Grundwassers in dem Bereich, in dem das Rohr perforiert ist. Liegt die Perforation in einem freien Grundwasserleiter in der Nähe der Grundwasseroberfläche, wird mit der Standrohrspiegelhöhe die Lage dieser Oberfläche angezeigt. Wird das Rohr in der Nähe der Sohle des Grundwasserleiters verfiltert, ergibt sich die dortige Standrohrspiegelhöhe. Reicht die Perforation über die Tiefe des Grundwasserleiters, zeigt sich eine über diese Tiefe gemittelte Standrohrspiegelhöhe. Standrohrspiegelhöhen in Pumpbrunnen während des Betriebes zeigen einen gestörten Zustand an. In der Regel werden Pumpbrunnen nicht zur Überwachung der Standrohrspiegelhöhe herangezogen.

Liegt eine horizontale Parallelströmung über die Tiefe des Grundwasserleiters vor und ist der Grundwasserleiter gleichförmig und horizontal, sind die Standrohrspiegelhöhen über die Tiefe das Grundwasserleiters konstant. Die Linien gleicher Standrohrspiegelhöhe verlaufen senkrecht (Abb. 16.1.1). In diesem Fall geben flache und tiefe Beobachtungsbrunnen dieselbe Information.

Besonders an Grundwasserscheiden und in der Nähe von Vorflutern ändert sich die Standrohrspiegelhöhe über die Vertikale des Grundwasserleiters. In Abb. 16.1.2 wird gezeigt, dass die Standrohrspiegelhöhen an der Wasserscheide mit wachsender Tiefe abnehmen. Je tiefer in den Grundwasserleiter eingedrungen wird, desto länger ist die Strecke, die das Grundwasser zurückgelegt hat, desto geringer muss die Standrohrspiegelhöhe sein. Am Vorfluter ist es umgekehrt. Je tiefer desto länger ist der Weg zum Vorfluter, desto höher muss die Standrohrspiegelhöhe relativ zu der im Vorfluter sein. Je nach Tiefe und Struktur des Grundwasserleiters können diese Differenzen einige Dezimeter bis Meter betragen. Insbesondere können sich dann an derselben Stelle unterschiedliche Standrohrspiegelhöhen ergeben, wenn in verschiedenen Grundwasserleitern beobachtet wird. Zu den Abb. 16.1.1 und 16.1.2 ist anzumerken, dass der vertikale Maßstab gegenüber der Vertikalen überhöht ist. Diese Verzerrung wird bei der Darstellung der Linien gleicher Standrohrspiegelhöhe und der Stromlinien jedoch nicht berücksichtigt.

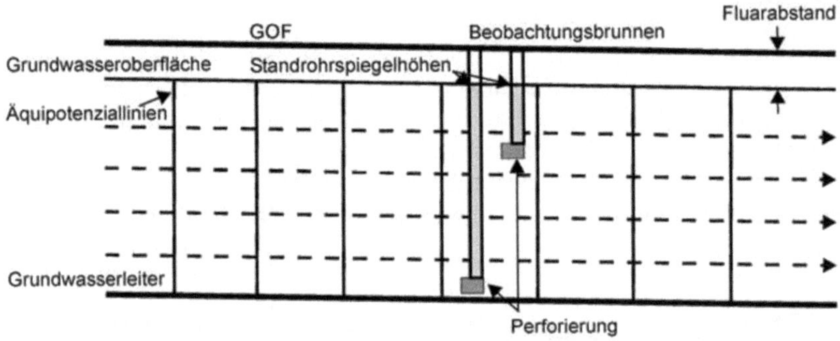

Abb. 16.1.1: Beobachtungsbrunnen zur Erfassung der Standrohrspiegelhöhe in einem Grundwasserleiter

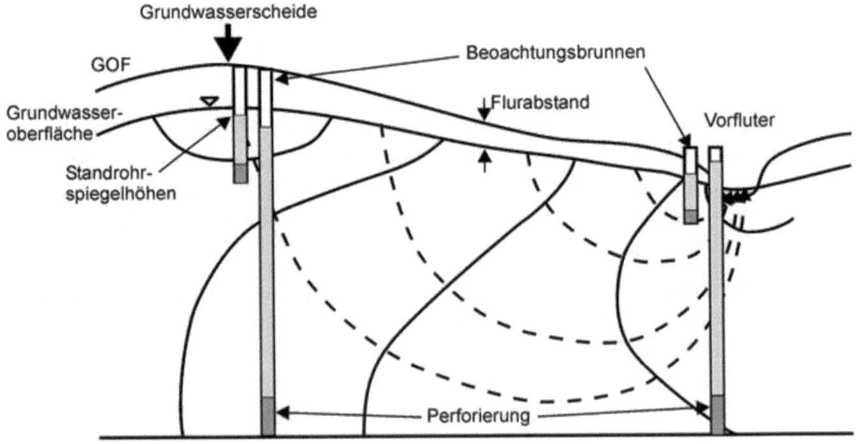

Abb. 16.1.2: Standrohrspiegelhöhen in der Nähe von Grundwasserscheiden und Vorflutern

Informationen über Standrohrspiegelhöhen werden aus vielen Gründen benötigt. Die wesentlichen Gründe sind:

- Ermittlung von Flurabständen
- Darstellung von Grundwasserstandsganglinien
- Darstellung von Grundwassergleichen
- Überwachung von Grundwasserstandsabsenkungen

16.1.1 Flurabstände

Der Abstand zwischen Geländeoberfläche und der Standrohrspiegelhöhe an der Grundwasseroberfläche ist der Flurabstand. Dieser Abstand bestimmt bei freiem Grundwasser die Versorgung von Pflanzen mit kapillar aufsteigendem Grundwasser. Bei geringen Flurabständen (< 0,5 m) sind Entwässerungsmaßnahmen im Bereich der Landwirtschaft zu ergreifen, damit auf Ackerflächen Feldfrüchte gedeihen können und auf Weiden das Vieh nicht im Boden einsinkt, also Trittfestigkeit gewährleistet ist.

In urbanen Gebieten sind bei Tiefbauten Grundwasserabsenkungen in Baugruben vorzunehmen. Gebäudeteile sind im Grundwasser gegen eindringende Feuchte zu sichern. In zunehmendem Maße wird versucht, dass auf Dach- und Hofflächen anfallende Regenwasser in den Untergrund einzuleiten. Bei zu kleinen Flurabständen (im Mittel < 2 m) können als Folge geringer Gefälle die Einleitung problematisch werden und im Frühjahr oder bei Starkniederschlägen unerwünschte Vernässungen verursachen.

Zur Ermittlung von Flurabständen sind die Beobachtungsbrunnen in der Nähe der Grundwasseroberfläche zu perforieren. Pumpbrunnen sind für die Gewinnung von diesen Informationen nicht geeignet, da durch die Entnahme die Standrohrspiegelhöhe abgesenkt wird.

16.1.2 Grundwasserganglinien

Standrohrspiegelhöhen und damit Flurabstände schwanken. Es treten in Mitteleuropa jahreszeitlich bedingte Schwankungen auf, die vornehmlich eine Folge der jahreszeitlich veränderlichen Verdunstung sind. Darüber hinaus gibt es längerperiodische Schwankungen.

Eine Frage ist, ob Standrohrspiegelhöhen kontinuierlich oder zu bestimmten Zeitpunkten gemessen werden müssen. Wenn die Entscheidung für Zeitpunkte gefallen ist, muss die Häufigkeit der Messungen diskutiert werden. Besonders interessieren die höchsten Standrohrspiegelhöhen, die tiefsten Werte und die Mittelwerte. In die Entscheidung über die Häufigkeit der Messungen sind ökonomische Randbedingungen einbezogen. Mit monatlichen Messungen ergibt sich durch Interpolationen im Allgemeinen ein ausreichendes Bild über die zeitliche Veränderung der Standrohrspiegelhöhen. Die Extremwerte bezüglich Hoch- und Tiefstände werden jedoch im Allgemeinen nicht getroffen. Kontinuierliche Aufzeichnungen der Standrohrspiegelhöhe an einigen Beobachtungsbrunnen können hilfreich sein, mit Hilfe der Korrelation Extremwerte an benachbarten Stellen zu finden. Voraussetzung ist, dass der oder die Beobachtungsbrunnen, an denen kontinuierlich gemessen wurde, in der gleichen Höhe perforiert sind wie die Brunnen, an denen diskrete Messwerte ermittelt wurden.

16.1.3 Grundwassergleichen

Linien gleicher Standrohrspiegelhöhe entstehen aus der Inter- und Extrapolation von Messwerten, die an verschiedenen Beobachtungsbrunnen gewonnen wurden. Mehrere Messstellen in einem Gebiet bilden ein Messnetz von Beobachtungsbrunnen.

Diese Interpolationen geben dann ein zuverlässiges Bild über die flächige Verteilung der Standrohrspiegelhöhe, wenn

- die Beobachtungsbrunnen in demselben Grundwasserleiter perforiert sind,
- die Messungen an verschiedenen Brunnen zeitgleich durchgeführt wurden,
- bei tiefen Grundwasserleitern die Perforierung der Beobachtungsbrunnen in derselben geologischen Formation liegen,
- wenn bei der Interpolation Messungen in der Nähe von Vorflutern und Wasserscheiden berücksichtigt werden (Abb. 16.1.3.1),
- wenn nicht über Grundwasserscheiden und Vorfluter hinweg interpoliert wird, ohne die dortigen Standrohrspiegelhöhen zu berücksichtigen.

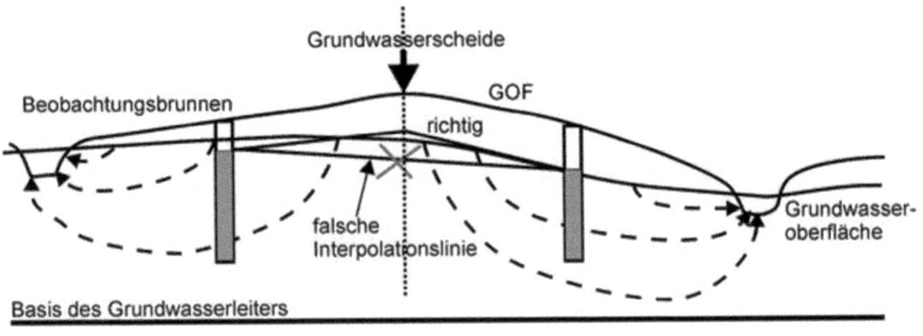

Abb.16.1.3.1: Bei der Ermittlung von Grundwassergleichen ist die Interpolation von Standrohrspiegelhöhen über die Wasserscheide hinweg nicht zulässig

Die Überwachung von Standrohrspiegelhöhen in der Nähe von Grundwasserentnahmen oder Wassereinleitungen in Grundwasserleiter dient im Wesentlichen der Beweissicherung. Es ist wünschenswert, die Grundwasserstände in der Nähe von Grundwasserentnahmen zu kennen, um z.B. den Einfluss auf Flurabstände zu erfassen. Landwirte befürchten Einflüsse auf Ernteerträge, wenn das Grundwasser abgesenkt wird. In Absenkungsgebieten werden Keller von Wohn- und Bürohäusern häufig ohne Wanne gebaut, weil die Grundwasserstände tief liegen. Wenn die Entnahmen zurückgefahren werden, steigt das Grundwasser an. Es dringt in die Kellergeschosse ein. Es kommt zu Schadensersatzforderungen und Streitigkeiten um Ursachen. Das ist ein Beispiel für die Notwendigkeit, durch geeignete Daten Ursachen und Wirkungen schlüssig zu analysieren.

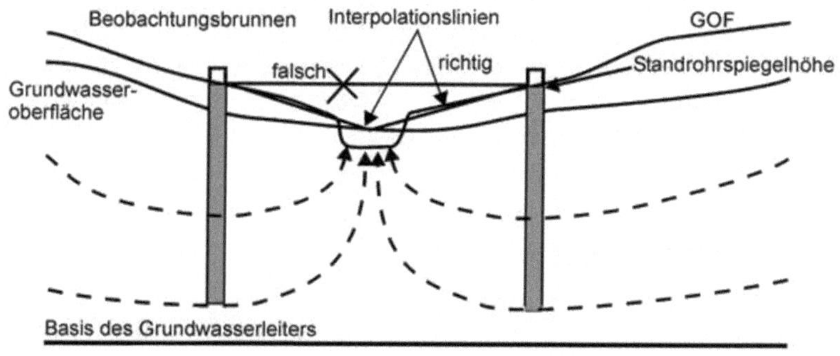

Abb. 16.1.3.2: Bei der Ermittlung von Grundwassergleichen ist die Interpolation von Standrohrspiegelhöhen über Vorfluter hinweg nicht zulässig

In Deutschland steht die Überwachung von Wasserständen in der Nähe von Grundwasserentnahmen im Vordergrund. In vielen Städten in ariden und semiariden Gebieten ist die Einleitung von Wasser aus defekten Frisch- und Abwasserleitungen bedeutungsvoll. Grundwasserstände sind dort außergewöhnlich hoch als Folge dieser Wassereinleitungen.

Immer wieder wird die Frage nach der räumlichen Dichte der Messstellen gestellt. Viele Messstellen pro Flächeneinheit erfordern einen großen Aufwand an Ablesungen und Datenverarbeitung. Es ist zwischen einem Basismessstellennetz und Sondermessnetzen zu unterscheiden. Das Basismessstellennetz hat vornehmlich die Aufgabe, Messwerte für die Ermittlung von Ganglinien und Grundwassergleichen zu liefern. Die Genauigkeit, mit der Informationen vorliegen müssen, hängt von der zu lösenden Problemstellung ab. Darüber hinaus ist die Messstellendichte von der Homogenität des Grundwasserleiters und der Wechselwirkung zwischen Grundwasser und Oberflächenwasser abhängig. Bei ausgedehnten Porengrundwasserleitern kann in ländlichen Gebieten eine Messstelle pro bewirtschafteten Grundwasserleiter und ca. vier Quadratkilometer als grober Anhalt dienen (z.B. zur Ermittlung des Grundwasserhaushaltes). Diese Beobachtungsstellen sollten in den Grundwasserleitern perforiert sein, in denen aus Gründen der Grundwasserbewirtschaftung Informationen über die Standrohrspiegelhöhe notwendig sind. In tiefen Grundwasserleitern, deren Grundwasser nicht bewirtschaftet werden soll, kann die Dichte des Messstellennetzes geringer gehalten werden.

Sondermessnetze für die Überwachung von Eingriffen in das Grundwasser sind bezüglich der Messstellendichte an der jeweiligen Problemstellung zu orientieren. Solche Probleme können u.a. sein

- Schutz von Feuchtgebieten,
- Einflussnahme auf die Bodenfeuchte in landwirtschaftlich oder auch forstwirtschaftlich genutzten Gebieten,
- Gegenseitige Beeinflussung der Grundwasserentnahmen,
- Grundwasserbeobachtungen in setzungsgefährdeten Gebieten,
- Veränderung des Wasseraustauschs zwischen Grundwasserleitern und Oberflächengewässern einschließlich der Intrusion von Meerwasser in Grundwasserleiter,
- Austausch von Grundwasser zwischen verschiedenen Grundwasserleitern

16.2 Grundwassergüte

Hier wird eine Eigenschaft des Grundwassers angesprochen, welche die Eignung dieser Flüssigkeit für eine bestimmte Nutzung charakterisiert. Die Nutzung als Nahrungsmittel (Trinkwasser) für Menschen steht im Vordergrund. Für das Trinkwasser sind europaweit Qualitätsstandards gesetzt, deren Überschreitung eine Nutzung als Trinkwasser ausschließen. Diese Qualitätsstandards betreffen physikalische Größen wie Temperatur und elektrische Leitfähigkeit, wie chemische Elemente und Verbindungen und auch biologische Einflussfaktoren. Bei der Überwachung der Grundwassergüte geht es um die Ermittlung der Messwerte von Einflussfaktoren auf diese Eigenschaft des Wassers.

Im Allgemeinen dienen Beobachtungs- aber auch Pumpbrunnen zur Entnahme von Wasserproben aus dem Grundwasserleiter. In diesen Proben werden Konzentrationen von Inhaltsstoffen bestimmt. Messwerte von Temperatur, Leitfähigkeit, Gehalt an gelöstem Sauerstoff und pH-Wert können z.B. im Brunnenwasser in situ ermittelt werden. Beobachtungsbrunnen gestatten die Ermittlung von Messwerten der Einflussfaktoren in unmittelbarer Umgebung der Perforation des Brunnenrohres. Pumpbrunnen gewinnen Wasser aus einem Einzugsgebiet und über eine größere Mächtigkeit des Grundwasserleiters. Messwerte von Inhaltsstoffen im Grundwasser, das aus einem Beobachtungsbrunnen gewonnen wurde, sind einem bestimmten Ort im Grundwasserleiter zuzuordnen. Messwerte bezogen auf das Grundwasser aus Pumpbrunnen sind integrale Ergebnisse aus einem Bereich des Grundwasserleiters.

Aus dem Kap. 14 ist bekannt, das Inhaltsstoffe wie Nitrat an der Oberfläche eines Grundwassers im Allgemeinen in höherer Konzentration vorkommen als in der Tiefe. Öle breiten sich mehr im oberflächennahen Grundwasser aus, während chlorierte Kohlenwasserstoffe über die gesamte Tiefe des Grundwasserleiters vorkommen können. Eine vollständige Überwachung der Grundwassergüte erfordert daher ein räumlich dreidimensionales Messnetz. Beobachtungsbrunnen sind über die Fläche zu verteilen. An den jeweiligen Stellen sind dann verschiedene Rohre in verschiedenen Tiefen zu perforieren oder ein Rohr in verschiedenen Tiefen mit separatem Zugang zu den Einzelmessstellen und hydraulisch wirksamer Abdichtung dazwischen. Als vierte Dimension kommt die Zeit hinzu. Es erhebt sich die Frage, wie häufig sind Wasserproben zu ziehen. Als fünfte Dimension ist die Zahl der Parameter zu sehen, für die Messwerte zu ermitteln sind.

Zunächst ist anzumerken, dass aus ökonomischen Gründen eine direkte vollständige Überwachung der Grundwassergüte nicht möglich ist. Aus räumlich und zeitlich diskreten Messungen muss sich ein Bild über den Zustand der Grundwassergüte in einem Bereich erarbeitet werden. Dieses Erarbeiten bedingt zunächst eine Zielsetzung.

Ist beabsichtigt, den Nitratgehalt im oberflächennahen Grundwasser zu ermitteln, um beispielsweise die Gefahr der Nitratverunreinigung im Wasser von flachen Hausbrunnen zu erfassen und misst diesen Gehalt in Wasserproben aus Beobachtungsbrunnen, die in größerer Tief perforiert sind, so sind diese Messungen wenig hilfreich, das gesteckte Ziel zu erreichen. Es wäre hier zu empfehlen, aus der Landnutzung den Nitrateintrag in die Grundwasseroberfläche unter Berücksichtigung der Grundwasserneubildung zu berechnen und diese Werte als Grundlage für eine Einschätzung zu nehmen. Darüber hinaus sind Messungen des Nitratgehalts in einigen flachen Brunnen durchzuführen, um die berechneten Ergebnisse mit den Messergebnissen abzugleichen.

Wenn jedoch die Gefährdung von Pumpbrunnen abgeschätzt werden soll, sind Informationen über die Konzentrationen von Inhaltsstoffen über den Bereich des Grundwasserleiters notwendig, aus dem Wasser zum Pumpbrunnen fließt.

Diese Beispiele sollen zeigen, dass im Zusammenspiel zwischen Messungen und Berechnungen unter Berücksichtigung der Prozesse, denen die Inhaltsstoffe im Grundwasser unterliegen, und einer wohl definierten Fragestellung Antworten mit einer gewissen Genauigkeit gegeben werden können.

Dasselbe gilt für die Beantwortung der Frage nach der Häufigkeit der Messungen. Hier ist zunächst ein Ausgangszustand in dem zu untersuchenden Raum zu ermitteln. Dieser Ausgangszustand beinhaltet, die Verteilung der relevanten Inhaltsstoffe im Untersuchungsraum zu erfassen. Unter Berücksichtigung der beschriebenen Prozesse ist es dann möglich, die zeitliche Veränderung der Konzentrationen zu berechnen Unter diesem Gesichtspunkt bedarf es der Kontrolle, ob Rechnungen und Messwerte bezogen auf die Entwicklung der Konzentrationsverteilung in der Zukunft übereinstimmen. Kommen dann gravierende Abweichungen der Rechenergebnisse von den Messergebnissen vor, kann das drei verschiedene Ursachen haben.

- Die durchgeführten Berechnungen sind falsch.
- Es sind neue Einträge von Stoffen in den Grundwasserleiter erfolgt, die vom Ausgangszustand noch nicht erfasst wurden.
- Die Messergebnisse sind falsch.

Falsche Messergebnisse können sich aus der Probennahmen, aus der Probenbehandlung, aus der unsachgemäßen Bedienung der Analysegeräte, durch Verwendung ungeeichter Geräte und anderen Unzulänglichkeiten mehr ergeben.

Durch Wiederholung der Messungen gegebenenfalls in einem anderen Labor lassen sich Fehler feststellen. Falsche Berechnungen sind ebenfalls überprüfbar, wenn angenommen werden kann, dass die Messungen richtig sind. Neue Stoffeinträge sind im Allgemeinen lokaler Natur. Abweichungen der Messergebnisse von den Berechnungen sind dann auf einige wenige Beobachtungsbrunnen beschränkt. Den Hinweisen auf neue Stoffeinträge ist dann nachzugehen, woher sie kommen könnten.

Diese Betrachtungen führen zu der Unterteilung von Messnetzen in solche, die der allgemeinen Überwachung der Grundwassergüte dienen, solche, welche potenzielle Verschmutzer des Grundwassers überwachen und solche, welche Gefahren für spezielle Orte im Grundwasser frühzeitig anzeigen. Potenziellen Emittenten sind z.B. gedichtete Deponien, Industrie- und Gewerbebetriebe, in denen mit gefährlichen Substanzen umgegangen wird, Tanklager und Leitungen, in denen gefährliche Stoffe gelagert sind oder durch sie hindurchfließen. Unter speziellen Orten werden hier z.B. Entnahmebrunnen verstanden.

Bezüglich der Häufigkeit der Messungen wird daher vorgeschlagen bei einer allgemeinen Überwachung alle 10 Jahre auf alle relevanten Stoffe zu untersuchen, wenn diese Kampagnen mit Modellrechnungen begleitet werden, sonst alle 5 Jahre.

An solchen Messstellen, die der Überwachung von potenziellen Schadstoffquellen dienen, ist die Häufigkeit der Messungen an der Zeit zu orientieren, die ein Stoff von der Quelle bis zum Beobachtungsbrunnen benötigt. Das kann ca. 1 Jahr betragen. Es ist auf die Stoffe hin zu untersuchen, die aus den Quellen austreten können. Die Messstellen sollten so angeordnet sein, dass eine im Anstrom liegt und entsprechend der Ausdehnung der potenziellen Quelle mehrere im Abstrom. Die Lage der Perforierung ist bei den Basismessstellen über die gesamte Tiefe des Grundwasserleiters zu wählen. Bei den Überwachungsmessstellen ist die Lage der Perforation über die Tiefe des Grundwasserleiters zu verteilen, so dass differenzierte Informationen aus verschiedenen Tiefen gewonnen werden können.

Um die Gefährdung von z.B. Grundwasser in Pumpbrunnen abschätzen zu können, sind die Überwachungsbrunnen im Anstrom zu platzieren. Die Zeitintervalle zwischen den Probennahmen sollten halb so lang sein wie die minimale Fließdauer zwischen Beobachtungs- und Pumpbrunnen.

17 Aspekte der Grundwasserbewirtschaftung

In den vorausgegangenen Kapiteln hat der Schwerpunkt der Betrachtungen auf den Strömungen von Wasser und anderen Fluiden im Untergrund gelegen und hydrologischen Erscheinungen , die zu diesen Strömungen geführt haben. Es wurde gezeigt, dass menschliche Eingriffe in das unterirdische Regime die Strömung des Grundwassers beeinflussen oder Strömungen anderer Fluide im Untergrund induzieren. Es ist deutlich gemacht worden, dass die Strömung des unterirdischen Wassers der wesentliche Prozess für die Stoff- und Wärmeausbreitung im Untergrund ist. Abschließend werden einige Aspekte der Grundwasserbewirtschaftung betrachtet, um die Bedeutung der Kenntnisse hydraulischer und hydrologischer Prozesse bei Eingriffen in das Grundwasser unter folgenden Gesichtpunkten zu unterstreichen:

- Grundwasserentnahmen oder Wassereinleitungen in das Grundwasserregime verändern Grundwasserstände und Grundwasserflüsse.
- Stoff- und Wärmeeinleitungen in den Untergrund beeinflussen die Grundwassergüte.
- Änderungen der Grundwasserstände, –flüsse und -güte haben Auswirkungen auf die Nutzung des Wassers und auf die Umwelt.

Grundwasser ist im Allgemeinen eine erneuerbare Ressource. In Kap. 8 wurde gezeigt, dass Niederschlagswasser zur Grundwasseroberfläche vordringt und damit das Grundwasser neubildet. Darüber hinaus ist deutlich gemacht worden, dass Grundwasser zu Oberflächengewässern abfließt. Grundwasser nimmt am hydrologischen Kreislauf teil. Es ist die Frage, wie lange die Verweilzeit im Untergrund beträgt. In Kap. 8 wurden Grundwasserleiter als Speicher angesehen, die einen Zufluss und einen Abfluss besitzen. Die Summe aller Zu- und Abflüsse unter Berücksichtigung des Speicherinhalts von Grundwasserleitern wird als Grundwasserhaushalt bezeichnet. In diesen Haushalt greift der Mensch ein. Er bewirtschaftet das Grundwasser der Menge nach.

Für die Nutzung des Grundwassers werden bestimmte Anforderungen an die Grundwassergüte gestellt. Stoff- und Wärmeeinträge in Grundwasserleiter können dazu führen, dass Anforderungen an die Wassergüte für bestimmte Nutzungen nicht erfüllt werden. Den Stoffeinträgen stehen auch Austräge gegenüber. Die Summe der Stoffein- und –austräge unter Beachtung der gespeicherten Stoffmenge im Grundwasserleiter ist der Stoffhaushalt. Entsprechendes gilt für die Wärme. Durch menschliche Tätigkeiten wird der Stoff- und Wärmehaushalt beeinflusst.

Die Qualität der Umwelt hängt in manchen Bereichen von der Güte des Grundwassers ab. Neben dem Nutzungsaspekt stehen Gütekriterien für die Umwelt, welche als Randbedingungen bei der Bewirtschaftung des Grundwassers zu beachten sind. Es wurde bereits in Kap. 1 gesagt, dass in Deutschland ca. 75 % des in Flüssen abfließenden Wassers eine Untergrundpassage hinter sich hat. Die Wassergüte in den Flüssen ist von der Grundwassergüte geprägt. Flüsse sind als Lebensraum Komponenten der Umwelt. Grundwasser kann mit der Vegetation wechselwirken. Verunreinigtes Grundwasser schädigt die Vegetation.

Eingriffe in diese Haushalte dienen einem Zweck. Die Eingriffe haben eine Wirkung. Diese Wirkung gilt es, im Vorfeld der geplanten Eingriffe abzuschätzen und anschließend zu bewerten. Im Wechselspiel zwischen der Abschätzung der Auswirkungen und deren Bewertung werden in einem Entscheidungsprozess unter Beachtung von Gütestandards oder weitergehenden Umweltqualitätszielen Toleranzgrenzen definiert, innerhalb derer Auswirkungen annehmbar sind. Damit ist dann auch der Umfang der geplanten Eingriffe festgelegt. Daraus folgt, in welchem Umfang der Zweck erreicht werden kann.

In jedem Fall ist zu Beginn eines Planungsprozesses ein Ausgangszustand zu ermitteln, auf den Abweichungen durch Eingriffe bezogen werden. Es sind Untersuchungen anzustellen, welche die Auswirkungen der Eingriffe zu quantifizieren haben. Solche Untersuchungen beinhalten auch Berechnungen der Veränderung von Grundwasserständen, -strömungen und des Gehalts an Inhaltsstoffen.

17.1 Grundwassermenge

Ausgangszustände werden gegeben durch Grundwasserstände, die sich unter der Wirkung natürlicher Einflüsse räumlich und zeitlich verändern können. Im Zusammenhang mit der Quantifizierung von Mächtigkeiten der Grundwasserleiter, deren Durchlässigkeit und Speicherfähigkeit kann auf den Durchfluss geschlossen werden. Hydrologische Komponenten wie Grundwasserneubildung und -abfluss und bestehende nutzungsorientierte Grundwasserentnahme erlauben die Aufstellung des Grundwasserhaushaltes oder des Wasserhaushaltes in der ungesättigten Bodenzone im Ausgangszustand.

Menschliche Eingriffe in den Grundwasserhaushalt sind u.a. Grundwasserentnahmen oder Einleitungen von Wasser in den Untergrund. Gründe für Grundwasserentnahmen sind u.a. die Nutzung des Grundwassers für die Versorgung von Pflanzen (Bewässerung), Industrie, Gewerbe und Haushalte; die Trockenlegung von Baugruben und Kohle- und Erz-Lagerstätten, die Entwässerung von Feuchtgebieten zur Nutzung der Flächen für Ackerbau und Viehzucht. Einleitungen ergeben sich z.B. in der Stadtentwässerung, wenn Wasser von Dach- und Hofflächen gefasst und in den Untergrund infiltriert wird. In manchen Gebieten wird Oberflächenwasser in den Untergrund eingeleitet, um Grundwasserstände zu erhöhen. In manchen Wassergewinnungsgebieten wird Oberflächenwasser in den Untergrund über Sickerbecken eingeleitet, um das Angebot zu erhöhen.

Darüber hinaus wurde gezeigt, das z.B. die Anlage von Teichen Grundwasserstände und –strömungen beeinflusst. Solche Änderungen ergeben sich auch bei unterirdischen Bauten wie Tiefkeller und Tunnelstrecken oder im Bereich von Staustufen in Flüssen.

Kriterien für die Bewertung der Auswirkungen sind bezüglich der Grundwasserentnahme:

1. Überschreitung der Neubildung und damit Gefahr einer Ausbeutung der Grundwasserressource
2. Einflussnahme auf Wassernutzungen, welche durch Rechte abgesichert sind
3. Veränderungen des Abflusses in Oberflächengewässer
4. Einwirkungen auf die natürliche grundwasserabhängige Vegetation
5. Auswirkungen auf die Wasserversorgung von Kulturpflanzen
6. Gefahr von Bodensetzungen
7. Mögliche Salzwasserintrusion vom Meer oder von Bereichen mit versalztem Grundwasser

Punkt 1 betrifft den Grundwasserhaushalt direkt. In Deutschland ist die Gefahr einer Übernutzung der Grundwasserressourcen im Allgemeinen nicht gegeben. In vielen Teilen dieser Erde sind jedoch Tendenzen in dieser Richtung erkennbar. Libyen nutzt für die Bewässerung und für die Wasserversorgung von Industrie und Haushalten Grundwasser aus dem nubischen Grundwasserleiter unter der Sahara. Dieses Wasser wurde vor mehr als 5000 Jahren dort neugebildet, als es in der Sahara nach dem Ausklingen der letzten Eiszeit noch reichlich Niederschlag gab. Die klimatischen Verhältnisse haben sich dort geändert. Die Grundwasserneubildung ist seit mehreren tausend Jahren vernachlässigbar klein. Grundwasserentnahmen bedeuten eine Ausbeutung einer Lagerstätte. In vielen Trockengebieten in Asien, Afrika und Amerika sind sinkende Grundwasserstände bekannt als Folge einer Übernutzung der Grundwasservorkommen.

Zu 2. ist anzumerken, dass die Nutzung eines Gewässers eine behördliche Genehmigung in Deutschland erfordert. Eine Grundwasserentnahme ist eine solche Nutzung. Solche Genehmigungen können als Erlaubnis oder als Bewilligung ausgesprochen werden. Eine Erlaubnis ist widerrufbar, wenn triftige Gründe vorliegen. Eine Bewilligung wird im Allgemeinen auf 30 Jahre ausgesprochen und ist ein Recht und nur in Ausnahmefällen widerrufbar. Wenn eine geplante Grundwasserentnahme das ausgesprochene Recht auf eine Gewässernutzung beeinträchtigt, ist diese Entnahme nicht genehmigungsfähig.

Auch in anderen Ländern besteht ein Wasserrecht. Besonders in Trockengebieten ist Wasser die Grundlage für ein Überleben. Die Nutzung des Wassers ist häufig durch ungeschriebenes aber über Generationen überliefertes Recht geregelt. Verstöße gegen das Recht haben unter den Nutzern in der Vergangenheit blutige Auseinandersetzungen zur Folge gehabt. Gegenwärtig sind die lokalen Nutzer Mitglieder eines größeren Staatengebildes. Lokale überlieferte Wasserrechte werden häufig aus übergeordneten Interessen außer Kraft gesetzt. In Kap. 1 wurde ausgeführt, dass das gespeicherte Grundwasser in vielen Gebieten den jährlichen Abfluss bei weitem übersteigt. Diese gespeicherte Ressource ist in vielen Regionen dieser Erde länderübergreifend verteilt. Konkurrierende Nutzungen der Grundwasserressourcen können dann zwischen den Nutzern zu Konflikten führen, wenn die Übernutzung zu Mangelerscheinungen führt.

Auf die unter 3. bis 8. aufgeführten Auswirkungen wurde bereits in Kap. 11 eingegangen.

Wenn unter Heranziehung der angegebenen Kriterien eine Grundwasserentnahme nicht genehmigt werden kann, ist das Grundwasser nicht nutzbar. Es wird daher unterschieden zwischen dem Grundwasserdargebot und dem nutzbaren Grundwasserdargebot. Unter dem Dargebot wird im Allgemeinen das Volumen verstanden, was im langjährigen Mittel einem Grundwasserleiter zugeführt wird. Dieses Dargebot wird durch Geohydrologen ermittelt. Die Festlegung des nutzbaren Dargebots ist das Ergebnis eines Prozesses, an dem viele Fachdisziplinen beteiligt sind und der schließlich durch Verwaltungs- oder Gerichtsbeschluss zur Entscheidung kommt. In welchem Umfang die o.g. Kriterien zur Grundwasserbewirtschaftung herangezogen werden, ist von Land zu Land unterschiedlich.

Bei der Einleitung von Wasser in den Untergrund sind neben den Auswirkungen auf Grundwasserstand, -strömung und -haushalt solche auf die Grundwassergüte zu bewerten.

17.2 Grundwassergüte

Ziele der Grundwassergütebewirtschaftung sind die Erhaltung oder Wiederherstellung einer Grundwassergüte, welche vielfältige Nutzungen zulässt und keine Umweltschäden verursacht.

Maßnahmen, diese Ziele zu erreichen, richten sich nach dem jeweiligen Zustand der Grundwassergüte. Dieser Zustand ist zunächst durch Messungen im Wesentlichen der Konzentrationen von Inhaltsstoffen zu erfassen. Die Messergebnisse sind bezüglich der geplanten Nutzungen und im Hinblick auf Umweltschäden zu bewerten. Ein Beispiel für die Nutzung ist der Gebrauch zu Trinkwasserzwecken. Für diese Nutzung existieren europaweit Qualitätsstandards. Solche der WHO werden in solchen Ländern zugrunde gelegt, in denen keine eigenen Standards definiert sind. In Deutschland hat die LAWA (1998) auch für Flusswasser Qualitätsstandards definiert. Die Überschreitung dieser Standards wird hier als schädlicher Einfluss auf die Umweltkomponente Flusswasser und den Fluss als Lebensraum angesehen.

Maßnahmen zur Erhaltung und Verbesserung der Grundwassergüte sind im vorbeugenden und nachsorgenden Bereich angesiedelt. Die vorbeugenden Maßnahmen sind vornehmlich rechtlicher, administrativer und technischer Art. Auf die Festlegung von Grundwasserschutzgebieten in Deutschland zum Schutz des für

Trinkwasser zu nutzenden Grundwassers vor schädlichen Verunreinigungen wurde bereits hingewiesen (Kap. 9). Die Festlegung dieser Gebiete ist ein rechtlicher Akt. Für die Ermittlung der Grenzen dieser Gebiete sind Untersuchungen notwendig, welche die Erfassung der Grundwasserströmung und des Grundwasserhaushalts umfassen.

Verordnungen über den Einsatz von Düngemitteln einschließlich Klärschlamm sind ebenfalls dem rechtlichen Bereich zuzuordnen. Die TA-Abfall (Schmeken 1993) schreibt u.a. vor, wie Deponien zur Aufnahme von Abfall aufzubauen sind. Die technischen Anleitungen haben den wesentlichen Zweck, Boden und Grundwasser vor schädlichen Verunreinigungen zu schützen.

Vorbeugende Maßnahmen technischer Art sind z.B. die Reparatur defekter Abwasserleitungen oder Leitungen und Tanks, aus denen grundwassergefährdende Flüssigkeiten austreten. Aber auch die Beseitigung von Öl und Benzin auf Straßen nach Unfällen ist als vorbeugende technische Maßnahme anzusehen, die ein Eindringen dieser Flüssigkeit in den Untergrund verhindern soll. Die Überwachung von Tankanlagen und Transportleitungen ist z.B. dem administrativen Teil des Grundwasserschutzes zuzuordnen.

Der nachsorgende Bereich konzentriert sich auf die Sanierung von Grundwasserverunreinigungen. Solche Maßnahmen sind besonders im Bereich der Altlastensanierung angesiedelt. Biologische Verfahren sind entwickelt worden, um lösliche Bestandteile organischer Flüssigkeiten aus dem Grundwasser zu entfernen. Die am häufigsten genutzte Methode zur Entfernung von chlorierten Kohlenwasserstoffen aus dem Untergrund ist das Abpumpen von Grundwasser und dessen Aufbereitung z.B. durch Strippen. Sog. Reaktive Wände werden in den Untergrund eingebaut, durch die mit organischen Stoffen verunreinigtes Grundwasser fließt. In den Wänden werden durch Adsorption, physikalisch-katalytische und auch biochemische Prozesse diese Stoffe entfernt.

Sicherungsmaßnahmen sollen verhindern, dass aus bestehenden Schadstoffquellen Stoffe in das Grundwasser gelangen. Dabei werden die Quellen nicht beseitigt, sondern es werden z.B die Quellen durch undurchlässige Wände im Untergrund eingekapselt (Neumaier, Weber 1996).

Maßnahmen zur Verfestigung des Bodens verhindern die Migration von Stoffen, die sich im Boden befinden. Damit wird ein Eintrag dieser Stoffe in das Grundwasser verhindert. Auch durch das Abpumpen von Grundwasser kann eine Ausbreitung von Stoffen in solche Teile der Grundwasserleiter verhindert werden, aus denen Trinkwasser gewonnen wird. Wird durch diese hydraulische Maßnahme die Schadstoffquelle nicht beeinflusst, kann sie auch als eine Sicherungsmaßnahme angesehen werden.

17.3 Ökonomische und soziale Aspekte

Alle diese Maßnahmen zum Schutze des Grundwassers oder auch zum Schutz der Menschen, der Fauna und Fora vor den Auswirkungen der Eingriffe des Menschen in Grundwasserregime sind mit finanziellen Aufwendungen verknüpft. Ordnung in einem System zu schaffen bedeutet, dem System Energie zuführen zu müssen. Ein Indikator für die Zufuhr von Energie sind finanzielle Aufwendungen. Im Bereich der Grundwassergüte steigen die Kosten für die Verringerung von Stoffkonzentrationen exponentiell mit der Verringerung dieser Konzentrationen an (Mull u. Mull, 1994).

Jede Gesellschaft ist aber nur bis zu einem gewissen Grade willens und fähig, die aus wissenschaftlicher Sicht notwendigen Kosten aufzubringen. Je nach Kenntnisstand der Gefahr für Menschen, Fauna und Flora durch Einwirkungen des Menschen auf das Grundwasser und je nach der Fähigkeit, Maßnahmen für die Verbesserung der Umweltbedingungen zu ergreifen, sind Fortschritte in der Grundwasserbewirtschaftung derart zu erwarten, dass auf der einen Seite Bedürfnisse bestimmter Menschen befriedigt werden, auf der anderen Seite andere Menschen und deren Umwelt aber nicht unter der Nutzung des Wassers zu leiden haben.

Unter Nutzung wird hier auch die Einleitung von Stoffen und Wärme in das Grundwasser verstanden.

In vielen Ländern wird das Wasser nach Menge genutzt, ohne dass hier ein Bewusstsein für die Endlichkeit der Ressource erkennbar ist. Darüber hinaus werden Abwasser und Abfälle der Natur überlassen, ohne sich bewusst zu werden, dass auch eine Endlichkeit bezüglich der Aufnahmefähigkeit des Bodens und des Wassers für die Stoffe gegeben ist, wenn sie auf der anderen Seite der Ernährung des Menschen, der Fauna und Flora dienen sollen.

Unter diesen Gesichtspunkten sind viele Fachdisziplinen an der Bewirtschaftung des Grundwassers beteiligt. Grundkenntnisse der Hydraulik und der Hydrologie des unterirdischen Wassers seid eine wesentliche Voraussetzung für eine verständnisvolle Zusammenarbeit dieser Disziplinen zur Lösung der anstehenden Probleme.

Literatur

Bundesanstalt für Geowissenschaften und Rohstoffe (1996)
Bodenkundliche Kartieranleitung
4.Aufl., 392 S., Hannover

Busch, K-F.; Luckner, L.; Tiemer K. (1993)
Geohydraulik
3. Aufl., 497 S. Gebr. Borntraeger

Coldewey,W.G. u. Krahn, L. (1991)
Leitfaden zur Grundwasseruntersuchung in Festgesteinen bei Altablagerungen und Altstandorten
Minist. f. Umwelt, Raumordnung und Landwirtschaft (MURL) Nordrhein-Westfalen, 173 S.

Cooper, H.H.; Jacob, C.E. (1946)
A generalized graphical method for evaluating formation constants and summarizing well field story
Trans. Am. Geophy. Union, Vol. 27, S. 526-534

DVGW Regelwerk (1995)
DVGW Regelwerk W 101: Richtlinien für Trinkwasserschutzgebiete; Teil 1 Schutzgebiete für Grundwasser
DVGW, Technische Regel, Arbeitsblatt W 101, 23S., 12/1995

DVWK Schriften 58/1 (1982)
Ermittlung des nutzbaren Grundwasserdargebots
Schriftenreihe des Deutschen Verbandes für Wasserwirtschaft u. Kulturbau e.V. 58/1, 324 S., Verlag Paul Parey

Gleick, P.H. (1992)
Water in Crisis, A Guide to the World´s Fresh Water Resources
New York/Oxford

Grombach, P., Haberer, K., Merkl, G., Trueb, E.U. (1993)
Handbuch der Wasserversorgungstechnik
2. Aufl. 1123 S., Oldenbourg

Helmig, R. (1997)
Multiphase Flow and Transport Processes in the Subsurface
S. 367, Springer Verlag

Hölting, B. (1996)
Hydrogeologie
5. Aufl., 441 S., Enke Verlag, Stuttgart.

Jacob, C.E. (1940)
On the flow of water in an elastic artesian aquifer
Trans. Am. Geophy. Union, Vol. 72 II, S. 574-586

Kappelmeyer O. (1961)
Geothermik
in Bentz A. (Hrsg.): Lehrbuch der Angewandten Geologie,
Bd.1, 863-888, Enke-Verlag Stuttgart.

Kinzelbach, W. (1992)
Numerische Methoden zur Modellierung des Transports von Schadstoffen im Grundwasser
2. Aufl., 343 S., Oldenbourg Verlag.

Krapp, L. (1979)
Gebirgsdurchlässigkeit im Linksrheinischen Schiefergebirge - Bestimmung nach verschiedenen Methoden
Mitt. Ing.-u. Hydrogeol., 9: 313-347, Aachen

LAWA (Länderarbeitsgemeinschaft Wasser) (1997)
Bericht zur Grundwasserbeschaffenheit – Pflanzenschutzmittel
92 S., Berlin

LAWA (Länderarbeitsgemeinschaft Wasser) (1998)
Beurteilung der Wasserbeschaffenheit von Fließgewässern in der Bundesrepublik Deutschland – Chenische Gewässergüteklassifikation
Berlin

Liebscher, H.-J.; Baumgartner, A. (1996)
Allgemeine Hydrologie - Quantitative Hydrologie
Gebrüder Borntraeger

Lübbe, E. (2001)
Jahresbericht der Wasserwirtschaft - Gemeinsamer Bericht der mit der Wasserwirtschaft befassten Bundesministerien, Haushaltsjahr 2000
Wasser u. Boden, 53/7+8, S. 6-28

Maniak, U. (1997)
Hydrologie und Wasserwirtschaft, 4. Aufl.
Springer Verlag, Berlin

Meadows, D.H.; Meadows, D.L.; Randers, J. (1998)
Die neuen Grenzen des Wachstums
Rowohlt, Hamburg

Mull, R. (1993a)
Wasser - Nahrungsmittel und Lebensraum in gemeinsamer Verantwortung
Niedersächsische Landeszentrale für politische Bildung, Hannover, 72 S.

Mull J., Mull R. (1994)
Improvement of ground-water quality – cost effectiveness considerations, Hydrotop 94, Vol. 1, 122-129.

Mull, R.; Nordmeyer H. (Hrsg) (1995)
Pflanzenschutzmittel im Grundwasser
196 S., Springer Verlag.

Raudkivi A.J., a. Callander, R. A. (1976)
Analysis of Groundwater Flow
Edward Arnold (Publ. Ltd). 214 S.

Richter J.(1986)
Der Boden als Reaktor
239 S., Enke Verlag Stuttgart

Scharpf H.-Chr., Baumgärtel G. (1994)
Nitrat in Grundwasser und Nahrungspflanzen
Auswertungs- und Informationsdienst für Ernährung, Landwirtschaft u. Forsten (Hrsg.), 36 S.

Schmeken, W.
TA Abfall, TA Siedlungsabfall
Deutscher Gemeindeverlag, 250 S., 1993

Sieker, F. (Hrsg.) (1998)
Naturnahe Regenwasserbewirtschaftung
Analytica, Stadtökologie, Bd. 1, 198 S.

Söll, T.; Kobus, H. (1992)
Modellierung des großräumigen Wärmetransports im Grundwasser
S. 81 - 133, in: Kobus (Hrsg.) Schadstoffe im Grundwasser Bd1 Wärme- und Schadstofftransport im Grundwasser, DFG Forschungsbericht, Weinheim VCH

Theis (1935)
The relation between the lowering of the piezometre surface and the rate and elevation of discharge of a well using ground water
Trans. Am. Geophy. Union, Vol. 16, S. 516-524

Umweltbundesamt (1997)
Daten zur Umwelt - Der Zustand der Umwelt in Deutschland
Erich Schmidt Verlag, 398 S., Berlin

Umweltbundesamt (2000)
Daten zur Umwelt - Der Zustand der Umwelt in Deutschland 2000
Erich Schmidt Verlag, 380 S., Berlin

Villiers de M. (2000)
Wasser, die weltweite Krise um das blaue Gold
495 S., Econ Verlag, München

Weber, H.H. u. Neumaier, H. (Hrsg.) (1996)
Altlasten
3. Aufl., S. 519, Springer Verlag

Wyckoeff, R.D.; Botset, H.G. (1936)
The flow of gas-liquid mixtures through unsolidated sands
Physics 7, S. 325-345

Glossar

Abkühllänge

Strecke in Richtung der Grundwasserströmung, auf der die Temperatur von aufgewärmtem (abgekühlten)Wasser, das in einen Grundwasserleiter eingeleitet wird, auf 10% der Ausgangstemperatur abkühlt
(Kap. 15 Abschn. 4)

Ablagerung, fluviatil

Sedimente, die durch Wasser herangeführt wurden und sich abgelagert haben
(Kap. 4 Abschn. 3)

Absenkungsgebiet

Gebiet, in dem die Standrohrspiegelhöhe des Grundwassers als Folge einer Grundwasserentnahme abgesenkt wird
(Kap. 5 Abschn. 2.3)

Abstandsgeschwindigkeit

a) Wasservolumen, das pro Zeiteinheit durch die durchflusswirksame Hohlraumfläche fließt
b) Weg, der vom Grundwasser zwischen zwei Punkten zurückgelegt wird, pro dafür gebrauchte Zeit
(Kap. 3 Abschn. 1.5)

Adsorption

Haftung von Molekülen an der Oberfläche eines Festkörpers als Folge elektrischer Kräfte
(Kap. 13 Abschn. 3)

Advektion

Hier: Strömung des Grundwassers unter der Wirkung eines hydraulischen Gradienten
(Kap. 13 Abschn. 2.1)

Ammonium

Stickstoffverbindung (NH_4^+)
(Kap. 14 Abschn. 1.1)

Anfangsbedingung

Zustand, in dem sich die unabhängige Variable (Standrohrspiegelhöhe oder Konzentration oder Temperatur) zu einem vorgegebenen Anfangszeitpunkt befindet
(Kap. 3 Abschn. 2)

Anion

Negativ geladenes Ion
(Kap. 13 Abschn. 3)

Anisotropie

Hier: Durchlässigkeit des Gesteins ist richtungsabhängig
(Kap 4 Abschn. 3)

Aquiclude

Bezeichnung im Englischen für Grundwassernichtleiter
(Kap. 2 Abschn. 1)

Aquifer

Bezeichnung im Englischen für Grundwasserleiter
(Kap. 2 Abschn. 1)

Aquitard

Bezeichnung im Englischen für Grundwasserhemmschicht
(Kap. 2 Abschn. 1)

Bahngeschwindigkeit

Wahre Geschwindigkeit eines Wassermoleküls
(Kap. 3 Abschn. 1.5)

Basismessstelle

Beobachtungsbrunnen, in dem Grunddaten über die Standrohrspiegelhöhe und die die Grundwassergüte charakterisierenden Eigenschaften gewonnen werden. Diese Daten gelten der allgemeinen Information
(Kap. 16)

Basismessstellennetz

Hier: Ensemble von Beobachtungsbrunnen in einem Gebiet, in denen die unter Basismessstelle genannten Daten gewonnen werden
(Kap. 16)

Baugrube

Grube, die zur Aufnahme von Bauwerken dient (z.B. Fundamente von Häusern oder Abwasserkanäle)
(Kap. 6 Abschn. 5)

Bemessungsniederschlag

Hier: Niederschlagshöhe in einer vorgegebenen Zeit, nach der Entwässerungssysteme dimensioniert werden
(Kap. 10 Abschn. 1)

Benetzbarkeit

Fähigkeit eines Festkörpers, Moleküle eines Fluids auf der Oberfläche zu adsorbieren
(Kap. 12 Abschn. 1)

Beobachtungsbrunnen

Brunnen, in dem Daten über die Standrohrspiegelhöhe und die die Grundwassergüte charakterisierenden Eigenschaften gewonnen werden
(Kap. 5 Abschn. 3; Kap. 16)

Binghamsche Flüssigkeit

Flüssigkeit, die an den Feststoffoberflächen im Hohlraum der Gesteine angelagert ist und erst unter einem bestimmten Gefälle (Initialgefälle) beweglich wird.
(Kap. 3 Abschn. 1.6)

Bodenverdunstung

Transport von Wasser in Dampfform aus dem Boden heraus in die Atmosphäre
(Kap. 2 Abschn. 3)

Bodenzone, gesättigt

Bereich des Bodens, in dem alle Hohlräume mit Wasser gefüllt sind
(Kap. 2 Abschn. 3)

Bodenwasser

Wasser in Hohlräumen der ungesättigten Zone
(Kap. 2 Abschn. 3)

Bodenzone, ungesättigt

Bereich des Bodens, in dem die Hohlräume mit Wasser und anderen Fluiden gefüllt sind
(Kap. 2 Abschn. 3)

Brownsche Molekularbewegung

Ungeordnete Bewegung von Molekülen in einem Fluid
(Kap. 13 Abschn. 1)

Brunnen

Anlage zur Entnahme von Grundwasser
(Kap. 5 Abschn. 1)

Brunnen, vollkommener

Anlage zur Entnahme von Grundwasser. Filter erstreckt sich über den gesamten Grundwasserleiter
(Kap. 5 Abschn. 1)

Brunnenfilter

a) Perforiertes Rohr, durch das Grundwasser in das Rohr eindringt
b) Granulat (vornehmlich Sand, Kies) um das Filterrohr herum
(Kap. 5 Abschn. 1)

Chlorierte Kohlenwasserstoffe

Chloratome in chemischer Verbindung mit Kohlenstoff- und Wasserstoffatomen
(Kap. 14 Abschn. 3)

Denitrifikation

Umwandlung des Nitrats u.a. zu Stickstoffgas
(Kap. 14 Abschn. 1.1)

Deponie

Anlage zur dauerhaften Lagerung von Abfällen
(Kap. 10 Abschn. 1)

Dichte

Verhältnis von Masse zu Volumen von Festkörpern, Flüssigkeiten und Gasen
(Kap. 4.1)

Diffusion

Bewegung von Molekülen in einem Fluid in Richtung eines Konzentrationsgefälles
(Kap. 13 Abschn. 1)

Diffusionskoeffizient

Maß für die Masse, die pro Zeiteinheit durch die Einheitsfläche bei dem Konzentrationsgefälle 1 g/m^3 m als Folge der Diffusion transportiert wird.
(Kap. 13 Abschn. 1)

Dipol

Elektrisch geladenes Teilchen mit einem Plus- und einem Minuspol (positive und negative Ladung in einem Teilchen, die nicht zusammenfallen).
(Kap. 13 Abschn. 3)

Dispersion

Konzentrationsminderung eines Stoffes im bewegten Wasser innerhalb des Hohlraumvolumens eines porösen Körpers als Folge unterschiedli-

cher Geschwindigkeiten in den Hohlräumen
(Kap. 13 Abschn. 2.1)

Dispersionskoeffizient

Maß für die Masse, die pro Zeiteinheit durch die Einheitsfläche und dem Konzentrationsgefälle 1 $g/m^3 \cdot m$ als Folge der Dispersion transportiert wird
(Kap. 13 Abschn. 2.1)

Dispersivität

Quotient aus Dispersionskoeffizient und Abstandsgeschwindigkeit
(Kap. 13 Abschn. 2.1)

Drän

horizontal liegendes perforiertes Rohr im Grundwasserleiter zur Aufnahme und Ableitung von Grundwasser
(Kap. 6 Abschn. 3)

Durchfluss

Wasservolumen, das pro Zeiteinheit durch eine vorgegebene Fläche fließt
(Kap. 3 Abschn. 1.2)

Durchlässigkeit

Hier: Fähigkeit der Gesteine, Flüssigkeiten und Gase zu leiten, abhängig auch von den Eigenschaften Dichte und Viskosität der Fluide
(Kap. 2 Abschn. 3)

Durchlässigkeit, spezifische

Fähigkeit der Gesteine, Flüssigkeiten und Gase zu leiten, unabhängig von den Eigenschaften der Fluide
(Kap. 3 Abschn. 1.2)

Durchfluss

Wasservolumen, das pro Zeiteinheit durch eine vorgegebene Fläche fließt
(Kap. 3 Abschn. 1.2)

Effluenz

Übergang von Wasser aus Oberflächengewässern in den Boden
(Kap. 6 Abschn. 1)

Einzugsgebiet, unterirdisches

Gebiet, aus dem Grundwasser Pumpbrunnen, Quellen oder einem Flussabschnitt zufließt
(Kap. 5 Abschn. 2.3)

Energiehöhe

Standrohrspiegelhöhe h plus Geschwindigkeitshöhe ($v^2/2g$)
(Kap. 3 Abschn. 1.3)

Ergodenprinzip

Beim Transport von Stoffen in einem Fluid ist die Wahrscheinlichkeit, ein einzelnes Partikel in einem vorgegebenen Volumenelement zu finden, gleich der Zahl der Partikel in diesem Volumenelement in Relation zum gesamten Kollektiv von Teilchen, das betrachtet wird.
(Kap. 12 Abschn. 2.2)

Evaporation

Verdunstung von Boden- und Wasseroberflächen
(Kap. 2 Abschn. 3)

Fertilität

Hier: Fähigkeit biologischer Stoffe zur Vermehrung durch Fortpflanzung
(Kap. 13 Abschn. 4)

Festgestein

Größere Formationen von zusammenhängendem Gestein
(Kap. 2 Abschn. 2)

Festgesteinsgrundwasserleiter

Grundwasserleitende Festgesteine
(Kap. 2 Abschn. 2)

Feuchtgebiete

Gebiet, in dem Wasser der dominierende Standortfaktor ist
(Kap. 2 Abschn. 3)

Filtergeschwindigkeit

Wasservolumen, das pro Zeit- und Flächeneinheit (Gesamtfläche) durch einen Gesteinskörper fließt
(Kap. 3 Abschn. 1.2)

Flurabstand

Abstand zwischen der Gelände- und der Grundwasseroberfläche
(Kap. 7 Abschn. 4)

Gefälle

Differenz zwischen den Standrohrspiegelhöhen an zwei verschiedenen Punkten auf einer Stromlinie geteilt durch die Weglänge zwischen den Punkten
(Kap. 3 Abschn. 1.1)

Geothermische Tiefenstufe

Strecke von der Erdoberfläche ausgehend auf den Erdmittelpunkt gerichtet, auf der die Temperatur um 1 Grad Celsius ansteigt.
(Kap. 15 Abschn. 1)

Gewässer, unterirdisches

Bereich, in dem Grundwasser vorhanden ist
(Kap. 2 Abschn. 2)

Gewässernutzung

Gebrauch eines Gewässers z.B. zur Wasserentnahme, zur Stoff- oder Wärmeeinleitung, zum Transport von Gütern, für die Erholung etc.
(Kap. 17)

gesättigt

Hier: Zustand in den Hohlräumen der Gesteine, bei dem nur ein Fluid im Hohlraum vorhanden ist
(Kap. 2 Abschn. 1)

Geschiebemergel

Boden vornehmlich aus Schluffen und Tonen mit hohem Kalkanteil
(Kap. 2 Abschn. 3)

Gewässer, unterirdisches

Grundwasserbereich
(Kap. 2 Abschn. 3)

Grundwasserneubildung

Wasservolumen, das pro Zeiteinheit auf die Grundwasseroberfläche trifft
(Kap. 2 Abschn. 3)

Grundwasser

Wasser, das die Hohlräume der Gesteine vollständig ausfüllt
(Kap. 2 Abschn. 1)

Grundwasser, freies

Grundwasseroberfläche liegt im Grundwasserleiter
(Kap. 3 Abschn. 1.4)

Grundwasser, gespannt

Grundwasseroberfläche wird durch die Unterfläche einer Grundwasserhemmschicht oder eines Grundwassernichtleiters gebildet. Die Standrohrspiegelhöhe liegt im Grundwassernichtleiter oder in der Grundwasserhemmschicht oder drüber
(Kap. 3 Abschn. 1.4)

Grundwasserbewirtschaftung

Einflussnahme auf die Grundwassermenge- und -güte derart, dass eine nachhaltige Nutzung gewährleistet ist
(Kap. 17)

Grundwasserdargebot

Zufluss von Wasser zu einem Grundwasservorkommen
(Kap. 17)

Grundwasserdargebot, nutzbares

Der Anteil am Grundwasserdargebot, der ohne nachteilige Folgen für Mensch und Natur einem Grundwasservorkommen entnommen werden darf. Was nachteilig bedeutet, entscheiden häufig Gerichte oder Verwaltungen
(Kap. 17)

Grundwasserganglinie = Grundwasserstands-Ganglinie

Zeitlicher Verlauf der Standrohrspiegelhöhe in einem Beobachtungsbrunnen
(Kap. 8 Abschn. 3)

Grundwassergleiche

Linie gleicher Standrohrspiegelhöhe in einem Gebiet
(Kap. 5 Abschn. 2)

Grundwassergüte

Eigenschaft des Grundwassers, welche dessen Eignung für eine definierte Nutzung charakterisiert
(Kap. 16; Kap. 17)

Grundwasserhemmschicht

Gestein, dessen Hohlraum mit Wasser gefüllt ist und welches das Wasser schlecht leitet
(Kap. 2 Abschn. 1

Grundwasserhydraulik

Wissenschaft von der Grundwasserströmung
(Kap. 4 Abschn. 4)

Grundwasserleiter

Gestein, dessen Hohlraum vollständig mit Wasser gefüllt ist und welches das Wasser gut leitet
a) aus Lockergesteinen, dann Lockergesteinsgrundwasserleiter
b) aus Festgestein, dann Festgesteinsgrundwasserleiter
c) aus Karstgestein, dann Karstgrundwasserleiter
(Kap. 2 Abschn. 1)

Grundwasserneubildung

Wasservolumen, das pro Zeiteinheit auf die Grundwasseroberfläche trifft
(Kap. 2 Abschn. 3)

Grundwasserneubildungsrate

Wasservolumen, das pro Zeit- und Flächeneinheit auf die Grundwasseroberfläche trifft
(Kap. 8 Abschn. 1)

Grundwassernichtleiter

Gestein, dessen Hohlraum mit Wasser gefüllt ist aber das Wasser nicht leitet
(Kap. 2 Abschn. 1)

Grundwasseroberfläche

a) Unterfläche einer Grundwasserhemmschicht oder eines Grundwassernichtleiters, wenn die Standrohrspiegelhöhe oberhalb dieser Unterfläche liegt.
b) Übergang zwischen gesättigtem und ungesättigtem Bereich in durchlässigen Gesteinen
(Kap. 2 Abschn. 3)

Grundwasserregime

Bereich, in dem Grundwasser vorhanden ist
(Kap. 17)

Grundwasserscheide

Trennungslinie zwischen verschiedenen Einzugsgebieten von Pumpbrunnen, Quellen oder Abschnitten von Flüssen
(Kap.17)

Grundwasserschutzgebiet = Trinkwasserschutzgebiet

Gebiet, in dem Grundwasser zu Trinkwasserzwecken gewonnen wird und in dem zum Schutz des Grundwassers gegen Verunreinigungen bestimmte Anlagen nicht enthalten sein oder Tätigkeiten nicht ausgeführt werden dürfen
(Kap. 17)

Grundwasserüberwachung

Messung und Bewertung von Standrohrspiegelhöhen und Werten von Parametern, welche die Grundwassergüte charakterisieren
(Kap. 16)

Grundwasservorkommen

Grundwasservolumen in einem räumlich definierten Gebiet
(Kap. 17)

Halbwertszeit

Zeit in der die Hälfte des betrachteten Stoffes zerfällt
(Kap. 13 Abschn. 4)

Halogenierte Chlorkohlenwasserstoffe

Chlor- und Wasserstoffatome in chemischer Verbindung mit Kohlenstoffatomen
(Kap. 14 Abschn. 3)

Hohlraum (der Gesteine)

Raum innerhalb der Gesteine, der von Fluiden erfüllt ist.
(Kap. 4 Abschn. 2)

Hohlraumanteil

Anteil des Hohlraumvolumens am Gesamtvolumen eines Gesteinskörpers
(Kap. 2 Abschn. 2)

Hohlraumanteil, durchflusswirksam

Hohlraumvolumen, durch das Wasser fließen kann, bezogen auf das Gesamtvolumen
(Kap. 4 Abschn. 2)

Hohlraumanteil, speichernutzbar

Anteil des Hohlraumvolumens, in dem Wasser gespeichert werden kann, bezogen auf das Gesamtvolumen
(Kap. 4 Abschn. 2)

Homogenität

Hier: Gleichförmige Durchlässigkeit im gesamten betrachteten Gesteinskörper
(Kap. 4 Abschn. 3)

Influenz

Übergang von Wasser aus dem Grundwasserleiter in ein Oberflächengewässer
(Kap. 6 Abschn. 1)

instationär

Hier: Standrohrspiegelhöhe, Konzentration oder Temperatur ändern sich an einem vorgegebenen Ort mit der Zeit
(Kap. 3 Abschn. 2)

Intrusion

Hier: Eindringen eines Fluids in einen Grundwasserleiter (z.B. Salzwasser)
(Kap. 11 Abschn. 3)

Isotherme

Hier: Abhängigkeit der Konzentration der an der Oberfläche eines Festkörpers adsorbierten Ionen von der Konzentration des Ions in der im Hohlraum befindlichen Lösung bei konstanter Temperatur.
(Kap. 13 Abschn. 3)

Isotropie

Hier: Durchlässigkeit des Gesteins ist richtungsunabhängig
(Kap. 4 Abschn. 3)

Karstgrundwasserleiter

Sonderformen der Kluftgrundwasserleiter. In Karbonatgesteinen sind Klüfte entstanden, die in geologischen Zeiträumen durch die gesteinslösende Wirkung zirkulierender Grundwässer erweitert wurden.
(Kap. 2 Abschn. 2)

Kapillare

Rohr mit kleinem Innendurchmesser (< 1 mm)
(Kap. 3 Abschn. 1.1)

Kation

Positiv geladenes Ion
(Kap. 13 Abschn. 3)

Kies

Lockergestein mit Korndurchmessern zwischen 2 mm und 60 mm
(Kap. 2 Abschn. 1)

Kluft

Hohlraum in einem Festgestein in spaltartiger Form
(Kap. 2 Abschn. 2)

Kluftabstand

Abstände der einzelnen Klüfte voneinander
(Kap. 2 Abschn. 2)

Kluftbreite

Breite der einzelnen Kluft
(Kap. 2 Abschn. 2)

Kluftgrundwasser

Grundwasser in Klüften
(Kap. 2 Abschn. 2)

Kluftschar

Mehrere Klüfte in einem Volumenelement, die im Wesentlichen parallel laufen
(Kap. 2 Abschn. 2.)

Kompressibilität

Maß für die Volumenänderung eines Körpers unter der Wirkung eines Druckes
(Kap. 2 Abschn. 1)

Konzentration

Hier: Quotient aus Masse eines im Wasser gelösten Stoffes und dem Wasservolumen

Korndurchmesser

Äquivalentdurchmesser abhängig von der Messmethode a) entsprechend der Maschenweite eines Siebes, durch welches das Korn gerade hindurchfällt, b) Durchmesser einer Kugel, welche mit derselben Geschwindigkeit in einer ruhenden Wassersäule absinkt wie das Korn
(Kap. 4 Abschn. 2)

Kornverteilung

Verteilung von Durchmessern eines Kollektivs von Körnern eines Sediments
(Kap. 2 Abschn. 2)

Kreislauf, hydrologischer = Wasserkreislauf

Zirkulation des Wassers zwischen Atmosphäre, Gewässern auf dem Lande und dem Meer. Wasser verdunstet von festen oder flüssigen Oberflächen. Es wird in Dampfform in die Atmosphäre eingetragen. Dort kondensiert es und fällt in flüssigem oder festem Zustand zurück auf feste (Land, Eis) oder flüssige (Wasser) Oberflächen. Auf und unter der Landoberfläche erfolgt der Abfluss des Wassers in flüssiger oder fester (Gletscher) Form zu Orten, von denen es wieder verdunstet
(Kap. 2 Abschn. 3)

Kulmination, untere

Weiteste Entfernung des neutralen Wasserweges vom Brunnen im Abstrombereich des Grundwassers. Singularität des Potenzialfeldes im Abstrombereich eines Brunnens
(Kap 5 Abschn. 2)

Längsdispersion

Verminderung der Konzentration eines Stoffes in einem sich bewegenden Fluid im Hohlraum eines Gesteins in Richtung der makroskopisch vorherrschenden Strömungsrichtung
(Kap. 13 Abschn. 2.1)

laminar

Strömung von Fluiden, bei der die Reibung der Flüssigkeitsmoleküle untereinander den Energieeintrag durch Druck-, Schwer- oder Kapillarkraft aufzehren
(Kap. 3 Abschn. 1.1)

Lehm

Lockergestein aus einem Korngemisch aus Sand, Schluff und Ton. Alle drei Bodenarten müssen mit mehr als 10 Gewichtsprozent vertreten sein (Kap. 2 Abschn. 1)

Lockergesteine

Sedimente, die aus der Verwitterung von Festgestein entstanden sind (Kap. 2 Abschn. 2)

Lockergesteinsgrundwasserleiter

Grundwasserleiter bestehen aus Sanden und Kiesen. (Kap. 2 Abschn. 2)

Lösungskanal

Gestreckte Hohlräume im Karst, die durch Lösung von Kalkstein im Wasser entstanden sind (Kap. 2 Abschn. 2.3)

Massenstrom

Masse, die pro Zeiteinheit durch eine Fläche strömt (Kap. 3 Abschn. 2)

Massenstromdichte

Masse, die durch eine Querschnittsfläche pro Zeit- und Flächeneinheit strömt (Kap. 13 Abschn. 2)

Mehrphasenströmung

Mehrere flüssige oder gasförmige Phasen befinden sich im Hohlraum eines Gesteins und können sich bewegen. (Kap. 12 Abschn. 1)

Messstelle

Hier: Beobachtungsbrunnen (Kap. 16)

Messstellennetz

Hier: Mehrere Beobachtungsbrunnen in einem Gebiet (Kap.16)

Migration

Hier: Bewegung von Stoffen und Wärme mit dem Wasser im Untergrund (Kap.17)

Mortalität

Hier: Sterblichkeit von Organismen im Grundwasser (Kap. 13 Abschn. 4)

Newtonsche Flüssigkeit

Flüssigkeit, in der unter der Wirkung einer Scherspannung senkrecht dazu ein Geschwindigkeitsgefälle aufgebaut wird.
(Kap. 3 Abschn. 1.6)

Nitrat

Anion, Stickstoffverbindung (NO_3^-)
(Kap. 14 Abschn. 1.1)

Nitrit

Anion, Stickstoffverbindung (NO_2^-)
(Kap. 14 Abschn. 1.1)

Nitrifikation

Übergang vom Ammonium zum Nitrat
(Kap. 14 Abschn. 1.1)

Oberflächenenergie

Arbeit, die verrichtet wird bei der Vergrößerung der Oberfläche einer Flüssigkeit bezogen auf den vergrößerten Flächenanteil
(Kap. 4 Abschn. 1)

Oberflächengewässer

Gewässer mit einer zur Luft offenen oberen Grenzfläche, z.B. See, Fluss, Kanal
(Kap. 2 Abschn. 3)

Oberflächenspannung

Kraft, die am Rand einer Flüssigkeitsoberfläche angreift, pro Länge des Randes
(Kap. 4 Abschn. 1)

Pflanzenschutzmittel

Chemische Verbindungen zur Bekämpfung von Insekten (Insektizide), Pilzen (Fungizide)und anderen biologischen Stoffen, welche Kulturpflanzen schädigen können.
(Kap. 14 Abschn. 2)

Phasen

Hier: Stoffe in einem definierten Aggregatzustand
(Kap. 12 Abschn. 1)

Poröses Medium

Gestein, das porenartige Hohlräume enthält
(Kap. 2 Abschn. 2.1)

Potenziallinie

Linie gleichen Potenzials, hier: Grundwassergleiche
(Kap. 5 Abschn. 2)

Potenzialtheorie

Theorie zur Lösung der Laplaceschen Differentialgleichung
(Kap. 5 Abschn. 2.2)

Pumpbrunnen

Brunnen, aus denen Grundwasser mittels Pumpen gefördert wird
(Kap. 5 Abschn. 1)

Pyrit

Mineral (FeS_2)
(Kap. 14 Abschn. 1.1)

Qualitätsstandard

Grenzwert von Werten von Einflussfaktoren, welche die Güte des Grundwassers charakterisieren, und die bei einer bestimmten Nutzung nicht überschritten werden dürfen
(Kap. 15)

Querdispersion

Verminderung der Konzentration eines Stoffes in einem sich bewegenden Fluid in einem Hohlraum eines Gesteins senkrecht zur makroskopisch vorherrschenden Fließrichtung
(Kap. 13 Abschn. 2.2)

Randbedingung

Festlegung von Werten der unabhängigen Veränderlichen (Standrohrspiegelhöhe oder Konzentration oder Temperatur) auf dem Rand eines Untersuchungsgebietes
(Kap. 3 Abschn. 2)

Retardation

Verminderung der Geschwindigkeit eines Tracers als Folge von Adsorption. Verhältnis der Transportgeschwindigkeit eines Tracers in einer Flüssigkeit mit Adsorption zu einer solchen ohne Adsorption.
(Kap. 13 Abschn. 3)

Rigole

Perforiertes Rohr im Boden zur Infiltration von Niederschlagswasser, das auf Dach und Hofflächen gesammelt wird.
(Kap. 16)

Sand

Lockergestein mit Korndurchmessern zwischen 0,06mm und 2 mm
(Kap. 2 Abschn. 1)

Sättigungsgrad

Hier: Verhältnis von Wasservolumen zu Hohlraumvolumen
(Kap. 2 Abschn. 1)

Schluff

Lockergestein mit Korndurchmessern zwischen 0,002 und 0,06 mm
(Kap. 2 Abschn. 1)

Schutzzone

Siehe Grundwasserschutzzone
(Kap. 9 Abschn. 1)

Selbstdichtung

Dichtung des Hohlraums des Gesteins an der Grenzfläche zu Wasser durch einen Biofilm
(Kap. 6 Abschn. 2)

Sanierungsmaßnahme

Hier: Entfernung einer Stoffquelle, welche Stoffe in den Untergrund entlassen hat oder Entfernung von Stoffen aus dem Grund- und Sickerwasser
(Kap. 17)

Sicherungsmaßnahme

Hier: bauliche oder hydraulische Maßnahmen zur Verhinderung eines Übertritts von Stoffen aus einer bestehenden Stoffquelle in das Grundwasser oder Verhinderung der Ausbreitung der Stoffe im Grundwasser
(Kap. 17)

Sickerschlitz

Schlitzartige Vertiefung im Boden zur Anreicherung von Grundwasser
(Kap. 8 Abschn. 5)

Sickerwasser

Wasser in der ungesättigten Zone, das in Richtung der Grundwasseroberfläche fließt
(Kap. 2 Abschn. 3)

Sondermessnetz

Mehrere Beobachtungsbrunnen im Einflussbereich einer Anlage oder eines Eingriffs in den Untergrund mit möglichen Auswirkungen auf Standrohrspiegelhöhen oder Grundwassergüte oder ein Anstrombereich von zu schützenden Objekten (z.B. Pumpbrunnen)
(Kap. 16)

Speicherkoeffizient

Wasservolumen, das in einer Wassersäule ausgetauscht wird, integriert über die Länge der Wassersäule und bezogen auf die Änderung der Standrohrspiegelhöhe um einen Meter. Die Länge der Säule entspricht der Mächtigkeit des Grundwasserleiters.
(Kap. 3 Abschn. 2.3)

Speicherkoeffizient, spezifischer

Wasservolumen, das pro Gesamtvolumen in einem Grundwasserleiter ausgetauscht wird, pro Änderung der Standrohrspiegelhöhe um einen Meter
(Kap. 3 Abschn. 2.2)

Standrohrspiegelhöhe

Summe aus dem Druckpotential ausgedrückt in Wasserhöhe, die über dem betrachteten Bezugspunkt ansteht, und dem Potential der Schwerkraft ausgedrückt durch den vertikalen Abstand des Bezugspunktes über einem willkürlich gewählten Bezugsniveau
(Kap. 3 Abschn. 2.2)

stationär

Hier: Zeitlich unveränderliches Fließverhalten des Grundwassers oder des Transportes von Stoffen und Wärme
(Kap. 3 Abschn. 1)

Stromlinie

Linie, entlang der das Grundwasser (im Mittel) strömt
(Kap. 5 Abschn. 2)

Systemdichte

Hier: Quotient aus Masse eines Fluids im Hohlraum eines Gesteins und Gesamtvolumen
(Kap. 3 Abschn. 2.2)

Ton

Lockergestein mit Korndurchmessern kleiner als 0,002 mm
(Kap. 2 Abschn. 1)

Tortuosität

Verhältnis des direkten Weges zwischen zwei Punkten geteilt durch den gewundenen Weg, den ein Wassermolekül im Grundwasserleiter zwischen den Punkten zurücklegen muss
(Kap. 3 Abschn. 1.5)

Tracer

Signalstoff zur Zugabe ins Grundwasser für die Bestimmung der Fließgeschwindigkeit nach Richtung und Größe. Durch die Zugabe des Stoffes sollen die physikalischen Eigenschaften des Wassers nicht verändert

werden
(Kap. 3 Abschn. 1.5)

Transmissivität

Durchlässigkeit des Gesteins eines Grundwasserleiters integriert über dessen Mächtigkeit
(Kap. 3 Abschn. 2.3)

Transpiration

Pflanzenverdunstung
(Kap. 2 Abschn. 3)

Übernutzung (des Grundwassers)

Hier: Entnahme von Grundwasser derart, dass andere Nutzer und die Umwelt nachhaltig geschädigt werden
(Kap. 17)

ungesättigt

Zustand im Hohlraum eines Gesteins. Er wird nur zu einem Teil von einem Fluid ausgefüllt
(Kap. 2 Abschn. 1)

Vegetationszeit

Zeitraum, in dem Pflanzen Bodenwasser entnehmen
(Kap. 7 Abschn. 6)

Versickerungsbecken

Flächige Anlage (Becken) zur Anreicherung von Grundwasser
(Kap. 8 Abschn. 5)

Verweilzeit

Hier: Dauer des Aufenthalts von Stoffen im Grund- und/oder Sickerwasser
(Kap. 13)

Volumenwärme, spez.

Produkt aus spezifischer Wärme und Dichte des Stoffes
(Kap. 15 Abschn. 3)

Vorfluter

Fließgewässer, denen Grundwasser zufließt
(Kap. 17)

Wärme, spezifische

Wärmemenge, welche der Masseneinheit zugeführt werden muss, um deren Temperatur um 1 °C zu erhöhen.
(Kap. 15 Abschn. 3)

Wärmeleitfähigkeit

Eigenschaft eines festen, flüssigen oder gasförmigen Körpers, Wärme zu leiten, Proportionalitätskonstante zwischen der Wärmestromdichte und dem Temperaturgefälle (Materialeigenschaft).
(Kap. 15 Abschn. 3)

Wärmestrom

Wärmemenge, welche pro Zeiteinheit durch eine Querschnittsfläche strömt
(Kap. 15 Abschn. 1)

Wärmestromdichte

Wärmemenge, die durch eine Querschnittsfläche pro Flächen- und Zeiteinheit strömt
(Kap. 15 Abschn. 3)

Wärmeleitung

Transport von Wärme in einem Körper als Folge eines Temperaturgefälles im Körper
(Kap. 15 Abschn. 3)

Wärmemenge

Energie in Form von Wärme, die ein Körper aufnimmt oder abgibt bei einer Temperaturänderung ΔT
(Kap. 12 Abschn. 1)

Wasserbedarf

Wasservolumen, das pro Zeiteinheit den Bedarf von Pflanzen, Tieren und Menschen mit ihren Einrichtungen (Industrien) an Wasser angibt.
(Kap. 1)

Wasserbedarf, spezifisch

Mittlerer Wasserbedarf eines Gemeinwesens pro Tag bezogen auf einen Einwohner
(Kap. 1)

Wasserbilanz

Summe aller Zu- und Abflüsse zu und von einem Speicher zuzüglich der Änderung des Speicherinhalts
(Kap. 8 Abschn. 1)

Wasserbilanz, klimatische

Differenz aus Niederschlagshöhe und potenzieller Verdunstungshöhe bezogen auf einen vorgegebenen Zeitraum
(Kap. 8 Abschn. 1)

Wasserproben

Hier: Proben von Grundwasser, die aus einem Beobachtungsbrunnen oder Pumpbrunnen gewonnen werden
(Kap. 16)

Wasserweg, neutraler

Grenzstromlinie, die das Einzugsgebiet eines Pumpbrunnens bei vorgegebener Entnahme begrenzt
(Kap. 5 Abschn. 2.3)

Zähigkeit

Eigenschaft eines Fluids, Widerstand gegen seine Bewegung innerhalb der Flüssigkeit durch Reibung zu leisten. Verursacht wird die Bewegung hier durch Druck-, Schwer- oder Kapillarkraft.
(Kap. 4 Abschn. 1)

Zerfall

Verminderung der Konzentration chemischer oder biologischer Stoffe in einem Ensemble durch physikalische, biochemische oder biologische Prozesse
(Kap. 13 Abschn. 4)

Zerfallskonstante

Proportionalitätsfaktor zwischen der zeitlichen Änderung der Konzentration eines chemischen oder biologischen Stoffes und der Konzentration dieses Stoffes selbst
(Kap. 14 Abschn. 1.2)

Sachverzeichnis

Druck (Computer to Film): Saladruck Berlin
Verarbeitung: Stürtz AG, Würzburg

MIX
Papier aus verantwortungsvollen Quellen
Paper from responsible sources
FSC® C105338

If you have any concerns about our products,
you can contact us on
ProductSafety@springernature.com

In case Publisher is established outside the EU,
the EU authorized representative is:
Springer Nature Customer Service Center GmbH
Europaplatz 3, 69115 Heidelberg, Germany

Printed by Libri Plureos GmbH
in Hamburg, Germany